以网络为基础的科学活动环境研究系列

网络计算环境：数据管理

程耀东　单志广　姜进磊　著

科学出版社

北　京

内 容 简 介

本书系统讲述以网络为基础的科学活动环境中的数据管理技术。全书由概论、非结构化数据管理、结构化数据管理、应用实例四大部分组成，包括数据管理背景、数据管理需求与挑战、数据管理体系结构、数据存储、元数据管理、数据传输、存储资源管理、数据管理标准、OGSA-DAI、异构数据库整合、高能物理网格数据管理、虚拟天文台数据管理12章。

本书取材广泛，内容系统，集成了多种网络数据管理技术，反映了国内外前沿技术发展，可供广大网络计算及相关领域的科研和技术人员阅读参考。

图书在版编目(CIP)数据

网络计算环境：数据管理/程耀东，单志广，姜进磊著. —北京：科学出版社，2014.10

(以网络为基础的科学活动环境研究系列)

ISBN 978-7-03-042157-9

Ⅰ. ①数… Ⅱ. ①程…②单…③姜… Ⅲ. ①数据管理 Ⅳ. ①TP274

中国版本图书馆CIP数据核字(2014)第237655号

责任编辑：任 静 / 责任校对：胡小洁

责任印制：徐晓晨 / 封面设计：迷底书装

科学出版社出版

北京东黄城根北街16号

邮政编码：100717

http://www.sciencep.com

北京厚诚则铭印刷科技有限公司 印刷

科学出版社发行 各地新华书店经销

*

2014年10月第 一 版 开本：720×1 000 1/16

2018年 3 月第三次印刷 印张：14 3/4

字数：275 000

定价：72.00元

(如有印装质量问题，我社负责调换)

“以网络为基础的科学活动环境研究系列”编委会

序

近年来，以网络为基础的科学活动环境已经引起了各国政府、学术界和工业界的高度重视，各国政府纷纷立项对网络计算环境进行研究和开发。我国在这一领域同样具有重大的应用需求，同时也具备了一定的研究基础。以网络为基础的科学活动环境研究将为高能物理、大气、天文、生物信息等许多重大应用领域提供科学活动的虚拟计算环境，必然将对我国社会和经济的发展、国防、科学研究，以及人们的生活和工作方式产生巨大的影响。

以网络为基础的科学活动环境是利用网络技术将地理上位置不同的计算设施、存储设备、仪器仪表等集成在一起，建立大规模计算和数据处理的通用基础支撑结构，实现互联网上计算资源、数据资源和服务资源的广泛共享、有效聚合和充分释放，从而建立一个能够实现区域或全球合作或协作的虚拟科研和实验环境，支持以大规模计算和数据处理为特征的科学活动，改变和提高目前科学研究工作的方式与效率。

目前，网络计算的发展基本上还处于初始阶段，发展动力主要来源于“需求牵引”，在基础理论和关键技术等方面的研究仍面临着一系列根本性挑战。以网络为基础的科学活动环境的主要特性包括：

(1) 无序成长性。Internet 上的资源急剧膨胀，其相互关联关系不断发生变化，缺乏有效的组织与管理，呈现出无序成长的状态，使得人们已经很难有效地控制整个网络系统。

(2) 局部自治性。Internet 上的局部自治系统各自为政，相互之间缺乏有效的交互、协作和协同能力，难以联合起来共同完成大型的应用任务，严重影响了全系统综合效用的发挥，也影响了局部系统的利用率。

(3) 资源异构性。Internet 上的各种软件/硬件资源存在着多方面的差异，这种千差万别的状态影响了网络计算系统的可扩展性，加大了网络计算系统的使用难度，在一定程度上限制了网络计算的发展空间。

(4) 海量信息共享复杂性。在很多科学研究活动中往往会得到 PB 数量级的海量数据。由于 Internet 上信息的存储缺少结构性，信息又有形态、时态的形式多样化的特点，这种分布的、半结构化的、多样化的信息造成了海量信息系统中信息广泛共享的复杂性。

鉴于人们对于网络计算的模型、方法和技术等问题的认识还比较肤浅，基于 Internet 的网络计算环境的基础研究还十分缺乏，以网络为基础的科学活动环境还存在着许多重大的基础科学问题需要解决，主要包括：

(1) 无序成长性与动态有序性的统一。Internet 是一个无集中控制的不断无序成长的系统。这种成长性表现为 Internet 覆盖的地域不断扩大，大量分布的异构的资源不断更新与扩展，各局部自治系统之间的关联关系不断动态变化，使用 Internet 的人群越来越广泛，进入 Internet 的方式不断丰富。如何在一个不断无序成长的网络计算环境中，为完成用户任务确定所需的资源集合，进行动态有序的组织和管理，保证所需资源及其关联关系的相对稳定，建立相对稳定的计算系统视图，这是实现网络计算环境的重要前提。

(2) 自治条件下的协同性与安全保证。Internet 是由众多局部自治系统构成的大系统。这些局部自治系统能够在自身的局部视图下控制自己的行为，为各自的用户提供服务，但它们缺乏与其他系统协同工作的能力及安全保障机制，尤其是与跨领域系统的协同工作能力与安全保障。针对系统的局部自治性，如何建立多个系统资源之间的关联关系，保持系统资源之间共享关系定义的灵活性和资源共享的高度可控性，如何在多个层次上实现局部自治系统之间的协同工作与群组安全，这些都是实现网络计算环境的核心问题。

(3) 异构环境下的系统可用性和易用性。Internet 中的各种资源存在着形态、性能、功能，以及使用和服务方式等多个方面的差异，这种多层次的异构性和系统状态的不确定性造成了用户有效使用系统各种资源的巨大困难。在网络计算环境中，如何准确简便地使用程序设计语言等方式描述应用问题和资源需求，如何使软件系统能够适应异构动态变化的环境，保证网络计算系统的可用性、易用性和可靠性，使用户能够便捷有效地开发和使用系统聚合的效能，是实现网络计算环境的关键问题。

(4) 海量信息的结构化组织与管理。Internet 上的信息与数据资源是海量的，各个资源之间基本上都是孤立的，没有实现有效的融合。在网络计算环境下如何实现高效的数据传输，如何有效地分配和存储数据以满足上层应用对于数据存取的需求，以及有效的数据管理模式与机制，这些都是网络计算环境中数据处理所面临的核心问题。为此需要研究数据存储的结构和方法，研究由多个存储系统组成的网络存储系统的统一视图和统一访问，数据的缓冲存储技术等海量信息的组织与管理方法。

为此，国家自然科学基金委员会于 2003 年启动了“以网络为基础的科学活动环境研究”重大研究计划，着力开展网络计算环境的基础科学理论、体系结构与核心技术、综合试验平台三个层次中的基本科学问题和关键技术研究，同时重点建立高能物理、大气信息等网络计算环境实验应用系统，以网络计算环境中所涉及的新理论、新结构、新方法和新技术为突破口，力图在科学理论和实验技术方面实现源头创新，提高我国在网络计算环境领域的整体创新能力和国际竞争力。

在“以网络为基础的科学活动环境研究”重大研究计划执行过程中，学术指导专家组注重以网格标准规范研究作为重要抓手，整合重大研究计划的优势研究队伍，推动集成、深化和提升该重大研究计划已有成果，促进学术团队的互动融合、技术方法的标准固化、研究成果的集成升华。在学术指导专家组的研究和提议下，该重大研究计划于 2009 年专门设立和启动了“网格标准基础研究”专项集成性项目(No.90812001)，基于重大研究计划的前期研究积累，整合了国内相关国家级网格项目平台的核心研制单位和优势研究团队，在学术指导专家组的指导下，重点开展了网格术语、网格标准的制定机制、网格标准的统一表示和形式化描述方法、网格系统结构、网格功能模块分解、模块内部运行机制和内外部接口定义等方面的基础研究，形成了《网格标准的基础研究与框架》专题研究报告，研究并编制完成了网格体系结构标准、网格资源描述标准、网格服务元信息管理规范、网格数据管理接口规范、网格互操作框架、网格计算系统管理框架、网格工作流规范、网格监控系统参考模型、网格安全技术标准、结构化数据整合、应用部署接口框架(ADIF)、网格服务调试结构及接口等十二项网格标准研究草案，其中两项已列入国家标准计划，四项提为国家标准建议，十项经重大研究计划指导专家组评审成为专家组推荐标准，形成了描述类、操作类、应用类、安全保密类和管理类五大类统一规范的网格标准体系草案，相关标准研究成果已在我国三大网格平台 CGSP、GOS、CROWN 中得到初步应用，成为我国首个整体性网格标准草案的基础研究和制定工作。

本套丛书源自“网格标准基础研究”专项集成性项目的相关研究成果，主要从网络计算环境的体系结构、数据管理、资源管理与互操作、应用开发与部署四个方面，系统展示了相关研究成果和工作进展。相信本套丛书的出版，将对于提升网络计算环境的基础研究水平、规范网格系统的实现和应用、增强我国在网络计算环境基础研究和标准规范制订方面的国际影响力具有重要的意义。

是以为序。

北京大学教授
国家自然科学基金委员会“以网络为基础的科学活动环境研究”
重大研究计划学术指导专家组组长
2014 年 10 月

前　言

随着科学研究规模的不断扩大，模拟实验与科学仪器产生了越来越多的海量数据。针对海量数据问题，包括数据采集、数据存储、数据传输、数据共享、数据分析和数据可视化等，构成了完整的科学研究周期。海量数据也催生了新的科研探索，由软件处理各种仪器或模拟实验产生了大量数据，并将得到的信息或知识存储在计算机中，科研人员只需要从这些计算机中查找数据。例如，在天文学研究中，科研人员并不直接通过天文望远镜进行研究，而是从数据中心查找所需数据进行分析研究，数据中心存储有海量的、由各种天文设备收集到的数据。海量数据的管理是以网络为基础的科学活动环境中重要的组成部分。

众多的科学和工程应用计算都需要处理大量的数据，需要处理的数据量级达到TB或PB。位于欧洲核子研究中心的大型强子对撞机(large hadron collider，LHC)每年产生25PB的数据，美国宇航局的卫星每天将处理或生成超过2TB的数据，全球气候变暖模拟实验也产生TB数量级的数据。例如，天气预报的计算、飞机模型的计算、流场计算等领域都是把连续变量离散化，用差商来代替微商进行计算的。计算问题的精度要求越高，变量离散的区间越小，计算的数据量也就越大。这类问题的求解一般都需要访问和存储大量的数据。应用领域中不仅一个程序需要访问大量的数据，不同的程序之间也需要传输大量的数据。数据密集型的科学计算和工程应用需要在系统之间传输的数据量达到了TB甚至更高数量级。一些数据分析应用程序和可视化显示的应用程序需要访问在地理位置上广泛分布的大量数据。

数据规模不断扩大，给数据管理带来新的挑战，大规模数据管理需要高效存储、放置、调度PB级甚至EB级的数据，同时在数据计算和处理过程中能够保证中间数据的容错，以避免计算任务的失败，缩短计算任务的完成时间。

随着现代高科技的发展，以网络为基础的科学活动环境成为科学研究中必不可少的一部分，相关技术一直是国际计算机科学领域的研究热点，从并行计算、网格计算和效用计算到当前的云计算，都给科学研究乃至人们的生活带来巨大的变革。

本书介绍了以网络为基础的科学活动环境中的数据管理技术，集中介绍了网络数据管理的主要技术，对目前数据管理的情况进行了综述，相信本书对开始从事网络数据管理的研究人员、工程技术人员和希望了解网络数据管理的普通读者都会有所帮助。

本书作者们的研究工作得到了国家自然科学基金项目“网格标准基础研究”

(No.90812001) 的资助，并得到了国家自然科学基金委员会“以网络为基础的科学活动环境研究”重大研究计划学术指导专家组的悉心指导，在此表示深深的谢意！

中国科学院高能物理研究所的汪璐、黄秋兰、伍文静也参加了本书的编写，汪璐主要参与第 3 章和第 4 章，黄秋兰主要参与第 5 章和第 6 章，伍文静主要参与第 7 章、第 11 章和第 12 章。本书编写过程中还得到了中国科学院高能物理研究所陈刚研究员的大力支持，在此表示感谢。

由于作者水平所限，加之网络计算环境下数据管理和大数据技术的研究仍处于不断的发展和变化之中，书中的疏漏和不足之处恳请读者批评指正。

作　者

2014 年 8 月

目　　录

第二篇　非结构化数据管理

第三篇　结构化数据管理

第四篇　应 用 实 例

第一篇　概　论

第 1 章

数据管理背景

1.1 数据增长

人类探索世界的脚步永无止境，而科学研究的方式也在不断发展。远古时期，人们依靠观察和思辨来认识和探索世界。17 世纪以来，随着牛顿经典力学基本运动定律的发表，科学家逐渐把实验与理论作为科学研究的基本手段。然而，随着人类探索世界的不断深入，许多科学问题的实验研究和理论研究变得越来越复杂，甚至难以给出明确的结论。近半个世纪以来，随着电子计算机的诞生与快速发展，计算机仿真模拟变成第三种不可或缺的科学研究手段，以帮助科学家去探索实验与理论难以解决的问题，如宇宙的起源、汽车碰撞、天气预报等。而在当前社会，各个学科领域的研究不断向纵深发展，无论实验装置还是计算机仿真模拟的规模都变得越来越大，产生了越来越多的数据，从而催生了围绕海量数据获取、存储、共享和分析的科学研究手段。来自科学仪器或者计算机仿真模拟的实验数据被收集和存储起来，并通过先进高速的网络分享给处于不同的国家或机构的合作者。依靠分布式计算技术和协同工作环境，科学家不仅共享数据，还共享软件、模型、计算、专家知识甚至人力等资源，从而加快科学成果的产出。现代科学研究，特别是粒子物理、生命科学、能源环境、先进材料与纳米科学等新兴或交叉领域的发展要进行跨国家、跨地域的协作与交流，而以网络为基础的科学活动环境的发展与完善正在对其产生深远的影响。

在“纸笔研究”时代，科学家的数据记录在笔记本上，帮助分析数据的工具可能是一把尺子。在今天，科学研究成果的获得不仅取决于科学家的智慧和勤奋，还取决于海量科学数据的处理能力。基于海量数据处理的科学探索已经成为一种新的科学研究方法，也是科研信息化的重要内容之一。

科学仪器和电脑仿真产生的新数据以每年一倍的速度急速扩张，超过了 CPU 处理能力的增长速度(摩尔定律：CPU 处理能力每 18 个月翻一番)。1946 年，美国军方的 ENIAC(electronic numerical integrator and computer)被称为世界上第一台“电脑”，是人类信息处理能力的大飞跃。在当时，它作为通用计算机被用于处理各种问题，从氢弹的设计到气象预报。然而在今天，CERN(欧洲核子研究中心)的大型强子对撞机平均每秒钟产生的数据，需要 600 万个 ENIAC 来存储，图 1-1 是 CERN 研究中心的海量数据处理集群。基因工程、计算流体力学、天文学、生态学和环境科学等领域同样经历着这样的科研方式变迁。在天文学领域，为了实现更大、更快、更深的天文学观察目标，将在 2015 年投入使用大视场全景巡天望远镜(large synoptic survey telescope，LSST)，直径将达到 8.4m，每夜能够生成 30TB 的彩色图像数据。它每 15s 便能拍摄一张约为月球直径七倍大的空间的照片，每三天将累积拍摄成一张天空全景图像。整个项目计划拍摄 20 多万张照片，拍摄精度将达 3200M 像素，预计第一年就将产生 1.28PB 的科学数据。在地学领域，对南加利福尼亚建立一个分辨率为 10m，深度为 100km 的地面模型，将产生 1PB 的数据。生物医学领域，使用电子显微镜重建人脑 $1mm^3$ 的神经电路，会产生 33000 张扫描片，每张片子至少 2×10^{10} 像素，大约为 1PB 的数据。人脑有 10^6mm^3 的神经组织，建立一个完整的大脑电路图，需要海量的数据存储和处理能力。

图 1-1　CERN 研究中心的海量数据处理集群

随着仪器的精密度越来越高，传感器、网络等硬件成本大幅度下降，人们获取数据的能力在不断增强。然而数据不是知识，真正的知识只是数据冰山上最有价值的山尖。重建、分析、可视化、存储和长时间保存这些数据的过程对算法效率、计算能力、数据访问效率和存储备份机制提出了很高的要求。与科研数据规模同时发展的信息技术为应对这样的需求提供了如多核计算、GPU 计算、网格计算和云计算等计算解决方案，以及如并行文件系统、分级存储、面向对象的存储等存储解决方案。以北京正负电子对撞机上的 BESIII 实验为例，为了处理高达 5PB 的实验和用户数据，BESIII 计算系统采用了分级海量存储系统保存实验数据，采用面向对象的并行文件系统为分析、重建作业提供高吞吐率的 I/O；在传统集群技术的基础上，采用网格技术实现跨地域海量数据共享和计算资源共享，通过整合多个站点资源来完成海量数据的重建、分析和模拟。

在科研数据快速增长的同时，随着互联网技术的不断普及，个人及企业数据也在爆炸性的增加。全球著名分析调研机构 IDC 连续六年发布《数字宇宙研究》(Digital Universe Study)报告，主要用于评估每年创建和复制的数据总量。该报告显示，全球信息总量每过两年就会增长一倍，图 1-2 所示为该报告中数据量的增长趋势。2011 年，全球被创建和复制的数据总量为 1.8ZB(1ZB=1024EB，1EB=1024PB，1PB=1024TB，1TB=1024GB)。相较 2010 年同期，这一数据上涨超过了 1ZB。1.8ZB 是什么概念？举例来说，1.8ZB 相当于全球每个人每天都去做 2.15 亿次高分辨率的核磁共振检查所产生的数据总量，或者相当于每个美国人每分钟写 3 条 Twitter 信息，而且还是不停地写 2.6976 万年。从 2005 年到 2020 年，全球的数据总量将增长 130 倍，达到 40ZB。

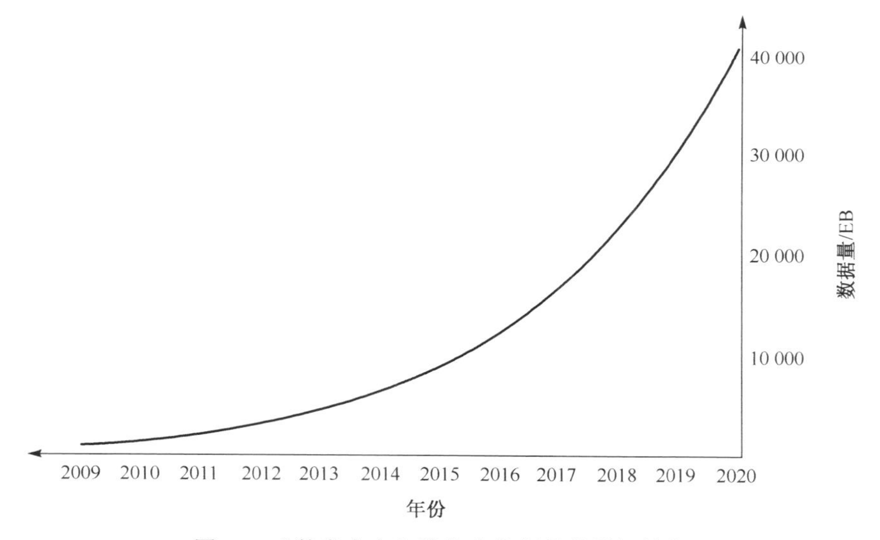

图 1-2 “数字宇宙”报告中数据量的增长趋势

1.2　数据管理目标

以网络为基础的科学活动环境中数据具有其自身的特点：一是数据量大，因此对于数据的存储、计算和传输都提出了极高的要求；二是具有极其广泛的国内国际合作。基于这些特点，数据管理系统应该能够满足海量存储、全球分布、快速访问和统一命名的需求。

具体包括以下目标。

(1) 命名透明性。

以网络为基础的科学活动环境中数据量非常庞大，且分布存储于不同机构的异构存储系统中。数据管理系统应该给用户提供统一的、透明的数据命名方式。用户不必知道数据的物理存储位置，就可以通过文件的逻辑名字来访问所需要的资源。

(2) 复制透明性。

为了提高数据可靠性或者提高数据访问性能，以网络为基础的科学活动环境中通常采用数据复制技术。复制透明性是指数据管理系统可以随意对文件进行复制而无需用户知道，并且用户仍可以使用原来的文件逻辑名透明地定位到合适的副本。

(3) 协议透明性。

大规模的以网络为基础的科学活动环境中数据存储于异构存储系统中。存储系统的不同带来文件访问协议的异构性，数据管理系统应该为用户提供统一的访问接口，选择适当的访问协议来实现用户提出的数据访问请求。

(4) 效率透明性。

以网络为基础的科学活动环境中的应用程序所需的数据可能分布于多个不同的站点或系统，因此数据管理系统应该通过多种手段，尽可能提高数据访问的效率，如使用高性能的传输工具、历史信息进行传输预测，基于用户访问模式进行自动复制、磁盘缓存和预取等。

(5) 空间透明性。

在以网络为基础的科学活动环境中，数据管理系统应该提供一个透明的存储空间，用户或者应用无需了解存储空间由什么介质构成，或者具有多大的容量。用户需要做的就是按照领域的规范向给他分配的存储空间中写入或从中读取所需的数据，当空间不够时，系统能够按需自动扩展。

1.3 数据管理功能

在以网络为基础的科学活动环境中，数据是一类非常重要的资源，具有海量、异构、可移动、可复制和可缓存等特点。在实际的使用场景下，有些数据集可以非常大，以至于在这种情况下，需要把一个大的数据集存储在多个节点上。由于本地设备的限制，一个大文件全部传输到访问者本地进行访问的方法不再可行，随之也带来了文件部分访问的问题。为了提高访问速度，需要把文件传输到距离访问者网络上比较近的位置。为了解决单点故障，还需要对数据进行复制，从而需要对数据副本进行有效的管理。

数据管理的主要功能就是针对网络科学活动环境中数据的特点，实现数据的高效存储、传输和访问等，包括海量数据存储、元数据管理、副本管理、数据传输、存储资源管理和结构化数据访问与整合等功能。

1.3.1 数据存储

数据存储可分为结构化数据存储和非结构化数据存储。对于非结构化数据的存储，其存储方式一般为文件系统。在业务数据分析领域中，比较流行的分布式文件系统主要有Google公司的谷歌文件系统(GFS)和Apache开源的Hadoop文件系统(HDFS)；在科学计算领域中，由于高扩展性和高并发I/O特性需求，并行文件系统占主导地位，如Sun公司的LustreFS文件系统、RedHat公司的GlusterFS系统和PVFS并行虚拟文件系统等。事实上，基于业务数据分析应用与科学计算应用的文件系统的设计差别正在逐渐缩小，部分应用甚至可以相互替换。最近文献将PVFS文件系统用于业务数据分析应用中，实验表明，恰当配置的PVFS文件系统在业务数据分析应用方面能够提供与HDFS文件系统相媲美的性能。为了实现与磁带等低速大容量设备的分级存储，在高能物理领域，CASTOR、dCache、EnStore、HPSS系统被广泛采用。

对于结构化数据，其存储方式主要为数据库和分布式的表结构。在业务数据分析领域中，由于业务数据量的高速增长，传统数据库(如MySQL、PostgreSQL)已经无法满足用户对于存储系统的可扩展等需求，NoSQL系统越来越受到互联网企业的青睐，比较流行的有Google公司的BigTable系统和Apache开源的HBase系统等；在科学计算领域中，由于科学计算的特殊需求，科学数据库在数据格式方面和业务数据的数据库有所不同，如需要能够提供时空数据格式、不确定和不精确的数据格式、存储图片需要的数据格式；此外，科学数据库还需要能够管理数据的来源和提供复杂的查询操作。比较重要的科学数据库有基于关系数据库的SDSS(sloan digital sky survey)和开源的SciDB数据库。

1.3.2 元数据管理

在以网络为基础的科学活动环境中，数据分布存储于全球不同的站点，因此数据管理系统应该提供统一透明的命名空间，允许用户在分布式的异构环境下快速定位所需的数据，这就需要元数据服务，至少要具备以下几种必需的功能。

(1) 元数据服务要提供一个统一透明的逻辑名字空间，便于用户记忆和使用。一般采用类似于传统文件系统的树形目录结构，如/grid/dteam/user/json/f1。不管用户在任何时候、任何地理位置、任何主机上登录，他所看到的目录结构都是一致的，不会因为物理文件的移动或者登录位置的不同而看到不同的名字空间。

(2) 文件可能有一个或多个物理实体，因此元数据服务需要记录物理文件的实际位置，并维持逻辑文件名到物理文件名的映射，同时还要保证逻辑文件与其物理实体的一致性。

(3) 元数据服务器中要记录文件的元信息，如文件大小、所有者、访问时间、checksum 类型和 checksum 值等。

(4) 元数据服务要提供访问权限控制，包括两种基本的认证方式：网格安全认证 GSI 与传统的基于用户的访问权限控制。

目前，有些开源的分布式的元数据管理系统如 AMGA 比较常用。另外，全球高能物理网格(world wide LHC computing grid，WLCG)的元数据服务器使用 LFC (LCG file catalog)。有些大型实验还开发自己的数据管理系统，如紧凑μ子线圈实验(compact muon solenoid，CMS)的 TFC(trivial file catalog)和 Atlas 的 DQ2 等。

1.3.3 副本管理

为了获得对数据更好的访问性能包括缩短访问时间和实现容错等，数据复制是以网络为基础的科学活动环境中常用的技术之一。复制应该完成这样一些功能：生成新的完整的或部分的数据副本；把这些新的副本注册到元数据服务器中；允许用户和应用去查询目录以发现所有现存的部分或全部文件的副本；基于存储和由信息服务所提供的网络性能预测功能，选择“最好的”副本用于访问。

数据复制非常复杂。首先，对存储系统的用户和控制访问要求进行安全认证服务；其次，由于数据集非常庞大，要有部分复制和过滤的功能；再次，实验数据是不可更改的，要实现数据的一致性；最后，网格数据管理系统要能够根据用户的行为动态进行复制的创建、删除和管理。有三个基本问题需要回答：①在什么时候创建复制；②复制哪些文件；③把文件复制到哪里。对于这些问题，不同的回答会导致不同的复制策略。Ranganathan 和 Foster 对数据网格的不同复制策略进行了比较和分析。他们总结了六种复制策略，几乎涵盖了在树状拓扑的网络环境下所有能想到的复制策略，包括：①无复制/缓存(no replication or caching)；②最优客户(best client)；③层次下降复制(cascading replication)；④简单缓存(plain caching)；⑤缓存加层次下降策略(caching plus cascading replication)；⑥快速传播(fast spread)。

当副本不使用或者需要存储新的副本而可用空间又不够的情况下，就要把近期最不经常访问的副本清除出去，如果多个副本的热点程度一样，则把创建时间最早的那个清除掉，然后重复这个过程直到有足够的空间可以使用。

在实现的时候，一种常见的且简单有效的方式是由管理员定义复制订阅、复制撤销和复制更新的策略。

副本管理的功能包括副本创建、副本选择、副本删除和副本一致性等。

1.3.4 数据传输管理

在以网络为基础的科学活动环境中，人们无需把数据全部下载到本地然后再开始应用，而且在某些情况下，由于本地存储空间的限制，不可能把数据下载到本地。网络上的数据传输将会更加频繁，除了要传递通常万维网中的客户请求、服务器响应数据，还要迁移数据、交换运算过程中的中间数据、提交用户作业需要的输入数据和应用运行所产生的结果数据。

在以网络为基础的科学活动环境下，不同的应用需要不同质量的数据传输支持。有的应用需要容错传输，有的应用需要并行传输。特别地，以文件形式存储的数据需要支持部分传输，以避免只需要一个文件中的一部分数据而把整个文件传输过去的通信资源浪费。

常用数据传输技术包括并行传输、容错传输、第三方控制传输、分布传输和汇集传输等。

把数据从源节点传输到目的节点，可以建立一条通路完成所有数据的传输，也可以同时建立经过不同中间环节的多条通路完成数据的传输。为了将数据从一个节点传输到另一个节点上，可以建立多个数据连接，在不同的数据通道上传输文件的不同部分，把文件并行传输到目的节点上。这种数据传输方式称为并行传输，主要是为了提高数据传输性能。

在数据从源节点到达目的节点的传输过程中，故障导致的源节点传出的数据和目的节点收到的数据不一样的情况是无法完全消除的。通常来说，需要采用数据重传或者校验码的技术，但这些都是以付出额外的时间代价为基础的。对于时间要求特别苛刻的应用场景，需要使用容错传输。容错传输是在一对通信节点之间建立多条数据连接，同时传输数据，但每条数据通道上传输的内容是相同的，一旦某条通道出现传输错误，就启用从其他通道传输到目的节点的备份数据，不需要重新传输。

第三方控制的数据传输是发出数据传输指令的节点既不是数据传输的源节点，也不是数据传输的目的节点的数据传输。控制传输的主体是除了传输源节点和目的节点的第三方。网格支持第三方控制的数据传输，为网格应用带来了便利。任何一个用户或应用可以从任意节点发出请求实现特定两个节点之间的数据传输，在此基础上不仅可以建立复杂的数据共享关系，还可以建立复杂的数据流程，实现复杂的数据驱动。

分布传输是把一个完整的数据集中的不同部分分散传输到不同的目标节点上，其特点是辐射传输。

汇集传输是把分布在多个源节点上具有某种关系的多个数据子集传输到同一个位置，按照子集之间的相互关系生成新的数据集合的传输。汇集传输的特点是数据从多个不同的节点流向一个相同的节点。

常见的数据传输系统包括 HTTP、FTP、bbFTP 等互联网协议，Globus 中的 GridFTP、RFT 等，还包括 EGEE 中的 FTS，以及应用本身开发的传输系统，如 CMS 的 PheDex 和 BESIII 的数据传输系统等。

1.3.5 存储资源管理

海量存储系统是整个数据管理的基础，它负责存储整个系统中的海量数据。传统的海量存储系统，如 Lustre、PVFS、GlusterFS、HDFS、CASTOR、dCache、EnStore、UniTree、HPSS 等对本地的存储资源(磁盘阵列、磁带库等)能进行很好的管理与使用，甚至有些系统实现了分级存储管理(hierarchical storage management，HSM)的功能。HSM 对磁盘、磁带等存储资源进行透明管理，并根据文件访问频度等策略自动分布文件在磁盘和磁带上。但是，由于各个存储系统的接口各不相同，且没有安全认证的支持，为此，需要统一的接口进行管理和访问，国际网格论坛组织 OGF(Open Grid Forum)制定了网格存储管理的标准规范 SRM(storage resource manager)，我国在自然科学基金委员会的支持下也在制定 GDM(grid data management)接口规范。然后，各个存储系统开发统一的接口，最终对用户提供统一的调用方式。同时，存储资源管理支持数据缓存、预取、加锁和空间预留等高级功能，大大方便了异构存储资源的管理。

1.3.6 结构化数据的访问与整合

网格环境中具有多种数据资源，这些数据的来源包括传感器、各种仪器和可穿戴设备等，它们对应不同的数据集。科学家在研究过程中经常进行的操作为：一是把关于同一实体的不同类型的信息合并起来获得一个更为完整的描述；二是把关于不同实体的相同类型的信息聚合起来。所有这些操作都需要集成来自多个数据源的数据。这里面临的挑战主要是数据源的异构性和自治性。为此，英国爱丁堡大学并行计算中心(EPCC)负责管理的英国 e-science 的核心项目开发了 OGSA-DAI(open grid services architecture-data access and integration)。OGSA-DAI 设计了一套标准化的、基于服务的接口，数据库通过这些接口暴露给应用。通过服务化的接口，数据库驱动技术、数据格式化方法和数据投递机制等方面的差异得以隐藏，不同种类、异构数据的集成成为可能，用户可以聚焦到应用特定的数据分析与处理工作而无需关心数据的位置、结构、传输和集成等技术细节。

1.4 本书结构

本书按照数据管理的功能来划分章节。全书共分成四个部分。第一部分是概论，介绍数据管理背景、数据管理需求与挑战。第二部分介绍非结构化数据管理，包括数据管理体系结构、数据存储、元数据管理、数据传输、存储资源管理、数据管理标准等六个章节。第三部分介绍结构化数据管理，包括OGSA-DAI和异构数据库整合两个章节。第四部分介绍应用实例，包括高能物理网格数据管理和虚拟天文台数据管理两个章节。具体安排如下。

第1～2章是本书第一篇：概论。

第1章为数据管理背景。主要介绍以网络为基础的先进科学活动环境中数据管理相关背景知识，包括数据管理目标和功能等。

第2章为数据管理需求与挑战。以高能物理、生物信息、虚拟天文台、地质地理等领域的数据为例，主要介绍数据管理的需求与技术挑战。

第3～8章是本书第二篇：非结构化数据管理。

第3章为数据管理体系结构。介绍科学数据管理的体系结构，包括高速网络设施、数据存储、存储资源接口、元数据服务、数据目录和传输服务等。

第4章为数据存储。本章首先对存储技术的发展历程和评价指标进行了简单的介绍。接着对主流的分布式文件系统，如Lustre、Gluster、GPFS等，从系统的架构设计、系统特点进行讨论，并进一步介绍了各种云存储服务和云存储技术在科学数据管理中的应用，最后对数据备份技术进行了介绍。

第5章为元数据管理。介绍了元数据在数据管理中的基本功能和网格应用中的各种元数据管理软件，以及其中的关键技术包括副本的创建、选择、删除、定位、一致性和安全性。

第6章为数据传输。介绍了各种数据传输技术，如GridFTP、bbFTP、RFT、FTS和Phedex等。

第7章为存储资源管理。介绍了网格存储资源管理SRM的概念、功能和应用。

第8章为数据管理标准。介绍了多种网络数据传输协议，包括FTP、Restful、S3等，以及管理接口标准，包括SRM、OCCI、CDMI等。

第9～10章是本书第三篇：结构化数据管理。

第9章为OGSA-DAI。介绍OGSA-DAI的架构、工作流程与活动，以及OGSA-DAI的使用。

第10章为异构数据库整合。介绍如何借助OGSA-DAI的功能来实现异构数据库的整合。

第11～12章是本书的第四篇：应用实例。

第11章为高能物理网格数据管理。介绍高能物理网格中的数据管理系统和工作流程。

第12章为虚拟天文台数据管理。介绍虚拟天文台概念和China-VO中的数据管理。

1.5 本章小结

当前，人类正在迈入一个前所未有的大规模生产、消费和应用大数据的时代。大规模科学研究，以及近几年互联网、物联网的快速发展，把人类带入了一个以大数据为中心的时代。无论科学研究还是人类社会，都在快速产生海量数据，这就需要先进的数据管理系统。本章首先介绍了数据在各种领域爆炸性的增长，接着总结了数据管理的目标和数据管理系统所应具备的多项功能。

第 2 章

数据管理需求与挑战

2.1 高能物理

在未来 20 年，全球高能物理(high energy physics，HEP)的大型实验将开创一个新纪元。对组成物质和射线的基本粒子及它们之间的相互作用的研究将进入一个新的阶段。当前的高能物理实验有很多研究目标，其中最重要的目标就是寻找物质质量起源的希格斯粒子和超对称粒子等。目前世界上比较著名的高能物理加速器包括大型强子对撞机(large hadron collider，LHC)、北京正负电子对撞机(Beijing electron positron collider，BEPC)、大亚湾反应堆中微子实验工程、美国 SLAC 国家加速器实验室的斯坦福直线对撞机、美国布鲁克海文国家实验室(BNL)的相对论重离子对撞机(RHIC)、日本高能加速器研究组织(KEK)的正负电子对撞机(KEKB)和质子同步加速器(PS)、德国电子加速器等。这些高能物理加速器上安装有大型的实验装置，会产生海量的数据，对数据管理和计算环境提出了巨大的挑战。

2.1.1 大型强子对撞机

大型强子对撞机是一座位于瑞士日内瓦近郊欧洲核子研究中心(CERN)的粒子加速器，用于国际高能物理学研究。它建造在周长为 27km 的地下隧道里。两束能量达 14TeV 的质子在 LHC 中进行对撞。LHC 在 2008 年 9 月 10 日开始运行，成为世界上最大的粒子加速器设施。LHC 是一个国际合作计划，由全球 85 个国家中的多个大学与研究机构组成，超过 8000 位物理学家参与。在 LHC 加速环的四个碰撞点，共设有五个探测器，其中超环面仪器实验(ATLAS)与紧凑渺子线圈实验(CMS)是通用的大型粒子探测器。其他三个实验探测器包括 LHC 底夸克探测器(LHCb)、大型离子对撞机实验(ALICE)和全截面弹性散射探测器(TOTEM)，则是较小型的特殊目标探测器。LHC 的四个主要实验：ALICE、ATLAS、CMS、LHCb，如图 2-1 所示。

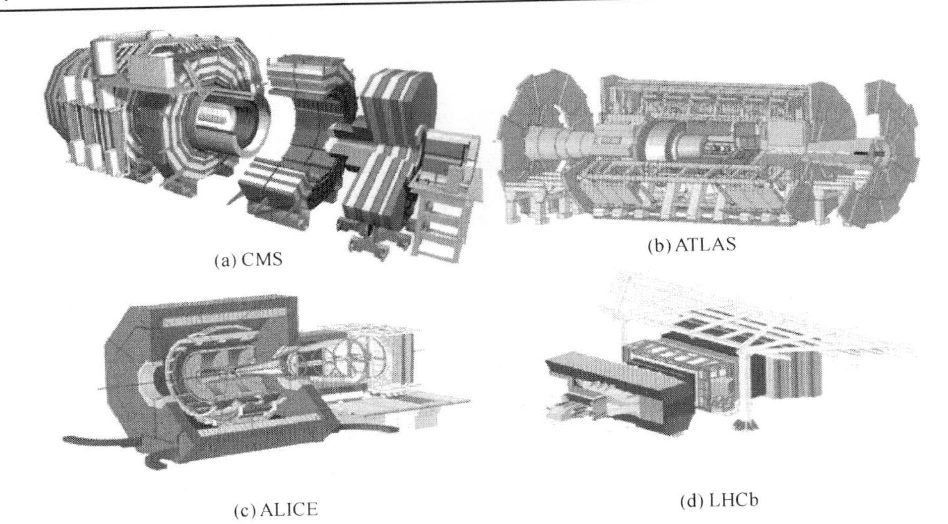

(a) CMS　(b) ATLAS

(c) ALICE　(d) LHCb

图 2-1　LHC 的四个主要实验

物理学家希望通过 LHC 实验来解答下列的一些问题。

(1) 标准模型中所流行的造成基本粒子质量的希格斯机制是真实的吗？真是如此的话，希格斯粒子有多少种，质量又分别是多少呢？

(2) 为何万有引力相对于其他作用力是如此微弱？当重子的质量被更精确的测量时，标准模型是否仍然成立？

(3) 自然界中粒子是否有相对应的"超对称(SUSY)"粒子存在着？

(4) 为何"物质"与"反物质"是不对称的？

(5) 有更高维度的空间(卡鲁扎-克莱因理论)存在吗？可以见到这启发弦论的现象吗？

(6) 宇宙有 96%的质能是目前天文学上无法观测到的暗物质与暗能量，它们的组成到底是什么？

(7) 为何引力比其他三个基本作用力(电磁力，维持原子核的强相互作用力，产生放射衰变的弱作用力)差了这么多个数量级？

为了解答这些问题，物理学家需要分析大型强子对撞机产生的数据和实验模拟数据，这些数据每年会有 15PB，需要数十万个世界上最快的 CPU 来进行分析处理。海量数据存储、广泛的国际合作(数据传输、共享等)和超大规模计算给信息技术带来了巨大的挑战。

2.1.2　北京正负电子对撞机

北京正负电子对撞机(BEPC)是中国第一台高能粒子加速器，始建于 1984 年，位于北京西郊四环外。2004～2009 年进行了重大改造工程(简称为 BEPCII)。它主要用于进行高能物理研究，同时也可进行同步辐射、中能核物理、慢正电子等实验，是在粲物理能区具有国际先进水平的对撞机。北京谱仪(Beijing electron spectrometer，BES)是 BEPC 上的大型粒子物理实验，也是当今世界上运行在 2～5GeV 能区专门从事 τ-粲物理研究的唯一的一台磁谱仪，它于 1984 年动工兴建，1989 年投入实验运行，1995～1998 年进行了第一次升级改造，并命名为 BESII。从 2004 年开始，BEPC 进行大规模升级改造成 BEPCII，亮度增加 100 倍。新设计建造的谱仪 BESIII 已经开始运行。BEPCII 在能区的亮度将达到 $10^{33}\text{cm}^{-2}\cdot\text{s}^{-1}$，年取数率约为 10^{10} J/Ψ 事例，BESIII 将产生 5PB 的数据。除了要求有高性能的海量数据存储系统，分析处理数据需要大量的 CPU 计算能力。参加 BESIII 合作的成员共有来自中国、美国、意大利、德国、俄罗斯和日本的约 40 个大学与研究所。这些合作单位之间需要用高速网络进行连接，以便进行数据分析和交流。北京谱仪 BESIII 探测器如图 2-2 所示。

图 2-2　北京谱仪 BESIII 探测器

2.1.3　羊八井宇宙线实验

西藏羊八井宇宙线观测站科学院重点实验室：设立在羊八井的宇宙线观测实验基地主要由 ASγ阵列、地毯式全覆盖阵列(ARGO)和宇宙线强度检测装置等组成。ASγ阵列由中日合作建造，由近八百个闪烁体探测器阵列组成，阵列面积达 37000m^2，用于测量宇宙线的广延大气簇射。ASγ阵列目前仍在扩大规模。ARGO 为中国科学院高能物理研究所等国内单位与意大利国家核科学研究院(INFN)合作建立，使用 RPC 探测器组成全覆盖阵列，面积约 10000m^2。羊八井实验基地的科学目标包括寻找γ点源、弥散γ、高能γ暴、反质子丰度、太阳中子，超高能宇宙线成分能谱，寻找暗物质候选粒子等国际天体物理前沿课题。图 2-3 所示为羊八井 ASγ探测器。

图 2-3　羊八井 ASγ探测器

羊八井宇宙线观测实验基地每年将采集 200TB 以上的原始数据。这些原始数据将通过高速网络传送到高能物理研究所和意大利等合作成员的实验室，用于宇宙线与天体物理的研究。根据宇宙线物理研究的特殊性，从探测器采集的原始数据需要进行预处理，产生物理学家能理解的数据。预处理过程需要对原始数据进行过滤，剔除物理学家不感兴趣的数据(或称为本底数据)，然后对过滤后的数据进行重建，形成具有物理意义的所谓"事例"。使物理学家在事例的基础上进行相关的物理研究。预处理过程对数据进行了过滤和压缩，使体积大大减小，约为原始数据体积的 20%，这种新产生的数据称为重建数据。因此每年的重建数据约为40TB。数据处理需要相当于 400 个 CPU 的处理能力，用于实验数据的处理和物理模拟；数据存储每年需要约 240TB 的存储空间。

2.2　生 物 信 息

2.2.1　生物信息学

生物信息学研究是当今世界最热门的科学研究领域之一。生物信息学是一门交叉学科，它包含了生物信息的获取、处理、存储、分发、分析和解释等在内的所有方面，综合运用数学、计算机科学和生物学的各种工具，来阐明和理解大量数据所包含的生物学意义。目前关于生物信息学的研究，基本都是如何理解大量生物学数据所包括的生物学意义，这已成为后基因组时代极其重要的课题。其方法就是依据数据库和相关处理方法及软件，通过大量的计算得出结论。这包括序列比对、序列拼接、蛋白质功能预测和基因识别等。

在生物信息学方面，主要面对海量数据的储存，字符序列的处理、搜索、运算、数据挖掘。这类计算服务是网络访问与应答密集型，与计算密集型的计算机系统不同，要求有大规模的、可靠的海量存储，高带宽的网络接入，高性能的、多路的网络服务器。

生物信息学的计算正在经历从传统的个人和小型研究团体占主导地位的计算密集型科学，逐步向由学术和工业团队领导的高吞吐率、数据驱动科学的转变。第一个用于生物的计算模型，是典型的冯·诺依曼计算机模型，也就是使用顺序的标量处理器。随着并行计算的出现，生物应用就可以利用带有分布式，或者共享内存和本地磁盘空间的多处理体系结构执行一系列的任务。随着分布式存储并行体系结构的普及，计算生物学家采用并行虚拟机(parallel virtual machine，PVM)和消息传递接口(message passing interface，MPI)。这使得生物学家可以利用分布式计算模型来执行应用，该应用的结构是一系列阶段的流水线集合，每一阶段都依赖前面一个阶段的完成。在流水线结构应用中，每一个阶段所需要的计算可以相对独立。

2.2.2　基因研究

随着多种高通量 DNA 分析技术的不断发展和高性能计算能力的持续提高，基因组科学正在以前所未有的速度产生着大量的基因组数据和生物学信息，为科学研究提供了大量宝贵的原始数据。由数据到信息再到知识，它正在革命性地改变着我们的研究思想和方法论。基因组生物学研究、生物信息学研究、基因组系统研究与应用是国家战略需求和世界科学前沿。通过遗传与人类疾病和健康、多系统生物学和系统生物信息学研究，解决人类健康、农业发展、生态环境和新型能源等重大生命科学和技术问题，推动中国的基因组学研究与应用，为生命科学、生物技术和生物医药产业发展提供原动力和基本保障。中国科学院北京基因组研究所从事海量的(百万人群)基因数据研究，用于研究与癌症的相关性，癌症蛋白质结构研究，进行基因比对和测序。海量的原始测序数据和分析数据的飞速增长，需要数百个 CPU 的计算资源和数百个 TB 的存储能力。

以基因研究为代表的应用，正在推动生物信息学计算模式从计算密集型向高吞吐率的数据密集型计算转变。例如，以人类基因图谱项目为例，将产生广泛的影响，包括从玉米生产到个人医疗，而这仅是一个开始。向公众发布的原始 DNA 序列数量每 6～8 个月就要翻一番。因此，分析和综合新一代应用产生的海量数据已经成为生物信息学的研究焦点。

2.3　虚拟天文台

虚拟天文台(virtual observatory，VO)是通过先进的信息技术将全球范围内的天文研究资源无缝、透明地连接在一起形成的数据密集型网络化天文研究和科普教育环境。它将打破现有天文学研究工作的地域与时空界限，通过对资源的统一使用和天文学家的协同工作为天文学带来新的突破，成为 21 世纪天文学新发现的强大引擎。20 世纪 90 年代中后期，虚拟天文台的概念首先由美国的天文学家和计算机科学家共同提出，此概念一经提出便迅速得到世界各国天文学界和信息技术领域的高度重视。截止到 2009 年，已有 17 个国家和地区启动了各自的 VO 计划，包括中国虚拟天文台(China-VO)、美国国家虚拟天文台(NVO)、欧洲天体物理虚拟天文台(AVO)、英国虚拟天文台(AstroGrid)。包括中国在内的 20 多个国家还共同发起成立了国际虚拟天文台联盟(International Virtual Observatory Alliance，IVOA)。

虚拟天文台的提出主要是为了应对天文学快速增长的数据所带来的挑战。天文学数据的数量正以指数速度增长，每年增加一倍，大约是半导体发展(根据摩尔定律)所导致计算机和探测器性能提高速度的两倍。一旦一种新的探测器被部署，从那个探测器上获取的数据将以恒定的速度增长。观测设施装备的探测器越来越好，这直接导致了数据以指数级速度增长。由于新仪器的出现更为频繁，数据的增长速度比摩尔定律所预测的更快一些。大数据的收集正改变过去天文学家的工作方式，例如，从牛顿引力定律到恒星内部的基本核合成过程的确立，再到广义相对论的验证，一次或者很少几次的观测就足以对身边的宇宙有更深一层的理解。而当今的天文学选择了与以往不同却更加直接的途径，即为每种类型的天体积累越来越大的数据量。

大规模数据收集有两个显著的优势。首先，如果有足够的数据，那些只能依靠统计方法才能够解答的天体物理问题便能够得到处理。例如，那些自身观测信号很大程度上被其他效应所掩盖的物理过程的探测就属于这一种。其次，因为大型观测设备的观测时间是非常有限的，许多依赖大量数据才得以推进的天体物理课题都无法开展。而现在，这种途径正经历着巨大而快速的变化。

这种变化是由过去十几年间前所未有的技术进步引发的。为天文学带来这场革命的技术进步主要体现在望远镜设计与制造能力的提升、大规模探测器阵列的发展、计算能力的指数级提高、空间天文台和探测任务工作能力的持续增强，以及覆盖范围和功能都在不断扩展的通信网络。技术上的巨大进步，包括数字图像(天文学的主要数据来源)和信息的处理、存储和访问，带来的可用信息数量和复杂程度的急剧提升。

大尺度数字化巡天机器数据产品增长成为天文数据的主要来源。在这个领域越来越明显地体现出这样一些特征：大尺度的均一化的巡天数据的分析、数百万到数十亿规模上的目标源采样、每个源数十至数百个的测量特性。随着巡天科学日益成为系统化探索宇宙的重要途径，实测天文学的模式正在发生着改变。天空正在经受着跨越整个电磁波段的普查。这样的普查巡天将带来一个全色的、更少偏倚的宇宙图像，至少从理论上说应该是这样。多个大尺度数字巡天联合起来将为参数空间内全新探索的开展提供可能，如全波段低表面亮度宇宙的研究。目前，我国正在研制硬 X 射线调制望远镜（hard X-ray modulation telescope，HXMT），它是我国首台太空望远镜，也是一台已知计划中世界最高灵敏度和最好空间分辨本领的空间硬 X 射线望远镜，将实现空间硬 X 射线高分辨率巡天，发现大批高能天体和天体高能辐射新现象，并对黑洞、中子星等重要天体进行高灵敏度定向观测，推进人类对极端条件下高能天体物理动力学、粒子加速和辐射过程的认识。

此外，海量数据的存在，在天文学历史上第一次使得复杂的数值模拟结果与完整而系统的多维数据体之间能够进行有科学意义的比较。从速度和地域覆盖上都在快速发展的互联网又让这些科学成果能够方便地为全世界的天文学家共享。

虚拟天文台就是基于天文巡天、海量数据和数值模拟来进行整合、比较研究的驱动者。通过为各种数据资源提供一套标准的发现、访问和融合协议，虚拟天文台将推动天文学研究进入一个科学发展的新时代。图 2-4 是硬 X 射线调制望远镜 HXMT。

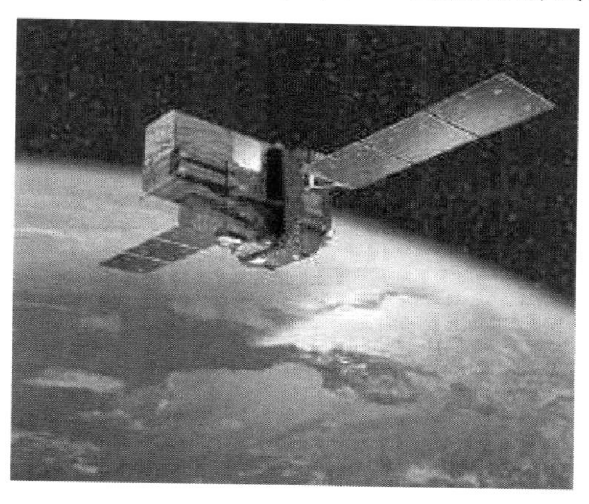

图 2-4　硬 X 射线调制望远镜 HXMT，将完成宽波段 X 射线成像巡天，使硬 X 射线活动星系核（超大质量黑洞）的数量提高数倍并可能发现新的天体类型，革新人类对高能宇宙的认识

2.4　地 质 地 理

地质地理与地球科学数据是研究地球形成演化、探讨人类生态环境及其变迁、减轻自然灾害、合理开发资源和促进社会可持续发展的重要科学数据，是宝贵的科学财富。自 20 世纪 70 年代以来，全球信息化的发展速度加快，科学数据积累迅速增加，地学领域中的数据同样大幅增长，需要开发和建立“地学数据共享网格系统”，将采集的地学数据对外共享，实现数据的价值最大化。地学数据共享网格系统的研究重点是如何消除信息孤岛和知识孤岛，实现信息资源和知识资源的智能共享。其中的数据共享不是一般的文件交换与信息浏览，而是要把所有个人与单位连接成一

个虚拟的社会组织(virtual organization)，实现在动态变化环境中有灵活控制的协作式信息资源共享。数据服务网格与 Web 最大的区别是一体化，即用户看到的不是数不清的门类繁多的网站，而是单一的入口和单一系统映像。比如一个用户需要某一方面的地学数据，他不必知道有哪些数据供应商或数据生产者，他只需通过数据网格提供的元数据库进行最简单的查询，即可找到他所需要的地学数据。同时他不需要知道数据处于何处以及数据的存储方式，只要查询到的数据符合研究要求，经过网格计算，他即可从数据网格中轻松获取所需要的数据和数据格式。

2.5 其他领域

1. 数字地球数据系统

数字地球实验室是中国科学院对地观测与数字地球科学中心的重要机构，负责构建数字地球科学平台，建设数字中国，以开展面向国家重大需求的高水平应用研究为主，利用对地观测信息和相关信息资源，重点进行国家层次、全球层次和热点领域及地区的综合应用。数字地球实验室研究对地观测与数字地球前沿理论、方法和技术，发展空间地球信息科学理论体系。其主要工作包括数字地球基础理论研究，空间地球信息科学理论体系研究，虚拟现实技术研究，数字地球在国家层次、全球层次和热点领域及地区的综合应用等。数字地球数据系统将产生大量的遥感数据，每年达 200TB。深度处理后的数据对国民经济的意义重大。在数据密集型平台上进行数据深度处理部署和研究，实现海量数据的高效快速分析处理是目前需要解决的问题。

2. 地震灾害预测与救助指导系统

现代地震学能在震后几个小时或略长的时间确定断裂破坏过程，如果有高精度的地壳结构数据，则通过高性能计算技术对三维地震波传播进行数值模拟，就可以提供震中区的加速度分布和破坏情况预测，为救灾指挥提供依据。在大地震后及时计算应力场的变化，为余震震情发展估计提供物理依据。该系统需要在网格平台上实现建模、分布式数据处理和高性能的计算模拟。地震数据是分布式存储的，包括地震波型数据、地震目录和地震矩张量 CMT 数据。利用这些数据可以进行地震再次精确定位、地震机制、地震断裂破裂模型和地震层析成像等研究。研究目标包括大震后利用网络资料确定断裂模型，计算加速度分布图，估计地震烈度，为救灾提供信息(一天左右完成)；潜在可能发生的大地震在大城市造成的加速度分布图，为城市抗震预防提供参考(平时工作积累入库，震后立即调用)；计算大地震造成的应力变化，估计不同断裂上库伦应力的变化，为估计余震、估计临近断裂带后续地震提供物理判据(一天左右完成，随余震发生更新)等。

2.6　数据管理挑战

每个科学研究领域都展现出了巨大的科学价值，而在科学研究过程中同时也面临巨大的数据管理挑战，如数据访问和处理，以及国内和全球范围内的数据分散与整合等，目前的科学研究需要分析的数据规模在整个科学史上都是空前的，这些挑战主要包括以下几个方面。

（1）提供海量存储空间，数 PB 甚至 EB。

（2）提供快速数据访问，这些数据访问针对来自海量数据存储的数据子集。

（3）在容量和可靠性各异的网络环境下，提供针对世界范围内分散的数据资源安全、有效率和透明的访问。

（4）为了实现对全球范围内资源的快速周转和有效利用，需要对数据资源的状态和使用模式进行跟踪。

（5）全局资源调度与本地管理策略相配合。为了支持多个共享资源合作计划中资源利用，做决策的应用必须是中心一致的。

（6）提供协同工作环境，保证位于全球不同研究机构中的科学家的研究过程和研究成果能够共享和协同。

（7）构建地区、领域、全国和全球的高速网络，未来十年内需要达到 10Gbit/s 甚至 1000Gbit/s。

2.7　本 章 小 结

以大型强子对撞机、北京正负电子对撞机、羊八井宇宙线试验站等为代表的高能物理实验产生了海量的数据。截止到 2012 年，世界高能物理的实验数据超过 200PB，并将在以后几年中超过 1000PB。全球近万名物理学家利用这些数据进行物理研究。此外，生物信息学、基因研究、虚拟天文台、地质地理等多个领域的研究也产生和处理大量数据。本书以这些科学研究为例分析数据管理的需求和挑战。

第二篇

非结构化数据管理

第3章

数据管理体系结构

3.1 引　　言

海量数据处理分析已经成为科学研究的第四种范式。在高能物理、天文学、基因科学等诸多科学研究领域，科学家通过大型实验，传感器网络获得了大量珍贵的实验数据，通过科学方法对这些数据进行处理、分析和可视化，最终获得有效的科学发现。在每个科学项目的研究周期中，对科学数据的有效管理日益受到科学家们的关注和重视。

从造价昂贵的实验设备上获得的宝贵科学数据必须通过高效的数据传输保存到一个海量的存储系统中，供科学家作进一步的分析。随着CPU计算性能的提高，存储和计算平台之间的性能鸿沟越来越明显。人们发现，存储系统的吞吐率和IOPS经常成为科学计算，特别是数据密集型计算性能的瓶颈，提高存储系统的性能往往是提高计算环境性能的最有效途径。随着数据量的增加，从海量的科学数据文件中以及符合某些科学特征的数据中，找到科学数据之间的关系变得日益困难。单靠文件名和文件目录来分类标示科学数据远远不够。记录和管理科学数据信息的元数据信息变得尤为重要。存放在存储系统上的科学数据是无形的智慧财产，从某种程度上来说是不可再生的，必须保证数据存储的可靠性和可用性。投入科学计算环境的财力有限，科学数据处理平台往往无法在科研项目开始时一步建成，这要求数据管理技术是高度可扩展的。科学计算平台的维护需要大量的IT成本，提高平台的可管理性可以节约IT成本和人力投入。

科学领域已经投入了越来越多的人力和物力来解决科学数据管理问题。科学数据管理包括科学数据集的获取、融合、分析、可视化、传输和长期保存等。从传感器、卫星和雷达获得的数据通过一个简单的在线集群处理后，需要传输到海量数据存储系统中存放，这些数据称为原始数据。原始数据在结合了其他的科学信息，如传感器参数、刻度数据等之后，才能变成有意义的科学数据。对科学数据分析和可视化后，才能得到有效的科学结果。科学处理的原始数据、中间数据和结果数据，在相当长一段时间内都需要长期保存。在高能物理等计算领域，科学数据的寿命甚至超过物理存储的寿命，因此数据长期保存，不仅需要保证数据在物理存储设备上的长期有效，还可能涉及数据在不同存储设施之间的迁移。科学数据处理面临的挑战包括：数据容量的迅速膨胀、I/O 性能瓶颈、网络数据共享、元数据管理、数据的可靠性和可用性、系统的可扩展性和可管理性、数据长期保存等。面对这些挑战，提高科学计算效率，必须通过系统的有结构和层次地构建一个数据管理系统，优化单个组件的性能，提高整体效率。

3.2　科学数据管理的体系结构

科学数据管理的需求主要包括：合理的数据组织形式、高效的数据访问服务、合理的元数据管理、数据可靠性和可用性、高效的数据传输、方便统一的数据访问接口等。按照层次化的分析方法，一个完整的科学数据管理系统包括以下组件和层次，如图 3-1 所示。

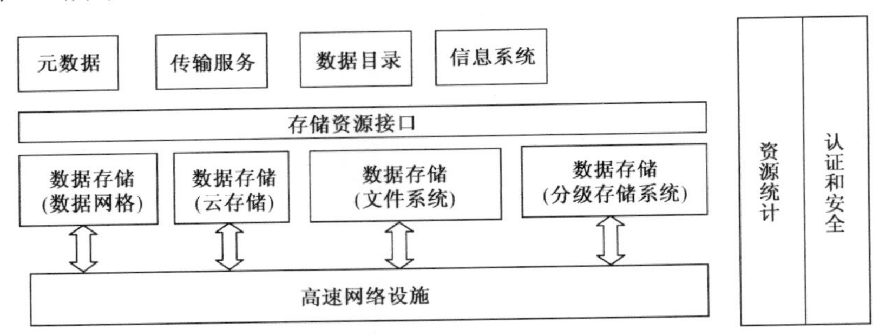

图 3-1　科学数据管理的组件和层次

1）高速网络设施

良好的网络环境是实现大规模分布式计算的基石。考虑到海量数据要在不同的数据类型，不同位置的数据存储之间的移动需求，大规模的科学管理系统中往往包括高速的网络设施。如 LHC 网格 WLCG，为了将原始实验数据从位于日内瓦的实验基地 Tier-0 站点传输到世界各地的第一层网格 Tier-1 站点，WLCG 网格租用了若干条 10GB 的私有光纤网络。同一区域内的 Tier-1 站点和 Tier-2 站点之间也由高速区域国际网络连接。为了充分利用网络带宽，克服网络延时等因素的影响，这些网络上的数据传输大多采用优化后的 TCP 协议，甚至 UDP 协议进行传输。广域网上常用的支持多流传输、错误重传、安全认证的传输协议包括 GridFTP、bbFTP 等。

2）数据存储

数据存储是科学数据的载体，基本的功能是管理磁盘、磁带、网络等硬件设备，对以文件格式的非结构化科学数据提供访问接口。面对数据容量爆炸式的增长，数据存储需要解决的问题包括：对计算高效的数据I/O接口、可扩展性和性价比、数据可靠性和可用性、数据长期保存。按照不同的数据特性，如重要性、访问频率、并发访问度和数据尺寸等，数据存储将采用不同的架构以及不同的底层硬件。常见的数据存储架构包括：文件系统、分级存储系统和云存储等。本书的第4章将结合具体的应用实例介绍数据存储的这三种主要形式，通过实例介绍每种技术的特点、局限和使用场景、优化方法等。

3）存储资源接口

向更上层的数据管理服务提供统一的存储访问接口，提供上传、下载、删除、预留和存储信息查询等最基本的存储管理功能，屏蔽底层设施的差异性。常见的存储资源接口协议包括WLCG网格的SRM(storage resource manager)接口、OGF的OCCI(open cloud computing interface)等，本书的第7～8章将重点介绍存储资源接口和相关的标准。

4）元数据服务

与本地文件系统的元数据不同，在科学数据管理中的元数据服务主要记录科学数据的学科特性，包括采集特性(探测器参数、数据模型、测量单位等)，分类特性(数据质量、相互关系等)等。相同元数据特征的科学数据文件通常会被打包成一个大的数据集，方便查找。元数据特征对科学结论的得出有重要意义，元数据信息是科学工作流的输入参数，也可能是科学数据流的输出参数。元数据服务需要给科学工作流的其他组件，以及科学数据管理的其他组件(如数据传输、数据查询等)提供接口。本书的第5章将介绍元数据组件的详细需求和功能实现。

5）数据目录

类似于本地文件系统的名字空间服务，科学数据管理的目录服务记录了数据的逻辑文件名和物理存放位置之间的映射。由于同一份文件可能存在多个副本、逻辑文件名和物理文件名之间的映射是多对一的关系。同一个物理文件的第一个副本产生时需要一个全局唯一的UUID，这个UUID是文件在数据目录中的主键。

6）传输服务

传输服务提供站点之间可靠的、可管理的数据传输。传输服务在专用网络链接上提供故障重传、传输作业调度、传输监控等功能，提高数据传输的效率和可管理性。数据传输服务器一般包括一个数据库记录传输请求、传输状态和链路状态。一个Web接口，提供监控和查询及数据预定功能。一个传输Agent发起实际的数据传输。一个监控调度模块，根据链路状态调度数据传输。本书的第8章将介绍数据传输相关的内容。

7）其他

网络环境下，多用户环境下的数据管理系统还经常包括用户身份认证、信息系统和资源管理计费等功能。数据管理系统的各个模块，需要通过用户的证书信息、密码信息等来认证用户，需要与分布式计算的安全认证模块进行交互。网格等计算环境中，用户可以从信息系统自动获得相关存储服务，目录服务的地址和配置信息。网格环境和云计算环境中，数据资源的使用还需要在计费系统中记录，保证资源使用的公平性和可溯性。

3.3　本 章 小 结

科研数据分析是当代科学研究的重要形式，随着科学数据规模的爆炸式增长，科学数据管理在传输、存储、管理等方面面临巨大的挑战。科学数据管理系统不仅要提供高速的 I/O 通道和海量的存储空间，还需要解决用户可扩展性、可管理性和安全性等方面的迫切需求。解决这一复杂问题，本章采用的是层次化的分析方法，依次介绍了科学数据管理系统的各个层次组件及功能。本章对非结构化数据管理进行简要介绍，后续章节将对每个组件的需求、设计、实现和优化作更详细的探讨。

参 考 文 献

Allcock W, Bresnahan J, Kettimuthu R, et al. 2005. The globus striped GridFTP framework and server. Proceedings of the 2005 ACM/IEEE Conference on Supercomputing, IEEE Computer Society: 54.

National Institute of Nuclear and Particle Physics, France. 2012. bbFTP-Large files transfer protocol. http://doc.in2p3.fr/bbftp.

Open Grid Forum. 2013. OCCI: Open cloud computing interface. http://occi-wg.org.

Shiers J. 2007. The worldwide LHC computing grid（worldwide LCG）. Computer Physics Communications, 177(1): 219-223.

Voicu R. 2011. LHCOPN - Large hadron collider optical private network. https://twiki.cern.ch/twiki/bin/ view/LHCOPN/WebHome.

第4章

数 据 存 储

数据存储为宝贵的科学数据提供存放介质、共享空间和I/O服务，是科学数据管理中核心的组件之一。传统的高性能计算领域，主要通过高性能分布式文件系统来实现非结构化科学数据的存储服务。统计表明，大量的科学数据集中，数据有使用频度的差别。为了实现系统构建的性价比，PB级以上的存储系统中可能使用分级存储技术。在行业领域蓬勃发展的云存储技术为科学数据管理提供了潜在的技术解决方案。

4.1 引　　言

数据存储是科学数据管理中最关键、最复杂的一个组件。它不仅为海量数据提供巨大的存放空间，还为计算任务提供访问数据的高性能接口和统一的数据视图。数据存储的重要性体现在以下几个方面。

(1) I/O性能是数据密集型计算的性能瓶颈。

以BESIII高能物理计算为例，科学数据分析过程主要是通过科学软件工具，从二进制文件中读取有科学意义的物理事件，然后进行判断和筛选，寻找符合理论模型的数据，找出物理事件之间的规律。随着处理器性能的不断提升，存储系统经常会成为计算性能的瓶颈，直观地表现为计算作业出现大量的IO等待，由于I/O性能的落后，导致了CPU闲置。

(2) 数据存储的可用性决定着科学计算的可用性。

海量数据处理的基础上进行科学研究已经成为第四种科学研究范式。科学家的研究工作离不开科学数据。存储系统一旦不可用，科学计算就要中断，科学家的工作计划就要推迟。对于拥有一个上百个科学用户、几千个CPU核的计算环境来说，存储系统必须保证数据7天×24小时全天候在线。

(3) 科学数据是无形的智力财产，数据的可靠性主要由存储系统来保证。

在天文学、高能物理、地学观测等领域，为了获得原始实验数据，科学实验组耗费了大量的人力和物力建造和维护实验装置。原始实验数据本身就凝聚了巨大的经济价值和科学价值。科学家对原始数据进行逐步的加工、筛选和分析，每一个步骤都需要人力和计算资源的支持。科学结果数据更加弥足珍贵。获得科学发现、发表科学论文之后，相关的科学数据还要长时间的保存，保证科学结果是可以验证的。

近十年来，先进的存储技术在科学数据管理中的应用一直是科学计算领域中最热门的话题。一方面，天文、高能物理、生物等应用中，海量数据的存储和访问需求正在按照指数的规模增长，存储性能是必须面对的挑战。另一方面，在工业界，存储技术在存储介质、存储系统设计、存储资源使用模式等方面都有了较大的突破，科学家迫切地想要研究、验证新的技术与科学计算模式相结合的可能性和潜在问题。

4.2　存储技术概述

计算机系统由计算部件、传输部件和存储部件三部分组成。计算部件从最初的单机发展到基于局域网的集群，最后到基于广域网的计算网格。同样，随着信息的爆炸性增长，存储将经历类似的发展历程。回顾存储技术的发展历史，基于总线的存储系统以服务器为中心，虽然结构简单，但因存在原始容量限制、无扩展性、存取性能受服务器性能限制、无法集中管理等先天缺陷，它被以网络为中心的网络存储系统所取代是历史的必然。网络存储在一定程度上解决了系统在数据共享、可用性/可靠性、可扩展性、可管理性等方面的问题，然而随着数据资源的不断涌现、系统规模的不断扩大，新的技术又迫切地需要被运用到网络存储系统之中，传统的网络存储系统必然要向大规模海量存储集群过渡。可以预见，理想的存储系统应该可以通过外部网络并行存储数据到多个存储设备上，聚合多个设备的带宽以达到外部网络的最大带宽，同时满足存取过程中对可靠性、可用性和安全性等方面的要求。

1. 存储技术由简单向复杂的演变过程

1）开放系统的直连式存储(direct-attached storage，DAS)

DAS 已经有近四十年的使用历史，是最早的外部存储连接方式。外部存储指的是计算机中除 CPU 寄存器、多级缓存和内存以外的存储设备。计算机通过总线如光纤通道 FC、IDE、SCSI 等直接连接本机的外部存储设备如磁盘、JBOD、磁盘阵列和磁带机等，外部存储以块为单位向主机提供非易失的数据保存。主机通常使用磁盘文件系统来管理外部存储系统。DAS 连接方式在存储容量、I/O 带宽和寻址空间、可管理性和可共享性方面有明显的不足，很难满足现代应用对存储系统的大容量、高性能和动态可扩展等要求。

2）网络接入存储(network attached storage，NAS)

NAS 的出现是从 Sun 公司的 NFS 开始的。NAS 通过瘦文件服务器的方式把存储设备和外部网络连接起来，如图 4-1 所示。

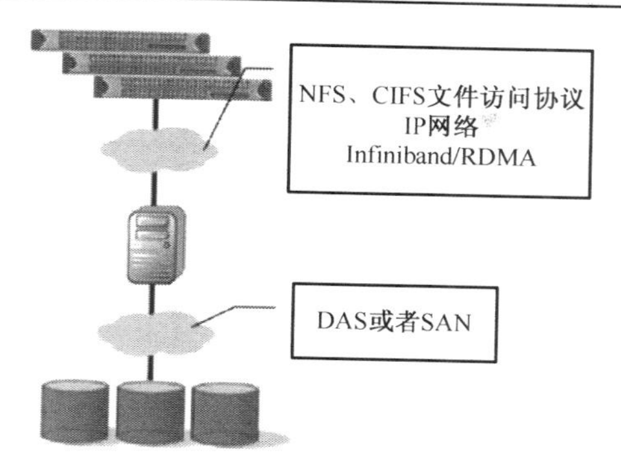

图 4-1 NAS 存储结构

NAS 架构中，直连存储的服务器不需要提供除文件共享服务以外的其他服务，也不需要完成其他计算任务，甚至不需要连接监视器、键盘等外设。针对文件共享服务的特点，服务器会做出相关的操作系统优化和裁剪。由于瘦文件服务器模式完成的功能相对简单，NAS 的性能和可靠性比 DAS 有所提高。NAS 的客户端通过 NFS 和 CIFS 等运行在 IP 网络上的协议，以文件为单位访问 NAS 上的数据。由于 NFS 和 CIFS 的客户端提供了操作系统内核的 VFS 接口，客户端可以像使用本地文件一样使用 NAS 中的文件。NAS 服务器可以向网络上的多个客户端并发地提供文件服务，为不同的客户端提供相同的存储空间，克服了 DAS 连接方式带来的信息孤岛问题，也符合集群计算的实际需求。

以太网网络性能的发展，为使用局域网络提供文件服务的 NAS 提供了性能保证。20 世纪 80 年代末到 90 年代初，局域网带宽只有 10Mbit/s，网络连接性能是 NAS 的性能瓶颈。1998 年千兆以太网(1000Mbit/s)的出现和投入商用，为 NAS 带来质的变化，并使其被市场广泛认可。2002 年万兆以太网(10Gbit/s)的出现和投入商用，使得网络带宽远超过磁盘设备的读写带宽，网络已经不再是 NAS 性能的瓶颈。

与以太网同时发展的还有 Infiniband、RDMA 等网络接入技术。Infiniband 是由 Compaq、惠普、IBM、戴尔、英特尔、微软和 Sun 七家公司牵头，共同研究发展的高速先进的 I/O 标准。最初的命名为 System I/O，1999 年 10 月，正式改名为 InfiniBand。与其他网络协议(如 TCP/IP)相比，InfiniBand 具有更高的传输效率。目前基于 InfiniBand 技术的网络卡的单端口带宽最大可达到 20Gbit/s，基于 InfiniBand 的交换机单端口带宽最大可达 60Gbit/s，单交换机芯片可以支持达 480Gbit/s 的带宽。与以太网络相比，Infiniband 具有更低的网络延时。同时，Infiniband 支持 RDMA(远程直接内存读写)，降低了以太网上数据传输的协议开销。

NAS 自身结构和采用的协议使得 NAS 具有以下优点。

（1）异构平台下的文件共享，即不同操作系统平台下多个客户端可以很容易地共享 NAS 中的同一个文件。

（2）基于以太网的 NAS，可以充分利用现有的 LAN 网络结构，保护现有投资。

（3）安装、使用和管理较为方便，容易实现即插即用。

3）集群网络接入存储(clustered NAS)

随着网络技术的发展，NAS 产品的接入速度不再是系统的瓶颈。当客户端数量超过一定数量后，制约 NAS 产品性能的主要因素是单台服务器的处理能力，包括 CPU 对网络包的处理能力，本地总线的处理能力，以及单台服务器可以连接的存储容量限制等。在这种情况下，出现了以 NetApp、Isilon 等产品为代表的集群 NAS。集群 NAS 的结构如图 4-2 所示。

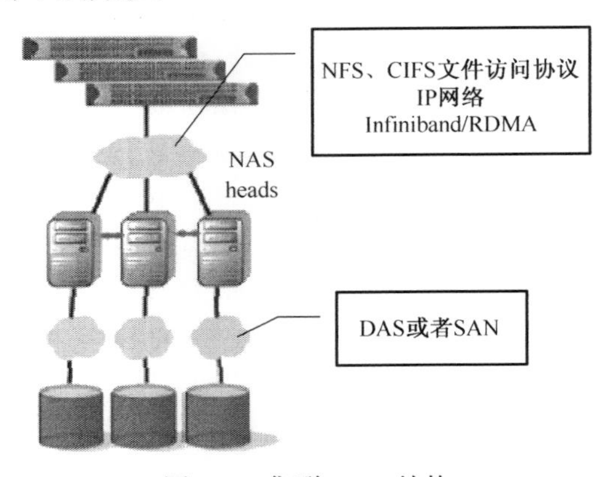

图 4-2　集群 NAS 结构

直观看来，集群 NAS 是一组 NAS 服务器的集合，集合中每台服务器连接有独立的存储，但是所有的服务器通过一个 NAS head 向客户端提供单一的存储映像和名字空间。其优点在于以下几个方面。

（1）集群 NAS 集合了多台服务器的存储容量、总线速度、接入速度和主机处理速度，可以为客户端提供更高的访问吞吐率和更大的存储空间。

（2）集群 NAS 的客户端也可以像使用单个 NAS 一样使用集群 NAS。从 NAS 向集群 NAS 的过渡，不涉及客户端应用的修改和客户端使用复杂性的提高。

（3）通过增加集群中的设备，可以线性地增加系统的存储空间和访问性能。

然而，无论 NAS 还是集群 NAS 都无法摆脱 NAS 结构的一些缺陷。

（1）采用文件级 I/O 方式，文件 I/O 请求需要经过整个 TCP/IP 协议栈封装，通过网络传输。

（2）服务器无法共享自己的存储，数据备份需要占用 LAN 带宽和时间。

（3）无法将多个服务器的本地资源整合成为一个整体，灵活性较差。

4）存储区域网络 SAN 和 iSCSI

SAN 是一种利用光纤通道等互联协议连接起来的可以在服务器和存储系统之间直接传输数据的存储网络系统。如图 4-3 所示，SAN 是一个专门的存储网络，它提供对存储设备的块访问接口。

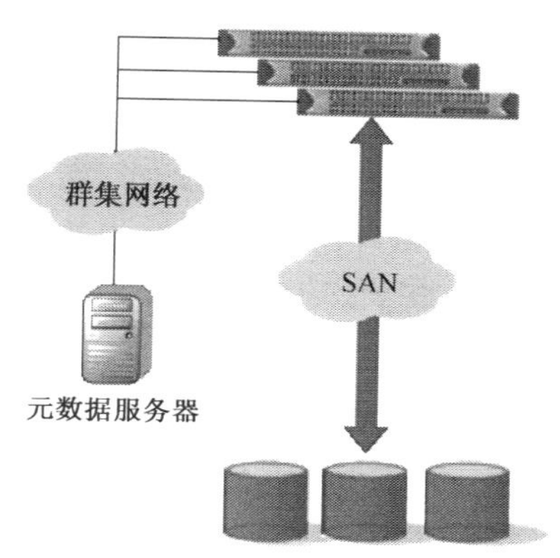

图 4-3 SAN 存储结构

连接了 SAN 的主机，可以像使用本地的存储资源一样使用 SAN 网络上的存储设备。SAN 不提供文件的抽象，只提供块级的操作。使用 SAN 可以在服务器之间共享存储设备，数据可以在服务器之间自由地移动，不需要物理复制。SAN 具有高性能、高速存取、高可用性的特点，但是设备的互操作性差，构建维护费用高，设备互联设备昂贵，限制了技术的普及程度。iSCSI 可以看成一种 IP 网络上的 SAN，它较光纤 SAN 具有价格低廉和支持更远距离等特点。

2. 存储系统评价指标

显然存储系统和部件的基本评价指标就是容量，而评价容量的指标就是字节数。当前单条随机存储器的容量大约为 GB 级，而单个磁盘驱动器的容量为 TB 级，单张 DVD 光盘容量为 5GB 左右，而蓝光光盘容量为 20GB，磁盘阵列的容量依赖其中磁盘驱动器的数量和组织模式，而大规模存储系统的容量从几十个 TB 到几十个 PB 不等。存储容量是存储设备的系统静态指标，特别是对于存储设备而言，容量在设备生存期基本是不会改变的；而许多存储系统往往通过系统扩展技术实现实际存储容量的增加。

相对于存储容量，在存储设备和系统中与时间相关的两个基本性能评价指标为系统吞吐率(throughput)和请求响应时间(response time)。虽然这两个指标也一直是计算机系统和网络的重要评价标准，但在存储系统中它们往往具有特殊的含义。在网络系统中往往使用每秒比特(Kbit/s，Mbit/s 和 Gbit/s)来表示网络连接速度，而在存储系统中缓冲区(buffer)和 I/O 接口的传输速度往往使用每秒字节(KB/s，MB/s 和 GB/s)表示。请求响应时间根据存储部件和任务的不同可以从几纳秒到几小时。

对于存储系统和部件的设计者而言，吞吐率定义为单位时间内系统能够完成的任务数，它是一个重要指标，反映了系统处理任务的能力。但在实际应用中，吞吐率大小往往依赖任务的特征，例如，磁盘阵列评价指标每秒 I/O 数量(I/Ops，I/O per second)就是指每秒的 I/O 处理个数，显然当每个 I/O 请求为 1MB 和 8KB 时，就会得到不同的吞吐率；并且吞吐率和请求大小一般情况下不具有线性比例关系，上例中通常后者吞吐率也不会是前者的 128 倍。这种现象来源于多种原因，其中一个原因是每个请求无论大小都需要相对固定用于对请求包进行分析和处理的时间。显然仅用吞吐率来衡量存储系统的性能是很难的。

对于应用程序和用户而言，请求响应时间是他们更加关注的。实际请求的响应时间受到多个方面的影响，首先存储系统结构会影响请求响应时间，例如，一个具有本地 8MB 缓冲区的磁盘驱动器通常就比具有更小缓冲区的磁盘驱动器具有更短的响应时间；其次请求自身的特性也会影响实际的响应时间，例如，8MB 的请求比 4MB 的请求有更长的响应时间；再次请求数据的物理存放位置也会对响应时间产生巨大影响，例如，本地磁盘中的数据比远程磁盘中的数据具有更小的访问延迟；最后请求响应时间还依赖于当前存储系统的繁忙程度，请求在负载重时比负载轻时有更长的响应时间。实际上还有其他因素也会影响请求的响应时间，例如，前后请求是否连续对于磁盘响应时间是极其重要的。这些都使得在存储系统中对于请求响应时间的计算和分析非常困难。

从上面的分析可以看出，无论吞吐率还是请求响应时间，都涉及请求或者负载的特征，不同的负载在相同存储系统上可能具有截然不同的表现，例如，一个面向共享应用的分布式存储系统可能对于大量并发读写的负载(科学计算)有很好的性能，但对于具有大量频繁更新操作的联机事务处理(on-line transaction process，OLTP)就有很差的性能。因此在对于存储系统进行评价的时候，确定运行在该系统之上的典型应用负载是非常重要的问题。正是因为存储系统中影响吞吐率和响应时间的因素太多，所以在当前的研究中很难使用模型的方法精确计算出存储系统的性能，那么更多地采用构建仿真或者搭建原型系统，通过运行典型负载，然后通过实际测量来获取系统的性能。

3. 存储系统面临的挑战

数据量的急剧增加和数据本身内涵的多样性，以及用户不断增长的需要对数据存储系统的功能设计提出了极大的挑战，用户不再只考虑存储系统的容量和性能。

存储系统需要更多的功能满足不断增加的应用需求。特别是在多用户并行的环境中，大规模应用系统的广泛部署对存储系统的性能和功能也提出更多的挑战，主要表现为以下几个方面。

(1) 高性能。性能永远是系统设计追求的重要目标，数据存储系统必须能满足用户对性能的需求。用户希望系统整体性能能够随着设备性能和数量的增加而增加。对于各种实时性要求严格的特殊应用系统，存储系统必须根据负载特征进行针对性的优化以满足实时性要求；尤其在大数据量和高突发性的应用系统中，吞吐率和命令处理速率是非常关键的性能指标。

(2) 可扩展性。存储系统必须能够根据应用系统的需求动态扩展存储容量、系统规模和软件功能。许多应用系统，如数字图书馆、石油勘探、地震资料处理等都需要 PB 级的海量存储容量，并且其存储系统结构能够保证容量随时间不断增加。存储系统的设计不仅考虑单个物理存储介质容量的增加，同时还需要从体系结构方面开始，使得系统能够根据需要加入和管理更多的存储设备；而且扩展过程必须表现为在线的扩大，不应该影响前台业务的正常运行。

(3) 可共享性。一方面存储资源可以物理上被多个前端异构主机共享使用；另一方面存储系统中的数据能够被多个应用和大量用户共享。共享机制必须方便应用，并保持对用户的透明，由系统维护数据的一致性和版本控制。

(4) 高可靠性/可用性。

数据是企业和个人的关键财富，存储系统必须保证这些数据的高可用性和高安全性。许多应用系统需要 365 天×24 小时连续运行，要求存储系统具有高度的可用性，以提供不间断的数据存储服务。

(5) 自适应性。存储系统能够根据各种应用系统的动态工作负载和内部设备能力的变化动态改变自身的配置、策略以提高 I/O 性能和可用性。

(6) 可管理性。当系统的存储容量、存储设备、服务器和网络设备越来越多时，系统的维护和管理变得更为复杂，存储系统的可用性和易用性将受到空前的关注。事实上当前维护成本已经接近系统的构建成本。系统通过简单性、方便性、智能性的设计提供更高的管理性，以减少人工管理和配置时间。

(7) 海量数据组织和维护。当前数据具有量大、结构复杂的特点，对于这些海量数据的高效组织和管理成为一件极具挑战性的工作。为所有数据增加特性标签，建立快速和高效的索引结构成为存储系统必须考虑的问题。另外对于数据进行生命周期管理和对冗余数据进行重复删除都是提高存储系统利用效率的方法。

(8) 数据存储服务的 QoS。数据具有不同的属性(读写频率等)，用户对数据也有不同的需要。以往对所有数据一视同仁的方法，只会导致整体存储资源的浪费和服务的低下。而现在的数据存储系统设计必须能够认清这种差别，使用合适的方法更好地满足用户对数据存储的要求。例如，不同存取模式对存储系统有不同的影响，而且系统必须自动地适应存取模式的变化。

(9) 高效的能耗管理。大规模存储系统需要消耗大量的电能，设备的空转会消耗大量的电能产生大量的热量，这又导致散热和制冷的功耗增加，因此当前存储系统设计必须考虑如何节省系统运行的整体功耗。

虽然用户期望存储系统能够达到上述列举的多方面功能要求，但在实际的存储系统设计过程中这些功能需求会相互关联、相互制约。例如，安全机制的引入往往会对性能有相反的作用。因此在实际的设计之中，需要根据应用的实际需要在多个功能之间进行一定的取舍和平衡。

4.3 分布式文件系统

高性能分布式文件系统是最普遍的非结构化科学数据存储技术。通过分布式文件系统，集群计算节点可以获得统一的命令空间、文件目录结构，并发访问控制和高性能可扩展的 I/O 服务。主流的分布式文件系统一般由多台存储服务器分散地提供 I/O 服务，因此能够提供 GB/s 以上的聚合吞吐率、管理 PB 级以上的数据容量、支持成千上万个客户端。以下介绍的集中分布式文件系统满足这些基本的需求，并且有不同的设计特点。

4.3.1 Lustre 文件系统

Lustre 是一个 PetaScale 级的集群文件系统，Lustre 项目与 1999 年在美国卡内基梅隆大学启动，现在已经发展成为应用最广泛的分布式文件系统。在全世界 Top 10 超级计算机中有 7 个采用了基于 Lustre 的集群存储。目前规模最大的 Lustre 文件系统实例，位于美国橡树岭国家实验室(Oak Ridge National Laboratory，ORNL)，具有 10.7PB 的磁盘空间，240GB/s 的聚合吞吐率，支持 26000 个客户机。

1) Lustre 的体系结构

Lustre 的体系结构如图 4-4 所示，Lustre 集群组件包含了 MDS(元数据服务器)、MDT(元数据存储节点)、OSS(对象存储服务器)、OST(对象存储节点)、Client(客户端)，以及连接这些组件的高速网络。

(1) 元数据存储与管理。MDS 负责管理元数据，提供一个全局的命名空间，Client 可以通过 MDS 读取到保存于 MDT 之上的元数据。在 Lustre 中 MDS 可以有 2 个，采用了 Active-Standby 的容错机制，当其中一个 MDS 不能正常工作时，另外一个后备 MDS 可以启动服务。MDT 只能有 1 个，不同 MDS 之间共享访问同一个 MDT。

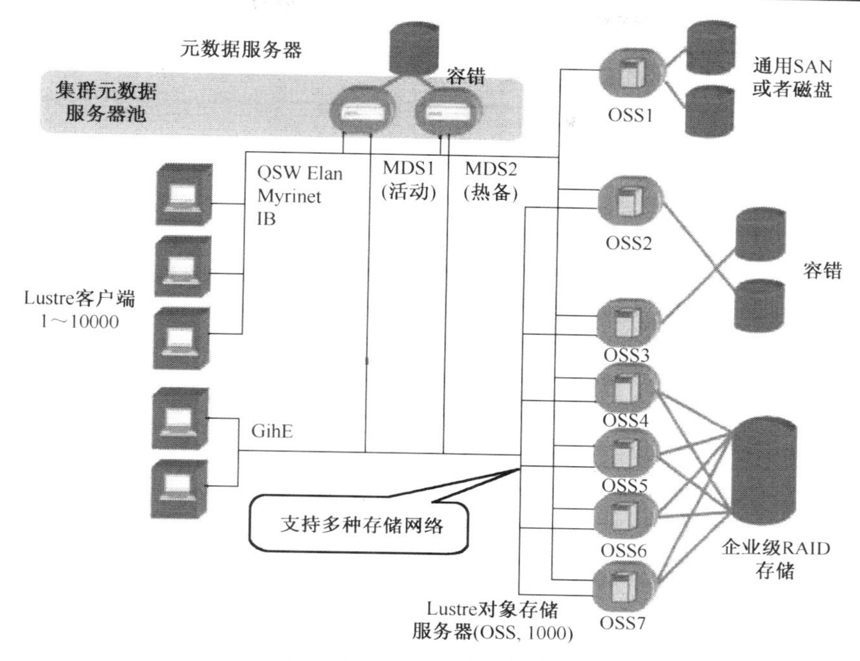

图 4-4　Lustre 的体系结构

(2) 文件数据存储与管理。OSS 负载提供 I/O 服务，接受并服务来自网络的请求。通过 OSS 可以访问到保存在 OST 上的文件数据。一个 OSS 对应 2～8 个 OST，其存储空间可以高达 8TB。OST 上的文件数据是以分条的形式保存的，文件的分条可以在一个 OSS 之中，也可以保存在多个 OSS 中。Lustre 的特色之一为其数据是基于对象的职能存储的，与传统的基于块的存储方式有所不同。

(3) Lustre 系统访问入口。Lustre 通过 Client 端来访问系统，Client 为挂载了 Lustre 文件系统的任意节点。Client 提供了 Linux 下 VFS(虚拟文件系统)与 Lustre 系统之间的接口，通过 Client，用户可访问操作 Lustre 系统中的文件。

Lustre 集群中的各个节点通过高速的以太网或 Quadrics Elan、Myrinet 等多种网络连接起来。

2) Lustre 的设计特点

Lustre 优异的性能和可扩展性主要基于如下几个方面的设计。

(1) 元数据服务和 I/O 服务分离。为了减少系统的性能瓶颈，提高可扩展性，必须减少系统中心服务管理的信息，降低中心服务器的负载。Lustre 在设计之初就把文件的元数据和数据进行了分离。中心服务器只管理一致性要求较高的元数据。成百上千的 I/O 服务器提供并发的 I/O 服务。系统地聚合 I/O 性能会随着 I/O 服务器的增加而线性增加。中心服务器性能对系统可扩展性的限制大大减小。

(2) 面向对象的存储。Lustre 中文件存储的单位不是固定大小的块，而是大小可变、信息丰富的文件对象。每个文件对象对应于 I/O 服务器上一个单独的文件。Lustre 的文件大小不再受到磁盘设备和磁盘文件系统的限制，最大可以到达到 320TB(每个文件的 inode 中对象列表的长度×本地磁盘文件系统中单个文件的 max_size)。

(3) 智能存储设备。Lustre 将 I/O 服务器虚拟成能够自主地处理 I/O 错误、故障恢复、安全控制的智能设备。这样可以充分地利用分散在 I/O 设备上的处理能力，尽可能地减少中心服务器的负载。

(4) 文件分条存储。文件可以被分条存放在多个虚拟存储设备中。如果同一文件被多个客户端同时访问，分条存储的方法可以分散 I/O 请求，提高文件访问的性能。

3) Lustre 的可靠性和可用性

Lustre 的可靠性主要通过硬件级别的冗余来实现，考虑到大规模磁盘系统的故障率，推荐将数据存储配置在 RAID 6 以上冗余级别的盘阵上。Lustre 支持 MDS 服务器的 Active-Passive 模式的高可用性配置和 OSS 服务器的 Active-Active 模式的高可用性配置。

4.3.2 Gluster 文件系统

1. GlusterFS 概述

GlusterFS 是横向扩展(scale-out)存储解决方案Gluster的核心，它是一个开源的分布式文件系统，具有强大的横向扩展能力，通过扩展能够支持数 PB 存储容量和处理数千客户端。GlusterFS 借助 TCP/IP 或 InfiniBand RDMA 网络将物理分布的存储资源聚集在一起，使用单一全局命名空间来管理数据。GlusterFS 基于可堆叠的用户空间设计，可为各种不同的数据负载提供优异的性能。

GlusterFS 支持运行在任何标准 IP 网络上标准应用程序的标准客户端，如图 4-5 所示，用户可以在全局统一的命名空间中使用 NFS/CIFS 等标准协议来访问应用数据。GlusterFS 使得用户可摆脱原有的独立、高成本的封闭存储系统，能够利用普通廉价的存储设备来部署可集中管理、横向扩展、虚拟化的存储池，存储容量可扩展至 TB/PB 级。GlusterFS 主要特征如下。

1) 扩展性和高性能

GlusterFS 利用双重特性来提供几 TB 至数 PB 的高扩展存储解决方案。scale-out 架构允许通过简单地增加资源来提高存储容量和性能，磁盘、计算和 I/O 资源都可以独立增加，支持万兆以太网和 InfiniBand 等高速网络互联。Gluster 弹性哈希(elastic hash)解除了 GlusterFS 对元数据服务器的需求，消除了单点故障和性能瓶颈，真正实现了并行化数据访问。

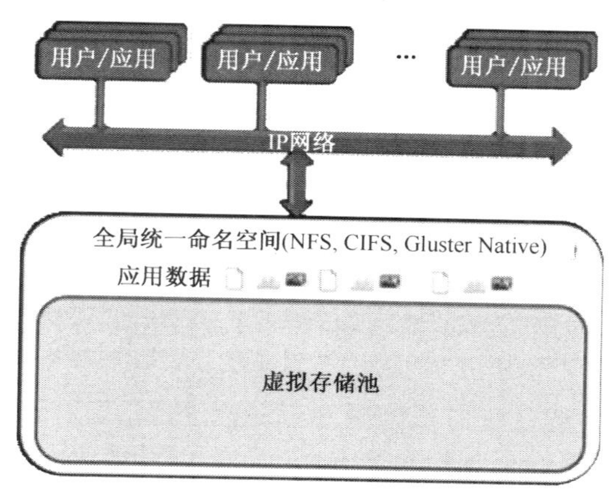

图 4-5 GlusterFS 统一的挂载点

2）高可用性

GlusterFS 可以对文件进行自动复制，如镜像或多次复制，从而确保数据总是可以访问，甚至是在硬件故障的情况下也能正常访问。自我修复功能能够把数据恢复到正确的状态，而且修复是以增量的方式在后台执行，几乎不会产生性能负载。GlusterFS 没有设计自己的私有数据文件格式，而是采用操作系统中主流标准的磁盘文件系统(如 EXT3、ZFS)来存储文件，因此数据可以使用各种标准工具进行复制和访问。

3）全局统一命名空间

全局统一命名空间将磁盘和内存资源聚集成一个单一的虚拟存储池，对上层用户和应用屏蔽了底层的物理硬件。存储资源可以根据需要在虚拟存储池中进行弹性扩展，如扩容或收缩。当存储虚拟机映像时，存储的虚拟映像文件没有数量限制，成千虚拟机均通过单一挂载点进行数据共享。虚拟机 I/O 可在命名空间内的所有服务器上自动进行负载均衡，消除了 SAN 环境中经常发生的访问热点和性能瓶颈问题。

4）弹性哈希算法

GlusterFS 采用弹性哈希算法在存储池中定位数据，而不是采用集中式或分布式元数据服务器索引。在其他的 scale-out 存储系统中，元数据服务器通常会导致 I/O 性能瓶颈和单点故障问题。GlusterFS 中，所有在 scale-out 存储配置中的存储系统都可以智能地定位任意数据分片，不需要查看索引或者向其他服务器查询。这种设计机制完全并行化了数据访问，实现了真正的线性性能扩展。

5）弹性卷管理

数据储存在逻辑卷中，逻辑卷可以从虚拟化的物理存储池进行独立逻辑划分而得到。存储服务器可以在线进行增加和移除，不会导致应用中断。逻辑卷可以在所有配置服务器中增长和缩减，可以在不同服务器迁移进行容量均衡，或者增加和移除系统，这些操作都可在线进行。文件系统配置更改也可以实时在线进行并应用，从而可以适应工作负载条件变化或在线性能调优。

6）基于标准协议

Gluster 存储服务支持 NFS、CIFS、HTTP、FTP 和 Gluster 原生协议，完全与 POSIX 标准兼容。现有应用程序不需要做任何修改或使用专用 API，就可以对 Gluster 中的数据进行访问。这在公有云环境中部署 Gluster 时非常有用，Gluster 对云服务提供商专用 API 进行抽象，然后提供标准 POSIX 接口。

2. 设计目标

GlusterFS 的设计思想显著区别于现有并行/集群/分布式文件系统。如果 GlusterFS 在设计上没有本质性的突破，难以在与 Lustre、PVFS2、Ceph 等的竞争中占据优势，更别提与 GPFS、StorNext、Isilon、IBRIX 等具有多年技术沉淀和市场积累的商用文件系统竞争。其核心设计目标包括如下三个。

1）弹性(elasticity)存储系统

存储系统具有弹性能力，意味着企业可以根据业务需要灵活地增加或缩减数据存储和增删存储池中的资源，而不需要中断系统运行。GlusterFS 设计目标之一就是弹性，允许动态增删数据卷、扩展或缩减数据卷、增删存储服务器等，不影响系统正常运行和业务服务。GlusterFS 早期版本中弹性不足，部分管理工作需要中断服务，目前最新的 3.1.X 版本已经弹性十足，能够满足对存储系统弹性要求高的应用需求，尤其是对云存储服务系统而言意义更大。GlusterFS 主要通过存储虚拟化技术和逻辑卷管理来实现这一设计目标。

2）线性横向扩展(linear scale-out)

线性扩展对于存储系统而言是非常难以实现的，通常系统规模扩展与性能提升之间是 LOG 对数曲线关系，因为同时会产生相应负载而消耗了部分性能的提升。现在的很多并行/集群/分布式文件系统都具很高的扩展能力，Luster 存储节点可以达到 1000 个以上，客户端数量能够达到 25000 以上，这个扩展能力是非常强大的，但是 Lustre 也不是线性扩展的。

纵向扩展(scale-up)旨在提高单个节点的存储容量或性能，往往存在理论上或物理上的各种限制而无法满足存储需求。横向扩展(scale-out)通过增加存储节点来提升整个系统的容量或性能，这一扩展机制是目前的存储技术热点，能有效应对容量、性能等存储需求。目前的并行/集群/分布式文件系统大多都具备横向扩展能力。

GlusterFS 是线性横向扩展架构，它通过横向扩展存储节点即可获得线性的存储容量和性能的提升。因此，GlusterFS 结合纵向扩展可以获得多维扩展能力，增加每个节点的磁盘可以增加存储容量，增加存储节点可以提高性能，从而将更多磁盘、内存、I/O 资源聚集成更大容量、更高性能的虚拟存储池。GlusterFS 利用三种基本技术来获得线性横向扩展能力。

（1）消除元数据服务。

（2）高效数据分布，获得扩展性和可靠性。

（3）通过完全分布式架构的并行化获得性能的最大化。

3）高可靠性(high reliability)

与 GFS(Google file system)类似，GlusterFS 可以构建在普通的服务器和存储设备之上，因此可靠性显得尤为关键。GlusterFS 从设计之初就将可靠性纳入核心设计，采用了多种技术来实现这一设计目标。首先，它假设故障是正常事件，包括硬件、磁盘、网络故障和管理员误操作造成的数据损坏等。GlusterFS 设计支持自动复制和自动修复功能来保证数据可靠性，不需要管理员的干预。其次，GlusterFS 利用底层 EXT3/ZFS 等磁盘文件系统的日志功能来提供一定的数据可靠性，而没有自己重新设计和实现磁盘文件系统，保持了系统的简单和可靠。再次，GlusterFS 是无元数据服务器设计，不需要元数据的同步或者一致性维护，很大程度上降低了系统复杂性，不仅提高了性能，还大大提高了系统可靠性。

3. 技术特点

GlusterFS 在技术实现上与传统存储系统或现有其他分布式文件系统有显著不同之处，主要体现在如下几个方面。

1）完全软件(software only)实现

GlusterFS 认为存储是软件问题，不能够把用户局限于使用特定的供应商或硬件配置来解决。GlusterFS 采用开放式设计，广泛支持工业标准的存储、网络和计算机设备，而非与定制化的专用硬件设备捆绑。对于商业客户，GlusterFS 可以以虚拟装置的形式交付，也可以与虚拟机容器打包，或者是公有云中部署的映像。开源社区中，GlusterFS 被大量部署在基于廉价闲置硬件的各种操作系统上，构成集中统一的虚拟存储资源池。简而言之，GlusterFS 是开放的全软件实现，完全独立于硬件和操作系统。

2）完整的存储操作系统栈(complete storage operating system stack)

GlusterFS 不仅提供了一个分布式文件系统，还提供了许多其他重要的分布式功能，如分布式内存管理、I/O 调度、软 RAID 和自我修复等。GlusterFS 汲取了微内核架构的经验教训，借鉴了 GNU/Hurd 操作系统的设计思想，在用户空间实现了完整的存储操作系统栈。

3）用户空间(user space)实现

与传统的文件系统不同，GlusterFS 在用户空间实现，这使得其安装和升级特别简便。另外，这也极大降低了普通用户基于源码修改 GlusterFS 的门槛，仅需要通用的 C 程序设计技能，而不需要特别的内核编程经验。

4）模块化堆栈式架构(modular stackable architecture)

GlusterFS 采用模块化、堆栈式的架构，可通过灵活的配置支持高度定制化的应用环境，如大文件存储、海量小文件存储、云存储、多传输协议应用等。每个功能以模块形式实现，然后以积木方式进行简单的组合，即可实现复杂的功能。例如，Replicate 模块可实现 RAID1，Stripe 模块可实现 RAID0，通过两者的组合可实现 RAID10 和 RAID01，同时获得高性能和高可靠性。

5）原始数据格式存储(data stored in native formats)

GlusterFS 以原始数据格式(如 EXT3、EXT4、XFS、ZFS)储存数据，并实现多种数据自动修复机制。因此，系统极具弹性，即使离线情形下文件也可以通过其他标准工具进行访问。如果用户需要从 GlusterFS 中迁移数据，则不需要做任何修改就可以完全使用这些数据。

6）无元数据服务设计(no metadata with the elastic hash algorithm)

对 scale-out 存储系统而言，最大的挑战之一就是记录数据逻辑与物理位置的映像关系，即数据元数据，还可能包括如属性和访问权限等信息。传统分布式存储系统使用集中式或分布式元数据服务来维护元数据，集中式元数据服务会导致单点故障和性能瓶颈问题，而分布式元数据服务存在性能负载和元数据同步一致性问题。特别是对于海量小文件的应用，元数据问题是个非常大的挑战。

GlusterFS 采用了独特的无元数据服务的设计，取代算法来定位文件，元数据和数据没有分离而是一起存储。集群中的所有存储系统服务器都可以智能地对文件数据分片进行定位，仅根据文件名和路径并运用算法即可，而不需要查询索引或者其他服务器。这使得数据访问完全并行化，从而实现真正的线性性能扩展。无元数据服务器极大提高了 GlusterFS 的性能、可靠性和稳定性。

4. 总体架构与设计

GlusterFS 总体架构与组成部分如图 4-6 所示，它主要由存储服务器(brick server)、客户端和 NFS/Samba 存储网关组成。不难发现，GlusterFS 架构中没有元数据服务器组件，这是其最大的设计优点，对于提升整个系统的性能、可靠性和稳定性都有着决定性的意义。GlusterFS 支持 TCP/IP 和 InfiniBand RDMA 高速网络互联，客户端可通过原生 GlusterFS 协议访问数据，其他没有运行 GlusterFS 客户端的终端可通过 NFS/CIFS 标准协议通过存储网关访问数据。

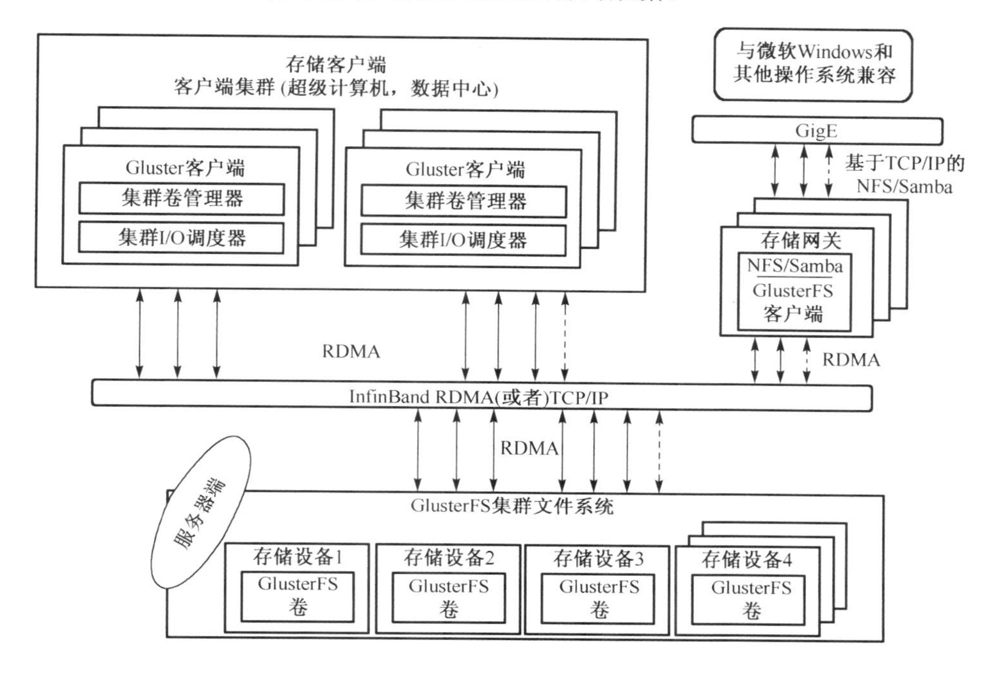

图 4-6 GlusterFS 架构和组件

存储服务器主要提供基本的数据存储功能，最终的文件数据通过统一的调度策略分布在不同的存储服务器上。它们上面运行着 Glusterfsd 进程，负责处理来自其他组件的数据服务请求。如前所述，数据以原始格式直接存储在服务器的本地文件系统上，如 EXT3、EXT4、XFS、ZFS 等，运行服务时指定数据存储路径。多个存储服务器可以通过客户端或存储网关上的卷管理器组成集群，如 Stripe(RAID0)、Replicate(RAID1)和 DHT(distributed hash table)存储集群，也可利用嵌套组合构成更加复杂的集群，如 RAID10。

由于没有了元数据服务器，客户端承担了更多的功能，包括数据卷管理、I/O 调度、文件定位、数据缓存等功能。客户端上运行 Glusterfs 进程，它实际是 Glusterfsd 的符号链接，利用 FUSE(file system in user space)模块将 GlusterFS 挂载到本地文件系统之上，实现 POSIX 兼容的方式来访问系统数据。在最新的 3.1.X 版本中，客户端不再需要独立维护卷配置信息，改成自动从运行在网关上的 Glusterd 弹性卷管理服务进行获取和更新，极大简化了卷管理。GlusterFS 客户端负载相对传统分布式文件系统要高，包括 CPU 占用率和内存占用。

GlusterFS 存储网关提供弹性卷管理和 NFS/CIFS 访问代理功能，其上运行 Glusterd 和 Glusterfs 进程，两者都是 Glusterfsd 符号链接。卷管理器负责逻辑卷的创建、删除、容量扩展与缩减、容量平滑等功能，并负责向客户端提供逻辑卷信息和主动更新通知功能等。GlusterFS 3.1.X 实现了逻辑卷的弹性和自动化管理，不需要中断数据服务或上层应用业务。对于 Windows 客户端或没有安装 GlusterFS 的客户端，需要通过 NFS/CIFS 代理网关来访问，这时网关被配置成 NFS 或 Samba 服务器。相对原生客户端，网关在性能上要受到 NFS/Samba 的制约。

GlusterFS 是模块化堆栈式的架构设计，如图 4-7 所示。模块称为 translator，是 GlusterFS 提供的一种强大机制，借助这种良好定义的接口可以高效简便地扩展文件系统的功能。服务端与客户端模块接口是兼容的，同一个 translator 可同时在两边加载。每个 translator 都是 SO 动态库，运行时根据配置动态加载。每个模块实现特定基本功能，GlusterFS 中所有的功能都是通过 translator 实现，如 cluster、storage、performance、protocol、features 等，基本简单的模块可以通过堆栈式的组合来实现复杂的功能。这一设计思想借鉴了 GNU/Hurd 微内核的虚拟文件系统设计，可以把对外部系统的访问转换成目标系统的适当调用。大部分模块都运行在客户端，如合成器、I/O 调度器和性能优化等，服务端相对简单很多。客户端和存储服务器均有自己的存储栈，构成了一棵 translator 功能树，应用了若干模块。模块化和堆栈式的架构设计，极大降低了系统设计复杂性，简化了系统的实现、升级和系统维护。

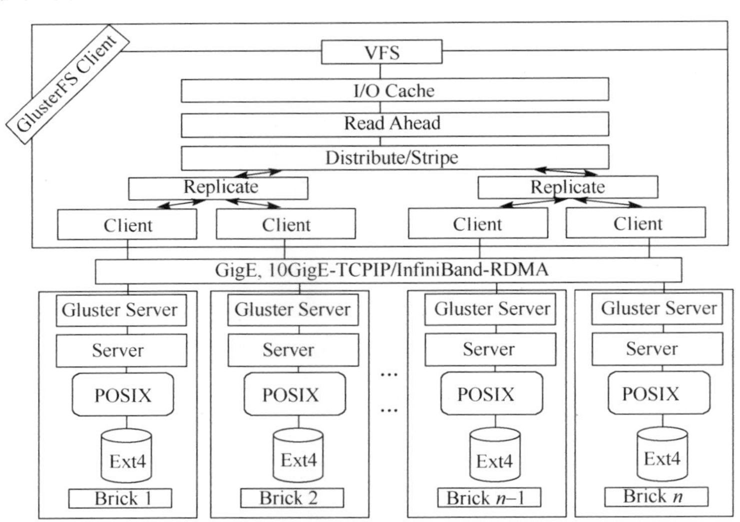

图 4-7　GlusterFS 模块化堆栈式设计

5. 弹性哈希算法

对于分布式系统而言，元数据处理是决定系统扩展性、性能和稳定性的关键。

GlusterFS 另辟蹊径，彻底摒弃了元数据服务，使用弹性哈希算法代替传统分布式文件系统中的集中或分布式元数据服务。这根本性解决了元数据这一难题，从而获得了接近线性的高扩展性，同时也提高了系统性能和可靠性。GlusterFS 使用算法进行数据定位，集群中的任何服务器和客户端只需要根据路径和文件名就可以对数据进行定位和读写访问。换句话说，GlusterFS 不需要将元数据与数据进行分离，因为文件定位可独立并行化进行。GlusterFS 中数据访问流程如下。

（1）计算哈希值，输入参数为文件路径和文件名。

（2）根据哈希值在集群中选择子卷(存储服务器)，进行文件定位。

（3）对所选择的子卷进行数据访问。

GlusterFS 目前使用 Davies-Meyer 算法计算文件名哈希值，获得一个 32 位整数。Davies-Meyer 算法具有非常好的哈希分布性，计算效率很高。假设逻辑卷中的存储服务器有 N 个，则 32 位整数空间被平均划分为 N 个连续子空间，每个空间分别映射到一个存储服务器。这样，计算得到的 32 位哈希值就会被投射到一个存储服务器，即要选择的子卷。难道真是如此简单？现在来考虑一下存储节点加入和删除、文件改名等情况，GlusterFS 如何解决这些问题而具备弹性的呢？

逻辑卷中加入一个新存储节点，如果不作其他任何处理，哈希值映射空间将会发生变化，现有的文件目录可能会重新定位到其他的存储服务器上，从而导致定位失败。解决问题的一种方法是对文件目录进行重新分布，把文件移动到正确的存储服务器上，但这大大加重了系统负载，尤其是对于已经存储大量的数据的海量存储系统来说显然是不可行的。另一种方法是使用一致性哈希算法，修改新增节点和相邻节点的哈希映射空间，仅需要移动相邻节点上的部分数据至新增节点，影响相对小了很多。然而，这又带来另外一个问题，即系统整体负载不均衡。GlusterFS 没有采用上述两种方法，而是设计了更为弹性的算法。GlusterFS 的哈希分布是以目录为基本单位的，文件的父目录利用扩展属性记录了子卷映射信息，其下面子文件目录在父目录所属存储服务器中进行分布。由于文件目录事先保存了分布信息，所以新增节点不会影响现有文件存储分布，它将从此后的新建目录开始参与存储分布调度。这种设计中，新增节点不需要移动任何文件，但是负载均衡没有平滑处理，老节点负载较重。GlusterFS 在设计中考虑了这一问题，在新建文件时会优先考虑容量负载最轻的节点，在目标存储节点上创建文件链接指向真正存储文件的节点。另外，GlusterFS 弹性卷管理工具可以在后台以人工方式来执行负载平滑，将进行文件移动和重新分布，此后所有存储服务器都均会被调度。

目前 GlusterFS 对存储节点删除支持有限，还无法做到完全无人干预的程度。如果直接删除节点，那么所在存储服务器上的文件将无法浏览和访问，创建文件目录也会失败。当前人工解决方法有两个：一是将节点上的数据重新复制到 GlusterFS 中；二是使用新的节点来替换删除节点并保持原有数据。

如果一个文件被改名，显然哈希算法将产生不同的值，非常可能会发生文件定位到不同的存储服务器上，从而导致文件访问失败的情况。采用数据移动的方法，对于大文件是很难实时完成的。为了不影响性能和服务中断，GlusterFS 采用了文件链接来解决文件重命名问题，在目标存储服务器上创建一个链接指向实际的存储服务器，访问时由系统解析并进行重定向。另外，后台同时进行文件迁移，成功后文件链接将被自动删除。对于文件移动也作类似处理，好处是前台操作可实时处理，物理数据迁移置于后台选择适当时机执行。

弹性哈希算法为文件分配逻辑卷，那么 GlusterFS 如何为逻辑卷分配物理卷呢？GlusterFS 实现了真正的弹性卷管理，如图 4-8 所示。存储卷是对底层硬件的抽象，可以根据需要进行扩容和缩减，以及在不同物理系统之间进行迁移。存储服务器可以在线增加和移除，并能在集群之间自动进行数据负载平衡，数据总是在线可用，没有应用中断。文件系统配置更新也可以在线执行，所作配置变动能够快速动态地在集群中传播，从而自动适应负载波动和性能调优。

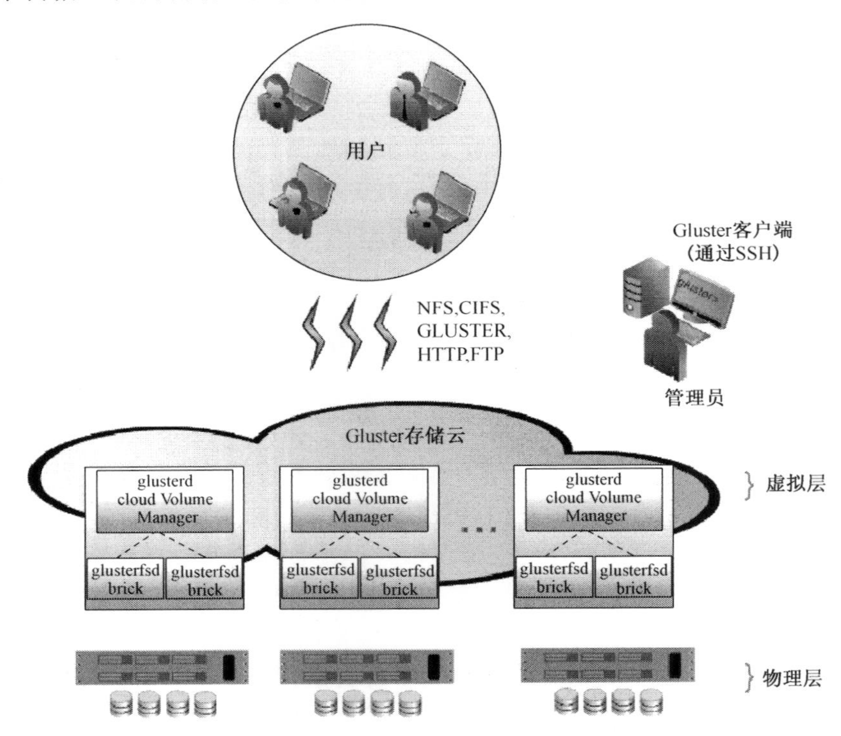

图 4-8　GlusterFS 弹性卷管理

弹性哈希算法本身并没有提供数据容错功能，GlusterFS 使用镜像或复制来保证数据可用性，推荐使用镜像或三路复制。复制模式下，存储服务器使用同步写复制到其他的存储服务器，单个服务器故障完全对客户端透明。此外，GlusterFS 没有对复制数量进行限制，读被分散到所有的镜像存储节点，可以提高读性能。弹性哈希算法分配文件到唯一的逻辑卷，而复制可以保证数据至少保存在两个不同存储节点，两者结合使得 GlusterFS 具备更高的弹性。

6. translator

如前所述，translator 是 GlusterFS 提供的一种强大文件系统功能扩展机制，这一设计思想借鉴于 GNU/Hurd 微内核操作系统。GlusterFS 中所有的功能都通过 translator 机制实现，运行时以动态库方式进行加载，服务端和客户端相互兼容。GlusterFS 3.1.X 中，主要包括以下几类 translator。

（1）cluster：存储集群分布，目前有 AFR、DHT、Stripe 三种方式。

（2）debug：跟踪 GlusterFS 内部函数和系统调用。

（3）encryption：简单的数据加密实现。

（4）features：访问控制、锁、Mac 兼容、静默、配额、只读、回收站等。

（5）mgmt：弹性卷管理。

（6）mount：FUSE 接口实现。

（7）NFS：内部 NFS 服务器。

（8）performance：io-cache、io-threads、quick-read、read-ahead、stat-prefetch、sysmlink-cache、write-behind 等性能优化。

（9）protocol：服务器和客户端协议实现。

（10）storage：底层文件系统 POSIX 接口实现。

这里重点介绍一下 cluster translator，它是实现 GlusterFS 集群存储的核心，它包括 AFR（automatic file replication）、DHT 和 Stripe 三种类型。

AFR 相当于 RAID1，同一文件在多个存储节点上保留多份，主要用于实现高可用性和数据自动修复。AFR 所有子卷上具有相同的名字空间，查找文件时从第一个节点开始，直到搜索成功或最后节点搜索完毕。读数据时，AFR 会把所有请求调度到所有存储节点，进行负载均衡以提高系统性能。写数据时，首先需要在所有锁服务器上对文件加锁，默认第一个节点为锁服务器，可以指定多个。然后，AFR 以日志事件方式对所有服务器进行写数据操作，成功后删除日志并解锁。AFR 会自动检测并修复同一文件的数据不一致性，它使用更改日志来确定好的数据副本。自动修复在文件目录首次访问时触发，如果是目录则在所有子卷上复制正确数据，如果文件不存在则创建，文件信息不匹配则修复，日志指示更新则进行更新。

DHT 即上面所介绍的弹性哈希算法，它采用哈希方式进行数据分布，名字空间分布在所有节点上。查找文件时，通过弹性哈希算法进行，不依赖名字空间。但遍历文件目录时，则实现较为复杂和低效，需要搜索所有的存储节点。单一文件只会调度到唯一的存储节点，一旦文件被定位后，读写模式相对简单。DHT 不具备容错能力，需要借助 AFR 实现高可用性，如图 4-9 所示的应用案例。

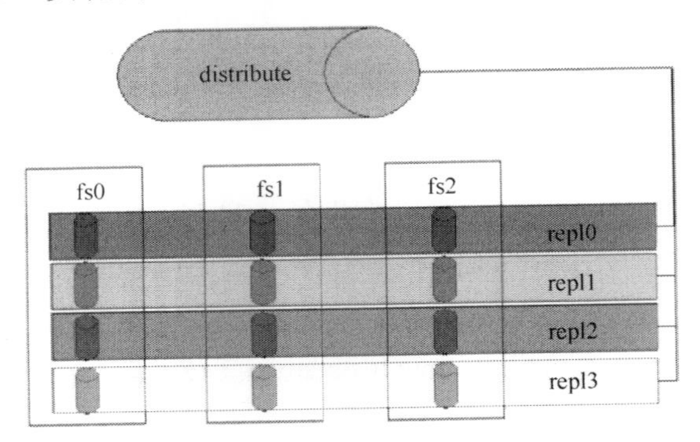

图 4-9　GlusterFS 应用案例：AFR+DHT

Stripe 相当于 RAID0，即分片存储，文件被划分成固定长度的数据分片以 Round-Robin 轮转方式存储在所有存储节点。Stripe 所有存储节点组成完整的名字空间，查找文件时需要询问所有节点，这样非常低效。读写数据时，Stripe 涉及全部分片存储节点，操作可以在多个节点之间并发执行，性能非常高。Stripe 通常与 AFR 组合使用，构成 RAID10/RAID01，同时获得高性能和高可用性，当然存储利用率会低于 50%。

7. 设计讨论

GlusterFS 是一个具有高扩展性、高性能、高可用性、可横向扩展的弹性分布式文件系统，在架构设计上非常有特点，如无元数据服务器设计、堆栈式架构等。然而，存储应用问题是很复杂的，GlusterFS 也不可能满足所有的存储需求，设计实现上也一定有考虑不足之处，下面作简要分析。

1）无元数据服务器与元数据服务器

无元数据服务器设计的好处是没有单点故障和性能瓶颈问题，可提高系统扩展性、性能、可靠性和稳定性。对于海量小文件应用，这种设计能够有效解决元数据的难点问题。它的负面影响是数据一致问题更加复杂，文件目录遍历操作效率低下，缺乏全局监控管理功能。同时也导致客户端承担了更多的职能，如文件定位、名字空间缓存、逻辑卷视图维护等，这些都增加了客户端的负载，占用相当的 CPU 和内存。

2）用户空间与内核空间

用户空间实现起来相对要简单许多，对开发者技能要求较低，运行相对安全。用户空间效率低，数据需要多次与内核空间交换，另外 GlusterFS 借助 FUSE 来实现标准文件系统接口，性能上又有所损耗。内核空间实现可以获得很高的数据吞吐量，缺点是实现和调试非常困难，程序出错经常会导致系统崩溃、安全性低。纵向扩展上，内核空间要优于用户空间，GlusterFS 有横向扩展能力来弥补。

3）堆栈式与非堆栈式

这有点像操作系统的微内核设计与单一内核设计之争。GlusterFS 堆栈式设计思想源自 GNU/Hurd 微内核操作系统，具有很强的系统扩展能力，系统设计实现复杂性降低很多，基本功能模块的堆栈式组合就可以实现强大的功能。查看 GlusterFS 卷配置文件可以发现，translator 功能树通常深达 10 层以上，一层一层进行调用，效率不高。非堆栈式设计可看成类似 Linux 的单一内核设计，系统调用通过中断实现，非常高效，但系统核心臃肿，实现和扩展复杂，出现问题调试困难。

4）原始存储格式与私有存储格式

GlusterFS 使用原始格式存储文件或数据分片，可以直接使用各种标准的工具进行访问，数据互操作性好，迁移和数据管理非常方便。然而，数据安全成了问题，因为数据是以平凡的方式保存的，接触数据的人可以直接复制和查看。这对很多应用显然是不能接受的，例如，云存储系统，用户特别关心数据安全，这也是影响公有云存储发展的一个重要原因。私有存储格式可以保证数据的安全性，即使泄露也是不可知的。GlusterFS 要实现自己的私有格式，在设计实现和数据管理上相对复杂一些，也会对性能产生一定影响。

5）大文件与小文件

GlusterFS 适合大文件还是小文件存储？弹性哈希算法和 Stripe 数据分布策略，移除了元数据依赖，优化了数据分布，提高数据访问并行性，能够大幅提高大文件存储的性能。对于小文件，无元数据服务设计解决了元数据的问题。但 GlusterFS 并没有在 I/O 方面作优化，在存储服务器底层文件系统上仍然是大量小文件，本地文件系统元数据访问是一个瓶颈，数据分布和并行性也无法充分发挥作用。因此，GlusterFS 适合存储大文件，小文件性能较差，还存在很大优化空间。

6）可用性与存储利用率

GlusterFS 使用复制技术来提供数据高可用性，复制数量没有限制，自动修复功能基于复制来实现。可用性与存储利用率是一个矛盾体，可用性高存储利用率就低，反之亦然。采用复制技术，存储利用率为复制数的倒数，镜像是 50%，三路复制则只有 33%。其实，有方法可以同时提高可用性和存储利用率，如 RAID5 的利用率是 $(n-1)/n$，RAID6 的利用率是 $(n-2)/n$，而纠删码技术可以提供更高的存储利用率。但是，鱼和熊掌不可兼得，它们都会对性能产生较大影响。

4.3.3 全局并行文件系统（GPFS）

GPFS 是 IBM 公司并行共享磁盘的集群文件系统，已经被应用于世界上很多大的超级计算中心。GPFS 的扩展性来源于共享磁盘的系统结构，如图 4-10 所示。集群中所有节点都可以平等地存取所有的磁盘，所有的文件以分条方式存放在所有磁盘上面，这能够充分发挥存储系统的吞吐率。

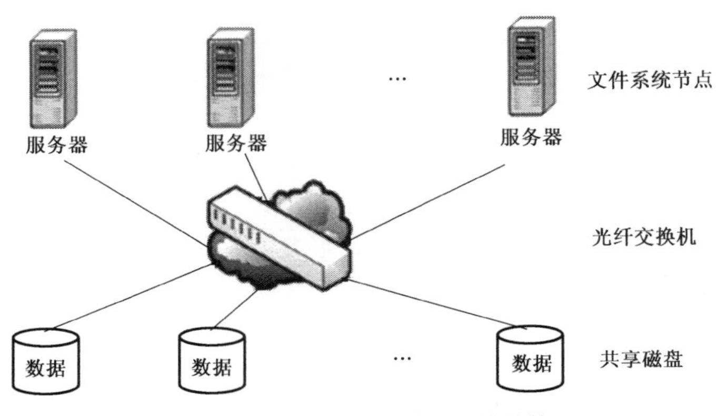

图 4-10　GPFS 文件系统整体结构

在 GPFS 中最特殊的是分布式锁管理机制。由于在物理上所有磁盘可以在所有客户端之间共享，因此所有磁盘都可以并行访问，但是文件系统的 POSIX 语义要求操作的一致性，这就需要对磁盘的物理并行访问进行相应的限制。GPFS 使用一个中央的全局锁管理器和文件系统节点上的本地锁管理器合作来处理锁令牌。重复的存取同一个磁盘对象只需要确认所有权的一个简单信息。当一个节点从全局锁管理器获取一个令牌，这个节点对于同一个对象的后续存取就不需要额外的通信。仅当其他节点对于同一个对象操作需要一个冲突锁，对于传递令牌到其他节点再需要额外的信息。锁在维护 cache 一致性方面也是重要的。GPFS 使用字节粒度的锁去同步多个客户对于一个文件的读写操作。这导致多个客户可以同时写数据到一个文件不同的位置。考虑到字节锁会产生很大的维护开销，GPFS 把维护文件字节锁的任务交给第一个存取该文件的节点负责，它和同时写该文件的后续客户协商和分配字节锁。对于多个客户同步存取文件的元数据，GPFS 采用共享的写锁保证并行的写操作，客户的大多数操作对于元数据的更新信息放到 metanode 结构，只有相应的 inode 从磁盘中读取或者写到磁盘时，metanode 才合并多个更新。只有进行更新文件大小和修改文件更新时间时才需要排他锁。

GPFS 把恢复日志保存在共享磁盘上，由节点失效导致的元数据的不一致能够由其他节点运行失效节点的恢复日志来很快修复。而 GPFS 使用组服务层通过组成员协议和周期性的心跳测试检测节点失效，当一个节点失效时，组服务层通知组内剩余的节点，并启动恢复过程。而 GPFS 通过在多个磁盘或者磁盘阵列上分布数据以保证单个磁盘失效不会导致数据丢失。另外，GPFS 能够在线增加、减小或者重新分布磁盘。

4.3.4 Panasas 文件系统

PanFS (Panasas file system) 是 Panasas 公司用于管理自己的集群存储系统的分布式文件系统。Panasas 公司于 1999 年由卡内基梅隆大学的 Gibson 等创建。PanFS 使用并行和冗余的方式存取对象存储设备，使用基于文件的 RAID 冗余模式、分布式元数据管理、一致的客户 cache 管理、文件锁服务和内部的集群管理提供一个可扩展、容错和高性能的分布式文件系统。

在 Panasas 系统中存储集群被分为存储节点和管理节点，它们之间的比例是 10∶1，并且这个比例也是允许改变的。存储节点采用对象存储的方式，客户端的 I/O 可以直接存取存储节点；管理节点管理整个存储集群，使用分布式文件系统语义，处理存储节点失效时的恢复，并通过 NFS 和 CIFS 输出 Panasas 文件系统视图。图 4-11 给出了整体的结构。

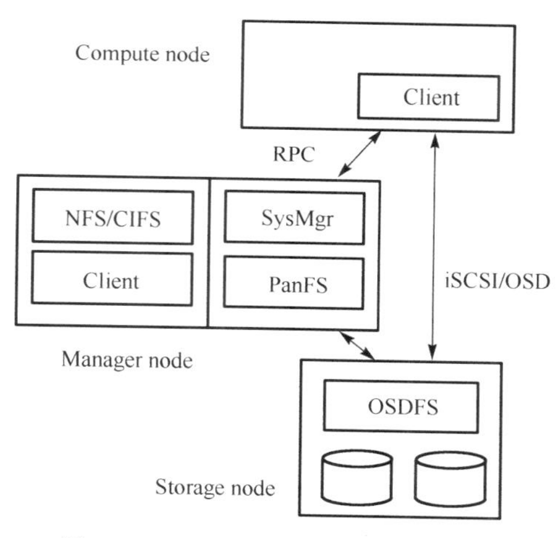

图 4-11 Panasas 文件系统整体结构

Panasas 使用本地的 OSDFS 文件系统管理存储对象，每个对象使用两级的命名空间 (partition ID/object ID) 并通过 iSCSI 传输层传递 OSD 命令，它类似于 SNIA 的 OSDv2 标准。PanFS 在存储对象之上，每个文件被分到一个或者多个对象上提供冗余和并发存取。文件系统的语义通过元数据服务器表达以方便客户端对于 OSD 的存取。客户读取对象存储使用 iSCSI/OSD 协议。I/O 操作以直接和并行的方式访问存储节点，而不需要经过元数据服务器。对象属性被用于存储文件属性，文件目录映射到对象的 ID。因此，文件系统的信息被保存在对象自身，无需元数据服务以其他形式单独保存。

在 Panasas 系统中包括的主要软件部件是：OSDFS 对象存储系统、元数据管理器、客户端模块、NFS/CIFS 网关和全局集群管理系统。

Panasas 客户端是可安装的核心模块，运行在 Linux 的核心态，它使用标准的 VFS 接口，客户可以使用标准 POSIX 接口存取 OSD 中的数据。并且在 2.4 和 2.6 的 Linux 内核下无需安装补丁。

每个存储节点运行 FreeBSD 系统，开发并实现了硬件监控、配置管理和全局控制服务。并且每个使用定制的本地文件系统 OSDFS，它们实现 iSCSI 目标器和 OSD 命令集。集群管理维护一个全局配置，并控制其他节点上的服务。它提供命令行和图像控制界面进行配置和管理。同时集群管理对集群成员进行失效检测，配置管理和全局操作(软件升级和系统重启)。Panasas 元数据管理器实现文件系统的语义和管理数据在多个 OSD 上的分条。它是一个用户级应用，可以运行在每个节点上。元数据管理器负责多用户的安全存取，维护文件和对象级的元数据一致性，客户端 cache 的一致性和系统崩溃后的恢复。容错是基于本地事务日志，并在不同的管理节点有副本。在实际安装中，存储集群使用刀片技术，能够提供很好的扩展性。11 个刀片被集成到 1 个 4U 的机架里，并安装大容量的电池和 1 个或 2 个 16 端口的千兆交换机。交换机可以聚合 4 个千兆端口形成一个 trunk。第二个交换机提供冗余，并连接到每个刀片的第二个千兆端口上。OSD 和元数据服务器使用几乎同样的刀片硬件配置。存储刀片包括 1 个商用处理器、2 个磁盘、ECC 内存和双端口千兆网络适配器。目录刀片包括更快的处理器、更多的内存和一个较小磁盘。目录刀片处理元数据管理之外，还提供 NFS 和 CIFS 服务。更大的内存用于数据 cache 提高协议的运行效率。

Panasas 使用 POSIX 语义能够隐藏更多的管理复杂性，管理员可以在线地增加存储设备，新的资源可被自动发现。为了管理可用的存储资源，使用两个最基本的概念，一个是物理的存储池称为刀片集，而逻辑引用树则称为卷。刀片集是一个卷的物理边界，刀片集可以在任何时候扩容，包括引入新的刀片或者两个刀片集合并。逻辑卷是一个目录树结构，并分配到一个特定的刀片集，有一个容量定额的限制。在卷中的文件分布在刀片集中的所有刀片上。卷在文件系统命名空间中就是一个目录，包括一个 mount 点。每个卷被一个元数据管理器维护。为了实现简单，在卷边界上划分元数据管理责任。

Panasas 可以进行自动的容量管理，这可以分为被动平衡和主动平衡，被动平衡是指改变在一个存储节点上创建文件和增长文件的概率；主动平衡是把存储对象从一个存储节点移动到另外一个存储节点并更新该对象的元数据映射。容量管理对于文件系统的用户是透明的，能够在存储池内平衡 I/O 负载。

为了保证数据对象的可用性，把文件分成多个对象并分散到不同的存储节点上，这多个对象之间使用容错的分条算法(RAID1 或者 RAID5)，小文件镜像称两个存储对象，大文件可以广泛地分布其数据对象。基于文件的 RAID 结构使得不同文件的校验信息分散存放，由客户端负责文件数据的校验，减少元数据服务器的负担。

在 Panasas 中，有几种元数据，包括对象 ID 到块地址映射、文件到一组对象的映射、文件的属性(包括存取控制表和其他信息)、文件系统命名空间信息和集群的配置及管理信息。这些元数据的管理被对象存储设备和元数据管理器所承担。其中块级元数据由存储节点的 OSDFS 在修改过的 B 树结构中存储文件系统的数据结构，如分区和对象的分配表等。对于每个对象的块映射使用传统的直接、间接和多次间接结构。自由空间用位图数据结构维护。文件本身元数据(用户可以看到的，如所有者等)和前两个数据对象存放在一起。文件名类似于传统的文件系统，而目录存放在特殊文件，用户可以读、缓冲和解析目录，或者通过查询 RPC 从元数据服务器上解析位置信息。系统级的元数据存在于一组系统管理服务器上，每个系统管理器维护一个基于 Berkeley DB 的本地数据库，系统管理服务器组通常设置奇数个服务器，使用 PTP 协议(Lamport' part-time parliament)做出配置决定或升级配置。系统状态包括静态状态(刀片的身份等)和动态状态(各种服务的在线离线状态等)。集群管理在两个层面上应用，一个是底层 PTP 层管理系统管理器的增加；另一个是应用层做出系统的配置决策。

4.3.5 并行虚拟文件系统(PVFS)

PVFS(parallel virtual file system)项目是美国 Clemson 大学为了运行 Linux 集群而创建的一个开源项目，因此，PVFS 也无需特别的硬件设备。普通的能运行 Linux 系统的 PC 即可。PVFS 现已被广泛地使用，很多分布式文件系统都是以 PVFS 为基础架构而设计实现的，如国内的浪潮并行文件系统，目前的版本是第二版。

正如一般的分布式文件系统一样，PVFS 将数据存储到多个集群节点中，数据保存在这些节点的本地文件系统之中，然后多个客户端可以并行同时访问这些数据。PVFS 有以下四个重要功能。

(1) 命名空间的一致性：为了易于安装和使用，PVFS 提供了统一的文件命名空间。

(2) 文件的数据分散分布到不同的集群节点的本地磁盘之上：为高速访问集群系统中的文件数据，PVFS 将文件数据进行条块化划分，分散存储到不同集群节点(称为 I/O 节点，如图 4-12 所示)的多个磁盘上，从而消除了单个 I/O 路径带来的瓶颈问题，且增加了客户端的并发带宽。

(3) 兼容现有系统上的文件访问方式：对已安装 PVFS 文件和目录能够继续使用现有 Linux 系统上的命令和工具，如 ls、cat、dd 和 rm 等，方便用户的使用。该功能由 Linux 核心的一个模块提供支持。

(4) 为应用程序提供高性能的数据访问方式：PVFS 还提供了 libpvfs 库，以专有接口来访问 PVFS 文件系统。而 libpvfs 库直接和 PVFS 服务器相连接，不需要把消息传递给内核，这样提高了访问效率。

PVFS 系统是一个三方架构：计算节点、管理节点和 I/O 节点，如图 4-12 所示。

其中，计算节点的功能是运行应用程序，发起 PVFS 的 I/O 请求；管理节点的功能是管理元数据，接受并调度计算节点的 I/O 请求；I/O 节点的功能是存放 PVFS 文件系统中的文件数据，所有文件数据的读写都要与 I/O 节点打交道。

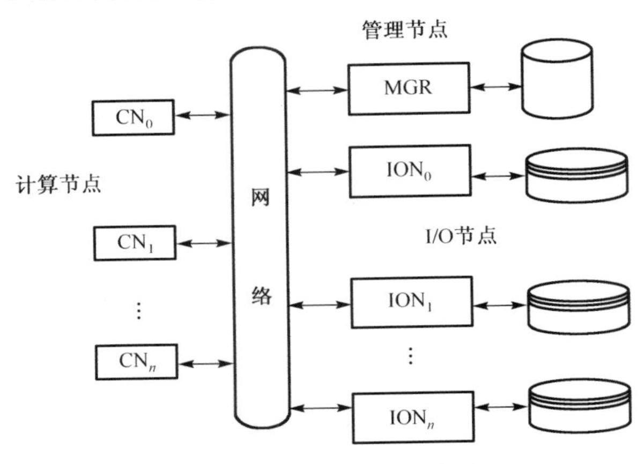

图 4-12　PVFS 系统结构图

PVFS 系统中有且只有一个管理节点，一个或者多个计算节点和 I/O 节点。PVFS 集群中任意一个集群节点既可以只提供三方架构中的其中一种功能，也可以同时提供两种或者三种功能。计算节点也同时用做管理节点，也可以充当 I/O 节点的角色，反之亦然。对于小规模的集群系统，这种功能重叠的方法可以节省开支，充分利用资源；对于大规模集群系统，则一般不推荐使用这种功能重叠的方法，因为功能重叠会使机器过于繁忙，从而导致性能下降，一般是一个节点只充当一个角色。

PVFS 还存在以下不足。

(1) 单一管理节点。上面提到 PVFS 中只有一个管理节点来管理元数据，当集群系统达到一定的规模之后，管理节点将可能出现过度繁忙的情况，这时管理节点将成为系统瓶颈。

(2) 对数据的存储缺乏容错机制。当某一 I/O 节点无法工作时，上面的数据将出现不可用的情况。

(3) 静态配置。对 PVFS 的配置只能在启动前进行，一旦系统运行则不可再更改原先的配置。

4.4　分级存储系统

分级存储是根据数据的重要性、访问频率、保留时间、容量和性能等指标，将数据采取不同的存储方式分别存储在不同性能的存储设备上，通过分级存储管理实现数据客体在存储设备之间的自动迁移。数据分级存储的工作原理是基于数据访问的局部性。通过将不经常访问的数据自动移到存储层次中较低的层次，释放出较高成本的存储空间给更频繁访问的数据，可以获得更好的性价比。这样，不仅大大减少非重要性数据在一级本地磁盘所占用的空间，还加快了整个系统的存储性能。

传统的数据存储一般分为在线(on-line)存储和离线(off-line)存储两级存储方式。而在分级存储系统中，一般分为在线(on-line)存储、近线(near-line)存储和离线(off-line)存储三级存储方式。在线存储是指将数据存放在高速的磁盘系统(如闪存存储介质、FC磁盘或SCSI磁盘阵列)等存储设备上，适合存储那些需要经常和快速访问的程序和文件，其存取速度快、性能好、存储价格相对昂贵。在线存储是工作级的存储，其最大特征是存储设备和所存储的数据时刻保持“在线”状态，可以随时读取和修改，以满足前端应用服务器或数据库对数据访问的速度要求。近线存储是指将数据存放在低速的磁盘系统上，一般是一些存取速度和价格介于高速磁盘与磁带之间的低端磁盘设备。近线存储外延相对比较广泛，主要定位于客户在线存储和离线存储之间的应用。就是指将那些并不是经常用到(如一些长期保存的不常用的文件归档)，或者说访问量并不大的数据存放在性能较低的存储设备上。但对这些设备的要求是寻址迅速、传输率高。因此，近线存储对性能要求相对来说并不高，但又要求相对较好的访问性能。同时多数情况下，由于不常用的数据要占总数据量的较大比重，这也就要求近线存储设备在需要容量上相对较大。近线存储设备主要有SATA磁盘阵列、DVD-RAM光盘塔和光盘库等设备。离线存储则指将数据备份到磁带或磁带库上。大多数情况下，主要用于对在线存储或近线存储的数据进行备份，以防可能发生的数据灾难，因此又称备份级存储。离线存储通常采用磁带作为存储介质，其访问速度低，但属于价格低廉的海量存储。

分级存储设备是根据具体应用可以变化的，这种存储级别的划分是相对的，可以分为多种级别。如可以采取FC磁盘-SCSI磁盘-SATA磁盘这种三级存储结构，也可以采取SSD盘-FC磁盘-SCSI磁盘-SATA磁盘-磁带这种五级存储结构，具体采用哪些存储级别需要根据具体应用而定。

4.4.1 CASTOR存储系统

CASTOR是欧洲核子物理研究中心(CERN)开发的一套海量存储管理软件，用于存储物理实验数据与用户文件。它提供类似于UNIX的树形目录，通过使用命令行或者编程库，用户能够方便地访问到存放在磁盘或磁带上的文件。

CASTOR的主要组件与结构如图4-13所示。图中实线表示控制流，虚线表示数据流。

客户端应用程序使用RFIO库函数或命令行访问CASTOR文件。名字服务器(name server)提供类似于标准UNIX文件系统的分级名字空间，同时保存文件的基本信息。如文件名、大小、访问权限、访问时间、文件类、文件迁移标志、文件在

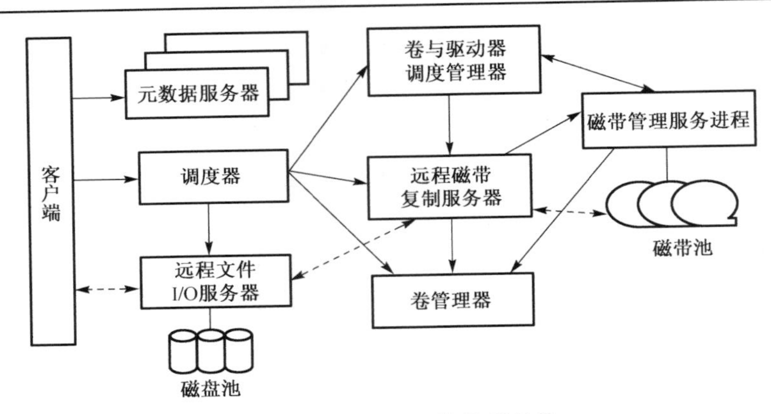

图 4-13　CASTOR 的体系结构

带上的位置等。磁盘池管理器(stager)用来管理硬盘缓存池(disk pool)，整个系统中可以有多个相互独立的 stager。它的主要功能是进行磁盘空间分配、HSM 管理、磁带文件的迁移与回迁等。客户端通常不知道文件在磁带上的具体位置。因此 stager 要同以下四个组件进行互操作：卷管理器(VMGR)，可以获取磁带状态，如果是创建或更新一个文件，则可以为该文件选择一盘磁带；队列管理器(VDQM)，为访问的磁带驱动器提供一个 FIFO 队列；远程磁带复制服务器(RTCOPY)，负责在磁带和磁盘之间迁移数据；RFIO 服务器(RFIOD)，提供文件服务。

1）影响访问性能因素分析

在分级存储系统中，磁带访问分为读和写两种模式。当用户发出读请求时，系统首先检查文件是否在磁盘缓存(如 CASTOR 的 disk pool)中。如果文件在磁盘缓存中，则直接将磁盘文件地址返回给用户。如果文件不在磁盘缓存中，则请求在驱动器队列管理器(如 CASTOR 中的 VDQM)中进行排队。当出现一个空闲的驱动器时，首先通过机械手将请求的磁带安装到相应的驱动器中，然后定位到要请求的文件，接着进行数据读取操作，把文件保存到磁盘缓存中。传输完毕后，将磁带卸载。此时，系统把磁盘缓存中文件地址返回客户端。对于写请求，用户只要把文件传输到磁盘缓存中即可返回。然后，分级存储系统再根据迁移策略，将文件迁移到磁带上。写磁带过程与读磁带大致相同。

磁带访问速度是磁带访问效率最重要的指标，假设该值为 S，则

$$S = D_{\text{Total}} / T_{\text{Total}} = D_{\text{Total}} / \left(\sum_{i=1}^{N} \left(T_w + T_m + T_p + T_t + T_d \right) \right) \tag{4-1}$$

式中，D_{Total} 表示传输的总数据量；T_{Total} 表示所需的总时间；T_w 是驱动器等待时间；T_m 是安装磁带时间；T_p 是定位时间；T_t 是数据传输时间；T_d 是卸载磁带时间；i 是磁带安装/卸载次数。很显然，传输的总数据量由具体应用决定，系统不能改变。因

此，要获得比较好的磁带访问速度，必须要降低所需的总时间。其中，每次磁带安装卸载时间需要 1～5min。定位时间根据磁带位置不同而显著不同。图 4-14 记录了采用不同顺序访问一盘磁带上序号为 3、4、5 的三个文件所需要的定位时间。

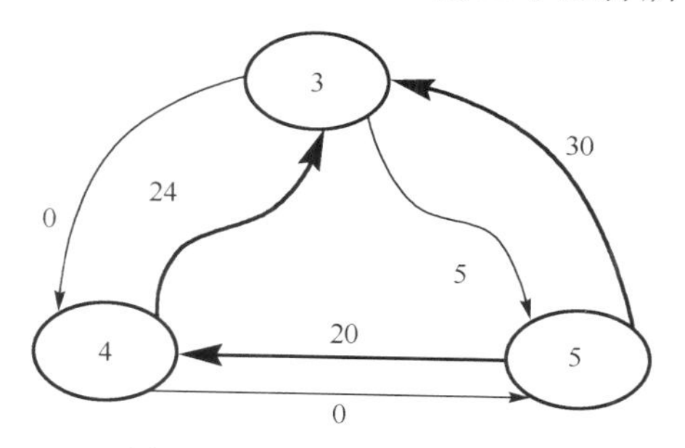

图 4-14　磁带定位时间统计

在图 4-14 中，标有 3、4、5 的三个圆圈表示文件序号，在两个文件之间有两个带箭头的边，分别表示定位时间。可以看出，从 3 到 4 再到 5，这种顺序访问，定位时间基本上可以忽略不计，而反过来，从 5 到 4 或者到 3，定位时间明显加长。由此可以说明，文件访问顺序对磁带访问效率有非常重要的影响。

2）性能优化方法

由上述可知，要提高磁带访问效率，必须要降低访问所需的总时间。其中，磁带每次安装、卸载、定位时间是主要的额外开销，它们由硬件系统决定。数据传输时间等于本次所传输的总数据量除以磁带顺序访问速度，而磁带顺序访问速度是驱动器的固有特性。所以要降低总时间，必须要降低安装卸载次数，即要加大每次安装磁带所传输的数据量。这样也会相应减少磁带请求的次数，起到降低驱动器等待时间的效果。

访问磁带的用户主要分成两类：实验组管理员与普通用户。实验组管理员负责数据产生、重建等工作，操作数据经常以数据集为单位，具有较好的磁带访问优化基础。普通用户一般随机访问某个文件，是性能优化的最大挑战。磁带访问优化主要从以下几个方面来进行。

（1）驱动器调度。

磁带驱动器具有独占性，即同时只能满足一个请求。由于安装、卸载、定位时间较长，所以每次服务的开销很大。所以，必须要提高每次请求中总的数据量。有多种驱动器调度算法。一种比较可行的调度方法是设置请求队列。当有新请求时，首先查找当前队列中是否有访问相同磁带的请求，如果存在就将它们合并为一个请求。然后，查找是否存在空闲驱动器，如果没有，则将新请求保存在请求队列中，并不向驱动器发出。如果存在空闲驱动器，则立即向驱动器发出请求。这样，在等待驱动器期间就可以合并多个请求，有效增加驱动器每次服务的数据量。同时，如果发现多个驱动器空闲，且有多盘磁带访问请求时，会调用多个驱动器并行读写，以增加整个系统的聚合带宽。

(2) 文件大小。

分级存储调度系统中数据管理的粒度以文件为单位，即每次磁带访问至少要读写一个文件。如果文件比较大，可以有效增加驱动器一次服务中数据传输的时间，从而减小磁带安装、定位与卸载在总时间中的比例。实验表明，当一次服务中读写数据超过 2GB 以上时，可以达到 LTO4 磁带驱动器理论值的 80%左右。

(3) 迁移策略。

分级存储系统中迁移策略决定何时把磁盘缓存中的文件迁移到磁带上或者从磁带上回迁到磁盘缓存中。有两个策略对磁带性能影响很大，即每次迁移的数据总量，以及两次迁移之间的间隔。数据总量越大，每次请求服务的数据量就越大。两次迁移之间的间隔越大，就意味着有更多的请求被合并。

(4) 磁带文件访问顺序。

从上述可以看出，磁带文件访问顺序对于性能的影响至关重要。用户的访问一般是随机的，不知道也不关心某个文件在磁带的哪个位置，因此在向驱动器发出请求时，特别是多个文件请求时，系统需要自动将文件序号按照从小到大的顺序排列。

3) 优化实例

北京谱仪 BESIII 实验目前采用 CASTOR 1 作为分级存储系统。由于 CASTOR 1 在磁带效率和调度方面存在很多不足，需要进行较多的自主优化工作。首先规定原始数据文件至少 2GB，然后开发一个文件迁移程序 rfcpx，主要功能包括：扫描多个磁盘池，尽量使用磁盘池中的缓存文件而不去访问磁带；将多个访问同一盘磁带的请求合并为一个请求，按照文件序号重新自动排序；发现同一请求中的文件存放在多个磁带上，会自动将该请求拆分，发送到多个驱动器并行处理；磁带访问出错，自动重试以恢复错误。使用 rfcpx 读取以非压缩方式存储在一盘磁带上的 200 个文件，每个文件 512MB，测试结果显示磁带访问速度达到 98MB/s，与 LTO4 的 120MB/s 理论值非常接近。如果不采用任何优化，一次请求访问一个文件，平均带宽仅能达到 10MB/s 左右。该测试说明优化取得了理想的效果。

4.4.2　dCache 存储系统

dCache 是由德国粒子物理研究中心(DESY)与美国的高能物理实验室费米实验室联合开发的一个海量分级存储系统。它将分散的存储资源整合起来，提供一个虚拟的大存储空间提供给用户使用。作为一个分级存储系统，dCache 在存储介质上，采用单位存储价格比较昂贵，I/O 速度很快的磁盘池作为数据的缓存，单位存储价格比较便宜，I/O 速度较慢的磁带库作为数据的永久备份。但是，在目前的众多实用环境中，如果所需存储的数据量不超过 1PB，dCache 被当成一级存储系统来使用，即只使用访问速率很快的存储池，避免使用复杂的磁带库系统。dCache 提供了一个全局的名字空间，用户可以运用一定的客户端将数据写入该名字空间。名字空间中记录的只是文件的逻辑文件名、文件属性信息、文件映射信息等。物理文件被分布存储在不同的存储池上。dCache 对存储池采取分组的机制，一组存储池可以被赋予相同的属性，如允许哪些用户使用该存储空间，打上标记(tag)，与一个目录相关联，这样写入这个目录的文件将被存储在这组磁盘池中的其中一个或者几个磁盘上(取决于该文件是否具有多个副本)。当用户读文件时，对文件的定位是通过名字空间中的文件映射信息获得的，即从逻辑文件名映射到存储池名。

dCache 系统主要的系统组件有名字服务器 PNFS Server，存储资源管理协议接口 SRM Interface，中心服务 Admin Node(包括路由服务器 lmDomain、管理服务 dCacheDomain、认证服务 gPlazmaDomain、监控服务 httpDomain、管理接口 Admin Interface 等)，传输服务 Door Node(包括 GridFTP Door、dCap Door、GSIdCap Door)，硬盘缓存池服务 Disk Pool。系统结构图如图 4-15 所示。

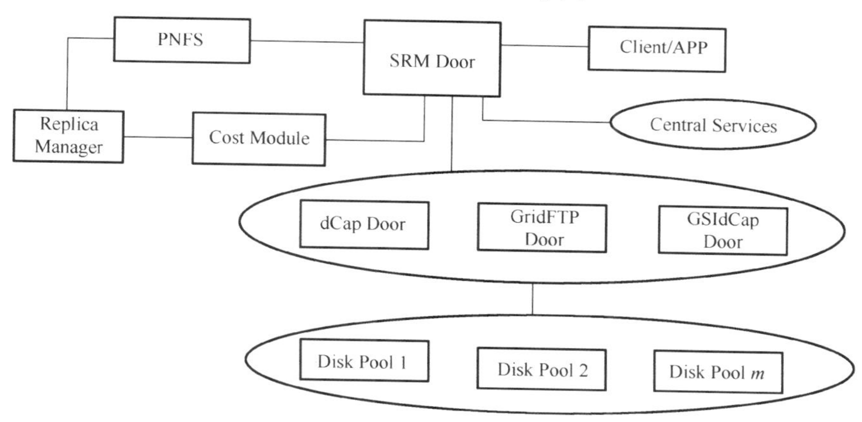

图 4-15 dCache 的系统结构

PNFS Server 负责存储系统的名字空间(name space)的管理，它提供了一个系统级的全局名字空间/pnfs/domain_name/。每个文件都在该名字空间下具有一个唯一的逻辑文件名。PNFS 存储了所有文件的属性信息(包括文件的属主、访问权限、大小、创建日期、修改日期等)，逻辑文件名到文件 ID(pnfsid，dCache 用 pnfsid 作为系统中文件的唯一标记，文件是以 pnfsid 而不是逻辑文件名为名字存储在物理磁盘上的)的映射，pnfsid 到存储池的映射。这种两级映射的机制可以自由更改逻辑文件名，而不影响系统定位该逻辑文件的物理位置，同时允许在各个存储池之间复制或者移动物理文件，而不影响系统从逻辑文件名到文件的物理位置的映射。

SRM Interface 为整个存储系统提供了一个 SRM 的接口，使其符合网格存储访问的接口标准。SRM 负责对存储空间的分配和管理。当客户端写入一个新文件时，SRM 检查该用户是否具有足够的存储空间容纳此文件，如果有，则返回一个请求的序列号，允许其写入文件，否则拒绝该写请求。此外，用户还可以对 SRM 执行申请存储空间等操作。

Admin Node 包括 informProvider，httpDomain，dCacheDomain，Replica Manager（静态复制器）等组件，是整个系统的核心部位，主要负责 dCache 的所有组件之间的路由通信，对存储池进行分组管理、静态副本赋予、监控等职责。Admin Node 中还包括一个管理员管理、查询、操作的接口 Admin Interface。Admin Interface 允许管理员通过 ssh 的方式登入，切换到不同的 Cell，设置各个 Cell 的属性，取得各个 Cell 的日志，查询 Cell 中的各个服务的内容、状态等，如存储池中的文件列表、文件大小等信息。

Door Node 提供了对外的传输访问接口，根据不同的传输访问协议，dCache 提供了 GSIdCap Door、dCap Door、GridFTP Door。客户端与这些 Door 建立数据与控制的通道，进行数据传输。

Disk Pool 是存储池服务，即物理文件的存储容器。一个节点上可以有多个存储池。存储池负责将实际数据存储在磁盘设备上，在有数据访问请求时和 Door Node 或者直接与客户端节点之间建立数据通道。

从用户的角度，dCache 提供了一个系统级的名字空间，作业或者用户将文件写入特定目录，如/pnfs/aglt2.org/atlasmcdisk/myfile，PNFS Server 赋予该文件一个唯一的 pnfsid，磁盘池管理器 Pool Manager 获得与 atlasmcdisk 目录相关联的磁盘池分组，调度模块 Cost Module 根据该组磁盘池的 CPU 负载与可用空间从中选取一个磁盘池，作为存储该文件的位置。PNFS Server 进一步存储文件的属性信息，以及文件的映射信息。客户端与某个 Door 建立传输通道，将数据传输到 Door，Door 再将数据转发给具体的存储池。其中，具体由哪个 Door 响应，是由客户端使用的访问协议决定的，如果客户端使用 dCap 协议，则由 dCap Door 响应，如果客户端使用 GridFTP 协议，则由 GridFTP Door 响应。

当用户或者作业读该文件的时候，PNFS 通过两级映射，定位到该文件所在的存储池，根据用户的访问协议，建立从客户端 client 到 Door 的连接。Door 接到请求后，建立从自身到磁盘池 Pool 的连接。数据的传输通道是一个从 Pool 到 Door，再由 Door 到 client 的折线模式。在 GridFTP 2.0 及以上的版本中，允许绕开 Door，建立从磁盘池到客户端之间的直接数据通道。

4.4.3 dCache 的副本机制

支持多副本机制也是 dCache 系统的一个重要特性。dCache 系统中的副本服务与其他服务的具体交互方式如下。

处于最底层的Disk Pool为提供存储空间的磁盘池；位于Disk Pool之上的是各种传输服务的协议，如dCap、GSIdCap、GridFTP；SRM协议调用这些具体的传输协议进行文件的传输。副本管理服务根据一定的策略为访问频率高的文件创建静态或者动态副本，同一个文件的不同副本被分布在隶属于同一组存储池的不同存储池中。每个副本的物理位置都由这个存储池的名字唯一标记，如atlas_pool1、atlas_pool2。当副本服务创建或者删除副本的时候，同时向名字服务器PFNS发送请求，请求更新从文件的ID到文件的物理位置的映射，往往是增加或者删除一个从文件ID到文件物理位置的映射。例如，文件F的逻辑文件名为/pnfs/ihep.ac.cn/user/wuwj/Event1.root，其对应的ID为000100000000000010CC9C8。副本管理器为其创建了两个副本，一个副本位于存储池atlas_pool1，另一个副本位于存储池atlas_pool2，那么PNFS中就会存在两个映射，一个是从000100000000000010CC9C8到atlas_pool1的映射；另一个是从000100000000000010CC9C8到atlas_pool2的映射。对用户来说，副本的个数是透明的，用户请求文件时只需要引用PNFS中的逻辑文件名，如/pnfs/ihep.ac.cn/user/wuwj/Event1.root。当用户或者应用程序向SRM服务请求文件F时，调度模块Cost Module会根据两个副本所在的存储池节点的繁忙程度，以及副本在每个存储池节点上的被访问次数选择一个最佳副本的物理位置返回给SRM服务，SRM再选择合适的传输协议服务(如GridFTP Door)，建立从用户的客户端或者应用程序到最佳副本所在的存储池的连接，开始文件的传输。

在大规模的生产系统上，dCache面临管理和性能方面的问题，其中管理上的问题包括文件的一致性、完整性、平衡性、系统可用性、系统调试、资源的统计与记账等。这些问题具体表现在以下几个方面。

(1) 一致性：文件在LFC-PNFS-Pool三个层次缺乏一致性。此外，dCache系统内部也存在一个文件的三层一致性的问题。这三层分别为Companion数据库表、Pool和磁盘设备。dCache在形成文件的三级映射时，需要对文件进行注册，注册过程为将磁盘设备上的文件注册到磁盘池Pool中，再将Pool中的文件注册到数据库表Companion中。Companion存储了从文件的pnfsid到存储池的映射。如果一个文件从磁盘设备上被删除，它的映射信息仍然被保存在Pool与Companion中，对这个文件的访问将引发一个错误。同时，如果一个文件的映射信息从Companion中丢失，则影响对该文件的定位。

(2) 完整性：PNFS Server对每个文件都保存了一个文件大小和md5或者Adler32的校验值，记录该文件正常的文件大小和校验值。但是传输的失误往往引起文件的乱序或者截断。同时，还要保障PNFS Server中的文件大小与校验值与LFC中记录的文件大小与校验值的一致。对于多副本的文件，各个不同副本之间的长度、内容不一致也时有出现。

(3) 平衡性：由于存储池的逐步添加和调度模块Cost Module的局限性，文件的容量和数目在同一分组的各个存储池中分布不平衡，在严重失衡时，将导致系统的负载、存储空间分布不平衡，影响系统的容错能力、可用性与性能。

(4) 系统可用性：dCache 的认证系统 gPlazma 是个薄弱环节，一般采取多个备用的 GUMS Server 来保证系统的稳定性；过度的访问会使得存储池 Pool 与 Door 处于下限状态。

(5) 系统调试：在发生大规模的传输错误时，需要快速定位导致问题的组件与原因。在单个文件连续出现错误时，需要跟踪该文件的各种信息，包括属性、物理位置、注册信息、访问记录、错误日志，以定位出错的环节。

(6) 资源统计与记账：需要把握系统、目录、存储池的存储空间利用情况，系统的健康状况，如一个时间段的系统内，每个存储池的访问成功、失败率数目，写入与读出的数据量等。

dCache 在性能方面的欠缺主要表现为其静态副本管理器缺乏灵活性，在副本赋予上不能对热点文件和非热点文件进行区分，从而降低了对真正的热点文件的服务质量，也为非热点文件浪费了大量的存储空间。

4.5 云存储技术

云存储按需分配、租用资源等特征为预算有限的科学数据管理提供了一种潜在的高性价比的技术选择。云存储服务为云计算的三类服务 IaaS、PaaS 和 SaaS 提供基础存储服务。在 SaaS 方面，云存储提供面向各种具体应用的数据保护服务，该市场将面向行业、企业和最终消费者，如 EMC(Atmos)、Mozy、世纪互联的 CloudEx，金山快盘、国外的 Dropbox 等；在 PaaS 方面，云存储服务作为一个完整云计算服务平台服务的重要支撑，将为包括应用的设计、开发、测试平台或托管应用的模板和影像数据提供存储服务，如 Google(AppEngine)、GigaSpaces、Windows Azure 等；在 IaaS 层面，面向用户提供数据存储空间服务，如 Google 的 CloudStorage 和亚马逊的 S3 等。

4.5.1 亚马逊云存储服务 S3

亚马逊的简单存储服务(the simple storage service，S3)，是一种 IaaS 模式的云服务。目标客户包括个人用户、小型企业、科研院所和大型的企业。S3 是一个高度可伸缩的快速的 Internet 数据存储系统，用户可以从任何地方在任何时候轻松地存储和获取任意数量的数据。用户只需要根据实际使用的存储和带宽付费，没有安装成本、最低成本或其他间接费用。Amazon 负责对存储基础设施进行管理和维护，这使用户能够把注意力集中在系统和应用程序的核心功能上。S3 的主要应用包括以下几个方面。

(1) 存储应用程序的数据。

(2) 执行个人或企业备份。

(3) 把媒体和需要很大带宽的其他内容快速且低成本地分发给您的客户。

S3 的特性包括以下几个方面。

(1) 可靠性。它具有容错能力，能够非常快速地恢复系统，停机时间非常短。Amazon 提供的服务水平协议(SLA)保证 99.99%的可用性。

(2) 简单性。S3 基于简单的概念，为开发应用程序提供很强的灵活性。如果需要，则可以在 S3 组件之上构建更多功能，从而构建更复杂的存储方案。

(3) 可伸缩性。S3 提供很强的可伸缩性，可以在出现需求高峰时轻松快速地扩展。

(4) 廉价。与市场上的其他企业和个人数据存储解决方案相比，S3 的费率非常有竞争优势。支撑 S3 框架的三个基本概念是 bucket、对象和键。

1) bucket

bucket 是基本构建块。存储在 Amazon S3 中的每个对象都包含在一个 bucket 中。可以认为 bucket 相当于文件系统上的文件夹(即目录)。文件夹和 bucket 之间的主要差异之一是每个 bucket 及其内容都可以通过 URL 访问。例如，如果有一个名为“prabhakar”的 bucket，就可以使用 URL http://prabhakar.s3.amazonaws.com 访问它。

Each S3 账户可以包含最多 100 个 bucket。bucket 不能相互嵌套，所以不能在 bucket 中创建 bucket。在创建 bucket 时，可以指定位置限制，从而影响 bucket 的地理位置。这会自动地确保在这个 bucket 中存储的所有对象都存储在指定的地理位置。目前，可以把 bucket 放在美国或欧盟。如果在创建 bucket 时没有指定位置，那么 bucket 及其内容会存储在最接近用户账户的账单地址的地方。

2) 对象

对象包含存储在 S3 中 bucket 中的数据。可以把对象看成要存储的文件。存储的每个对象由两个实体组成：数据和元数据。数据是要实际存储的东西，如 PDF 文件、Word 文档、视频文件等。存储的数据还有相关联的元数据，元数据用于描述对象。例如，存储对象的内容类型、最后一次修改对象的日期和应用程序特有的其他元数据。在把对象发送给 S3 时，由开发人员以键-值对的形式指定对象的元数据。S3 对于 bucket 的数量有限制，但是对于对象的数量没有限制。可以在 bucket 中存储任意数量的对象，每个对象可以包含最多 5GB 数据。S3 不支持对象的重命名和对象在不同 bucket 之间的移动。如果需要，则只能将对象先下载，然后上传到相应的新位置，设置为新名字。

3) 键

在 S3 bucket 中存储的每个对象由一个唯一的键标识。这在概念上与文件系统文件夹中的文件名相似。在硬盘上的文件夹中，文件名必须在文件夹中是唯一的。

bucket 中的每个对象必须有且只有一个键。bucket 名称和对象的键共同组成 S3 中存储的对象的唯一标识。可以使用 URL 访问 S3 中的每个对象，这个 URL 由 S3 服务 URL、bucket 名称和唯一的键组成。如果在名为 prabhakar 的 bucket 中存储一个键 my_favorite_video.mov 的对象，那么可以使用 URL http://prabhakar.s3.amazonaws.com/ my_favorite_video.mov 访问这个对象。尽管概念很简单，但是 bucket、对象和键共同为构建数据存储解决方案提供很强的灵活性。可以使用这些构建块简便地在 S3 中存储数据，也可以利用其灵活性，在 S3 之上构建更复杂的存储和应用程序，提供更多功能。每个 S3 bucket 可以有访问日志记录，其中包含每个对象请求的详细信息。在默认情况下，日志记录是关闭的；对于希望跟踪的每个 Amazon S3 bucket，必须显式启用日志记录。访问日志记录包含关于请求的大量详细信息，包括请求类型、请求的资源、处理请求的日期和时间。日志采用S3 Server Access Log Format，但是很容易转换为Apache Combined Log Format。然后，可以使用任何开放源码或商业日志分析工具(如Webalizer)轻松地解析它们，从而提供适合阅读的报告和漂亮的图表。可以通过报告了解访问文件的客户群。

S3 支持三种数据访问协议：SOAP、REST 和 BitTorrent。虽然 REST 协议在大规模数据传输时使用的最多，BitTorrent 也是传输大型数据对象的潜在选择。用户在 S3 上执行操作时，通过 PKI(public key infrastructure)进行身份验证。用户的公钥和私钥由亚马逊生成，从 AWS 站点可以下载用户私钥。S3 支持 bucket 和数据对象两个级别的 ACL(access control list)访问控制。每个访问控制列表支持最多 100 个 ID。Amazon S3 示意图如图 4-16 所示。

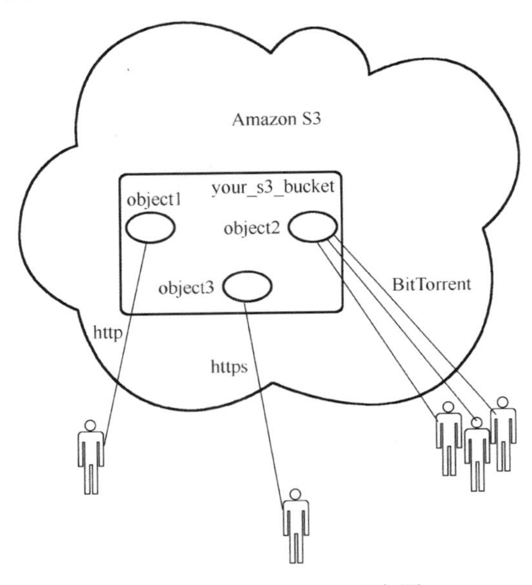

图 4-16　Amazon S3 示意图

4.5.2 微软的 Azure 存储

Azure 是微软的云存储解决方案。它包括三个组成部分：存储、可扩展的存储和在异构网络上的基础设施(fabric)。本书主要侧重 Azure 的存储部分。Azure 存储服务允许用户选择三种存储格式：BLOB(大型二进制对象)、Table(表)和 Queue(队列)。BLOB 是一种能够存放最多 5GB 二进制数据的核心容器。Azure 的 BLOB 格式和 S3 的对象非常类似——有存放 BLOB 的容器，但是也没有层次化的支持(不能在一个容器里面放置另一个容器)。Azure 的表不是真正的关系型表，而是与 Bigtable 更类似的表——表能够存放多个实体，每个实体有一个值列表，这样 Azure 的表能够在多台机器上实现可扩展性。Azure 的队列主要是设计成与计算服务一起使用的存储。队列允许一个用户运行的多个应用相互通信。例如，一个用户、一个 Web 前端应用可以与多个做后端处理的工作程序相互通信。这个应用组合可以使用队列来交换 Web 前端和多个后台工作处理的信息。微软 Azure 存储中的数据都有 3 份副本。每个副本被分散在不同的 fabric 层故障域(fault domains)中。Azure 的 fabric 层由微软数据中心的机器组成。数据中心被分成多个故障域。微软定义一个故障域为一组可能会被一个硬件故障同时影响导致死机的机器的集合。所有的 Azure 机器由 5～7 个控制器(controller)控制。每台机器有一个控制进程(controller process)汇报这台机器上运行的所有应用的状态(既包括在虚拟机中运行的用户应用，也包括存储服务)。一旦某个应用因为某种原因停止了服务，控制器(controller)负责启动另外一个应用实例进行替代。.NET 程序可以通过 ADO.NET 接口访问 Azure 存储服务，Java 程序通过 REST 接口访问 Azure 存储服务。访问一个 BLOB 的地址为：http://<StorageAccount>.blob.core. windows.net/<Container>/<BlobName>。

其中，<StorageAccount>是一个存储服务账号对应的 ID，<Container>和<BlobName>是请求需要访问的容器和 BLOB 名字。Azure 的存储服务保证“read-what-you-write”级别的一致性，所有的工作线程和客户端会立刻看到所有对数据的改变。Azure 没有向用户提供选择数据存放位置的接口。与 S3 相同，用户通过私钥验证身份，但是在 Azure 中没有对数据提供访问控制列表级 ACL 的权限控制，应用程序的开发者需要在程序中实现 ACL。

4.5.3 Hadoop 的开源云存储解决方案

Hadoop 是 Apache 软件基础的一个开源软件项目。根据 Google 在 2004 年提出的海量数据处理框架 MapReduce，在已有项目 Nutch 的基础上，Apache 实现了一个开源的 MapReduce 结构，称为 Hadoop。Hadoop 的核心包括 MapReduce 和 HDFS(Hadoop 分布式文件系统)。随后，Hadoop 又发展出很多海量数据存储相关的组件包括 Avro、Pgi、Hbase、ZooKeeper、Hive 和 Chukwa。

Hadoop 的 MapReduce 结构和 Google 的实现基本一致，两者都是在商用处理器的基础上，使用 Linux 作为操作系统搭建的集群环境。Hadoop 实现了一个分布式的数据处理、任务调度和执行环境及框架。一个 MapReduce 作业是一个包括输入数据、相关 Map 和 Reduce 程序及用户指定配置信息的工作单元。MapReduce 将输入数据分割成小块，然后将这些小块 Map 成小的任务。每个任务的本地输出被复制到 Reduce 节点上，通过 Reduce 任务进行排序和汇总，产生最终的结果，如图 4-17 所示。

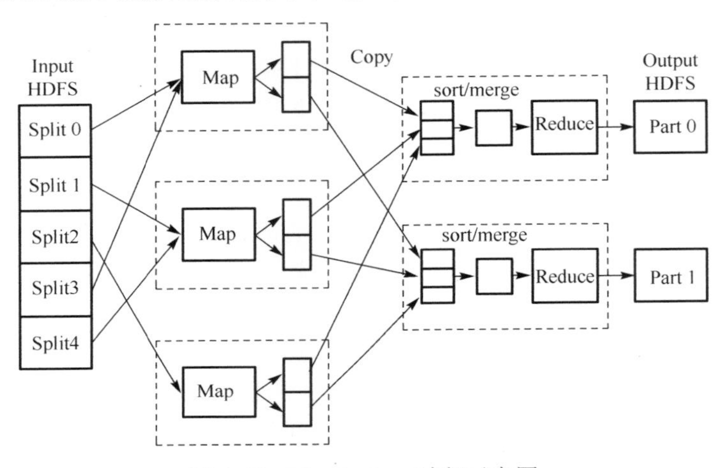

图 4-17　MapReduce 过程示意图

Hadoop 框架采用 Master/Slaver 架构，其中全局唯一的 Master 服务器称为 JobTracker，所有的 Slaver 称为 TaskTracker，每个节点上运行一个。JobTracker 是用户与 framework 通信、作业执行协调等任务的通信接口。用户向 JobTracker 提交作业，JobTracker 将作业放到作业队列，按照先进先服务的规则执行。JobTracker 管理 Map 和 Reduce 任务的分配。TaskTrackers 负责 Map 阶段和 Reduce 阶段之间的数据移动。Hadoop 框架总是将任务分配到输入数据所在的节点上进行计算，这样所有的计算任务的输入数据总是本地数据，实现了所谓空间局部性优化。Reduce 任务的个数可以由用户指定，甚至可以为零(如果计算任务的结尾可以自行完成)。Hadoop 框架还支持 Combiner 函数，通过 Combiner 函数可以减少一个作业执行过程中移动的数据量。Hadoop 框架还支持 Streaming API，允许开发者用 Java 以外的程序语言如 Ruby 和 Python 来实现 Map 和 Redcue 函数。Hadoop 对 C++语言提供一个称为 Pipes 的接口。HDFS 是 Hadoop 中负责数据存储的核心模块，如图 4-18 所示。

主服务器，即图 4-18 中的命名节点(NameNode)，它管理文件系统命名空间和客户端访问，文件系统命名空间具体操作包括打开、关闭、重命名等，并负责数据块到数据节点之间的映射；此外，存在一组数据节点，它除了负责管理挂载在节点上的存储设备，还负责响应客户端的读写请求。HDFS 将文件系统命名空间呈现给

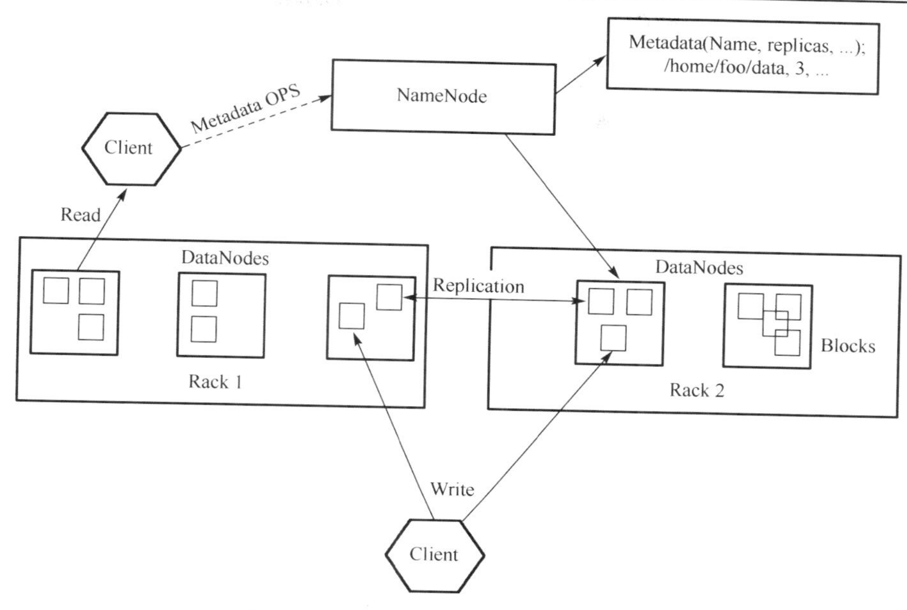

图 4-18 Hadoop 数据存储的核心模块

客户端，并运行用户数据存放到数据节点上。从内部构造看，每个文件被分成一个或多个数据块，从而这些数据块被存放到一组数据节点上；数据节点会根据命名节点的指示执行数据块创建、删除和复制操作。大量的低成本商用计算机具有较高的失效率，因此失效检测、快速高效的恢复是 Hadoop 文件系统的主要设计目标。同时，Hadoop 也更加适用于批量流水数据存取应用而不是交互较多的小 I/O 应用，事实上，它更加关注提高系统的整体吞吐率而不是响应时间。同时 HDFS 更优化存储大文件(最好是 64MB 的倍数)。并且系统使用简单的一致性协议，因此主要针对写一次、读很多次的应用。Hadoop 同时给应用程序提供接口以保证处理过程尽量靠近数据的位置，减少中间数据传输的开销。Hadoop 很容易从一个平台移植到另一个平台。

HDFS 有一个主从结构。一个 HDFS 集群包含一个 NameNode 和多个 DataNode。NameNode 是主服务器，维护文件系统命名空间、规范客户对于文件的存取和提供对于文件目录的操作。DataNode 负责管理存储节点上的存储空间和来自客户的读写请求。DataNode 也执行块创建、删除和来自 NameNode 的复制命令。

HDFS 被设计用来可靠性地保存大文件，它使用一组顺序块保存文件，除了文件最后一个块，其他的块大小相等。块大小和文件的副本数依赖于每个文件自己的配置。NameNode 周期性地收到每个 DataNode 的心跳和块报告，前者表示相应的 DataNode 是正常的，而后者包括 DataNode 上所有 Block 的列表。机架可知的副本放置策略是 HDFS 性能和可靠性的关键。它通过在多个节点上复制数据以保证可靠性。缺省的冗余度是 3，两个数据副本在同一个机架，另一个在其他的机架。当用户访问文件时，HDFS 把离用户最近的副本数据传递给用户使用。

HDFS 的命名空间存放在 NameNode 上，NameNode 使用事务日志(Editlog)记录文件系统元数据的任何改变。而文件系统命名空间包括文件和块的映射关系和文件系统属性等存放在 FsImage 文件中，Editlog 和 FsImage 都保存在 NameNode 的本地文件系统中。同时它还在内存中保存整个文件系统的命名空间和文件的块映射图。

所有 HDFS 的通信协议是建立在 TCP/IP 协议之上的，在客户和 NameNode 之间建立 ClientProtocol 协议，文件系统客户端通过一个端口连接到命名节点上，通过客户端协议与命名节点交换；而在 DataNode 和 NameNode 之间建立 DataNode 协议。上面两种协议都封装在远程过程调用协议(remote procedure call，RPC)之中。一般地，命名节点不会主动发起 RPC，只响应来自客户端和数据节点的 RPC 请求。

HDFS 提出了数据均衡方案，即如果某个数据节点上的空闲空间低于特定的临界点，那么就会启动一个计划自动地将数据从一个数据节点迁移到空闲的数据节点上。当对某个文件的请求突然增加时，也可能启动一个计划创建该文件新的副本，并分布到集群中以满足应用的要求。副本技术在增强均衡性的同时，也增加了系统可用性。

当一个文件创建时，HDFS 并不马上分配空间，而是在开始时，HDFS 客户端在自己本地文件系统使用临时文件中缓冲的数据，只有当数据量大于一个块大小时，客户端才通知 NameNode 分配存储空间，在得到确认后，客户端把数据写到相应的 DataNode 上的块中。当一个客户端写数据到 HDFS 文件中时，本地缓冲数据直到一个满块形成，DataNode 从 NameNode 获取副本列表，客户端把数据写到第一个 DataNode 后，当这个 DataNode 收到小部分数据时(4KB)再把数据传递给第二个 DataNode，而第二个 DataNode 也会以同样方式把数据写到下一个副本中。这就构成了一个流水线式的更新操作。在删除文件时，文件并不立刻被 HDFS 删除，而是重命名后放到/trash 目录下面，直到一个配置的过期时间到了才删除文件。

文件系统建立在数据节点集群上面，每个数据节点提供基于块的数据传输。浏览器客户端也可以使用 HTTP 存取所有的数据内容。数据节点之间可以相互通信以平衡数据、移动副本，以保持数据较高的冗余度。

后来 Hadoop 项目还发展出 HBase、Hive、Avro、Chukwa、Zookeeper 等分布式数据处理相关的组件。如图 4-19 所示。

其中，HBase 是一个分布式的列存储数据库，是 Google Bigtable 的开源实现，类似 Google Bigtable 利用 GFS 作为其文件存储系统，HBase 利用 Hadoop HDFS 作为其文件存储系统；Google 运行 MapReduce 来处理 Bigtable 中的海量数据，HBase 同样利用 Hadoop MapReduce 来处理 HBase 中的海量数据；Google Bigtable 利用 Chubby 作为协同服务，HBase 利用 Zookeeper 作为对应。图 4-19 描述了 Hadoop

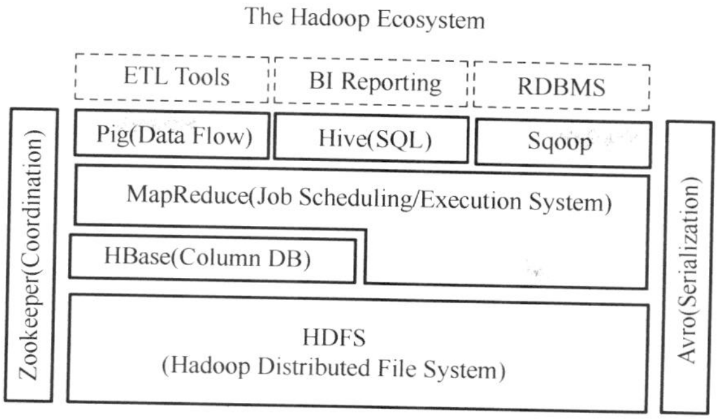

图 4-19 Hadoop 项目的相关组件

EcoSystem 中的各层系统，其中 HBase 位于结构化存储层，Hadoop HDFS 为 HBase 提供了高可靠性的底层存储支持，Hadoop MapReduce 为 HBase 提供了高性能的计算能力，Zookeeper 为 HBase 提供了稳定服务和 failover 机制。此外，Pig 和 Hive 还为 HBase 提供了高层语言支持，使得在 HBase 上进行数据统计处理变得非常简单。Sqoop 则为 HBase 提供了方便的 RDBMS 数据导入功能，使得传统数据库数据向 HBase 中迁移变得非常方便。

4.5.4 Openstack 的 Swift

云计算因其按需自主分配资源、网络接入、资源共享、弹性和计费等特征成为最近流行的计算模式。通过云计算，企业和组织等可以将软件、计算平台和基础设置作为服务提供给网络上的用户。中小型企业通过租用云计算资源可以减少 IT 需要的软硬件及管理成本。个人用户可以在网络上得到可靠性高的计算、存储和软件服务，只要有网络接入，这些服务是不受地理限制的。提供云计算服务的企业中，亚马逊的云服务 AMS 最为成熟，AMS 的云服务接口成为其他云服务的“准标准”接口。OpenStack 是一个实现云计算模型的开源软件包。Rackspace 和 NASA 是 OpenStack 的两个主要发起者。Rackspace 贡献了他的“Cloud File”平台，作为 OpenStack 的对象存储部分的基础，NASA 贡献了“Nebula”平台作为计算部分的基础。现在 OpenStack 委员会在一年吸引了超过 100 个成员，其中包括 Canonical、Dell、Citrix 等。OpenStack 的服务提供亚马逊的 EC/S3 接口，因此 AWS 的用户，无需修改应用就可以使用 OpenStack 提供的服务。当前 OpenStack 包括以下三个子项目，并且三个项目相互独立，可以单独安装。

(1) Swift 提供对象存储。Swift 的前身是 Rackspace Cloud Files 项目，类似于亚马逊 S3。

(2) Glance 提供 OpenStack Nova 虚拟机镜像的发现、存储和检索。

(3) Nova 根据要求提供虚拟服务。这与 Rackspace 云服务器或亚马逊 EC2 类似。将来会出现 Web 接口的子项目和队列服务的子项目。

OpenStack 的存储服务部分称为 Swift。Swift 提供一个分布式的永久虚拟对象存储。Swift 可以在分布式的节点上存储 10 亿数量级的对象。Swift 实现了亚马逊 S3 兼容的接口，能够保证数据的复制级别和完整性，同时提供了归档、备份、数据安全和流媒体功能，以及在数据容量(几个 PB)和数量的可扩展性。和 S3、Azure 类似，Swift 不是一个文件系统，没有层次化的名字空间，用户的数据被存放在 Object 中，Object 被 Swift 组织在 Container 中，Container 不能嵌套。

Swift 中所有的数据和相关元数据在系统中分布存放，因此没有单点故障和可扩展性限制。Swift 比较适合存放的文件类型包括：媒体库(图片、音乐、视频等)，视频监控文件，电话录音记录，压缩日志文件的归档，备份文件的归档，虚拟机镜像文件，小于 50KB 的大量小文件等。Swift 有以下限制。

(1) 单个 Object 不能大于 5GB。如果想要存放 5GB 以上的文件，需要先将文件分块。

(2) 和 S3、Azure 一样，不支持 open()、read()、write()、seek()、close()等文件系统访问接口。

(3) 不支持用户 quota、ACL。

(4) 不支持文件修改，对文件修改后，用户需要上传整个文件，Swift 为相同文件名的文件创建一个新的版本。

(5) 没有版本一致性保证。一个用户正在上传新版本文件的过程中，另一个用户可能下载到旧版本的数据。

4.5.5 Nimbus 的 Cumulus 云存储

Nimbus 是一个科研计算领域实现 IaaS 云服务的开源软件包。通过 Nimbus，一些已经构建好的科学计算平台，能够对用户提供类似标准的云计算访问接口和网络服务，实现有云计算特征的计算和存储服务。Cumulus 是 Nimbus 软件包中的云存储管理系统。和 Swift 一样，Cumulus 实现了与 S3 兼容的访问接口。Cumulus 还提供了科学计算相关的用户 quota，fair sharing 等功能。为了实现 Nimbus“use what you have”的宗旨，Cumulus 提供了对 GPFS、PVSFS 和 HDFS 等多个后台存储的扩展包，使得这些存储系统上的资源能够很容易地通过云存储访问接口在网络上被访问。Cumulus 的结构如图 4-20 所示。

1) 接口层

提供服务接口、解析和授权用户访问。实现了亚马逊 S3 协议，用户可以通过 s3cmd，boto 和 plyput 等命令和 REST API 来访问(读、写、删除、组织)数据对象。同时，Cumulus 还支持在不破坏数据的前提下，对单个数据对象同时上传。和 S3 一样，Cumulus 支持基于事件一致性(evental consistency)。用户的请求通过对称密钥加密，Cumulus 通过一个授权数据库来认证用户。接口层还实现了基于 ACL 的数据对象和容器操作权限控制。

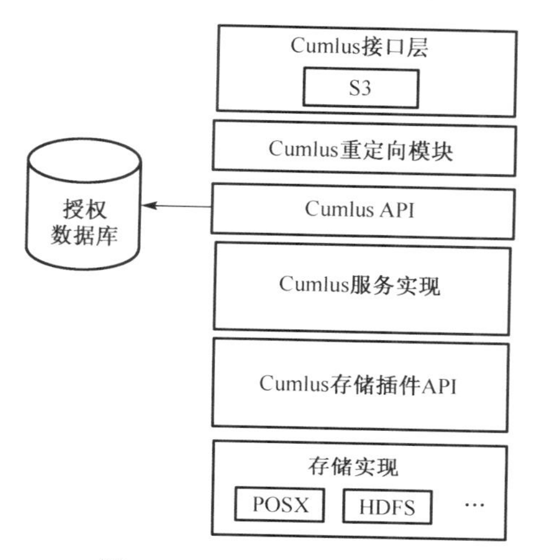

图 4-20 Cumulus 体系结构

2）重定向模块

用于实现可扩展性。根据服务的负载，重定向模块决定接受客户的请求，还是将请求转发到复制服务器上。复制服务器的个数、配置、负载均衡算法在这层定义。

3）Cumulus 服务实现

将云存储访问请求转换为对后台存储的操作，对重要的事件记录日志。该层同时还实现了用户创建、quota 管理等功能。

4）存储插件 API

该层定义了后台存储系统的类型，根据不同的存储类型，使用不同的存储访问插件对后台存储进行操作。存储插件完成对容器的创建和删除，将数据对象的上传、下载、删除转换成对应存储系统的读、写、删除操作。

5）存储实现

根据不同的用户需求级别，Cumulus 选择不同的存储实现方案。如本地文件系统、HDFS、GPFS 等，不同的存储方案有不同的复制级别、备份级别，以及不同的可靠性和可用性等。S3 协议提供对数据位置的选择接口，在这里可以用于选择不同的存储方案。

4.5.6 云存储技术在科学数据管理中的应用

云存储技术在科学数据管理中的应用可以分为以下三种模式。

1）利用开源云存储技术替换现有数据存储方案

上面提到，在 Google、微软等大公司的推动下，云计算模式逐渐从理论模型变成了现实。Apache 等开源组织根据 Google 等公司提出的技术模型，分别实现了 Hadoop 等一系列云计算模型的开源框架。这些开源框架中包含很多符合 Web 服务特征、海量数据处理需求、高扩展性、高性价比、高可靠性和可用性，并且易于学习维护的数据存储技术和方案。科学计算领域一直在密切关注这些技术方案与科学数据管理的结合，一些单位已经开始了实验测试和规模部署。美国 Nebraska-Lincoln 大学的 Holland 计算中心从 2009 年开始采用 Hadoop 分布式文件系统来存放高能物理实验 CMS 的数据。Holland 计算中心维护着一个 LCG 网格的 Tier-2 站点，该站点的数据存储规模大约为 400TB，计算作业需要 GB/s 以上的吞吐率，每分钟上百万次的 I/O 操作。通过使用 HDFS，该站点实现了 8GB/s 的存储带宽，每分钟 120 万次的 I/O 操作。系统维护者认为 HDFS 较之前的存储方案有更高的性能，为可靠性、可维护性和可扩展性(对存储设备的投资可以按需增加)。Holland 计算中心仅使用了 Hadoop 平台的数据存储技术，没有对他们的计算模式从传统的批处理计算向 MapReduce 迁移。CMS 批处理作业仍然通过传统的文件系统接口访问位于 Hadoop 上的数据，如果能够实现数据和计算的结合，将大大减少数据在计算中心内部的传输开销，从而提高计算效率。

2）利用公共云的存储服务实现数据备份和共享

亚马逊维护了一个称为公共数据集(public data sets)的存储服务。在这个服务中存放了各式各样的公共科学数据集。其中包括基因银行中的 DNA 序列、人类基因数据、流感病毒数据(如 NCBI 发布的猪流感基因序列)、Sloan 电子望远镜发布的 DR6 数据和从 1929—2009 年的全球天气测量数据等。用户可以创建个人的弹性块服务(elastic block service，EBS)卷，对这些数据做有选择的快照。之后可以在他们自己的虚拟机实例上对这些公共数据做访问、修改和计算。一些小规模实验组也可以通过租用的形式获得更大的存储空间和备份空间，节约软件、硬件和人力维护上的成本。

3）利用 IaaS 工具包将现有存储系统改造成云存储系统

OpenStack、Nimbus 等开源 IaaS 工具包的出现给一些规模较大、有网络数据共享需求的科学数据管理系统提供了新的选择。目前，美国的芝加哥大学、佛罗里达大学、普度大学等，将各自的资源联合起来组成了一个 Science Clouds 项目，提供给美国国内的科学家免费使用。截止本书编写阶段，Science Clouds 基于 Nimbus 搭建，目前还处于测试和代码改进阶段，尚没有非常成功的科学应用案例。

4.6 数据备份系统

数据备份是存储系统最重要的应用之一，是保护用户数据的关键技术手段。虽然在线镜像或者冗余技术能够保证数据的可用性，但是如果用户误删除或者误修改数据，想要回溯到以前的数据版本，在线冗余就无能为力了。数据备份系统是保证数据可靠性的最有效途径。

4.6.1 常见备份技术

数据复制和数据镜像是两种最常见的备份技术。复制强调数据复制的过程，镜像是在时间维度上保持复制和数据集更新的同步。

1. 数据复制

数据复制有两种类型，一种是基于文件系统的复制技术，通过文件系统复制或者数据库系统的备份子系统产生文件和数据的副本；另一种是基于块的复制，忽略文件的结构，把磁盘块直接复制到备份介质上，避免了大量的寻址操作，提高了备份的性能。

2. 数据镜像

数据镜像是一个基于数据块层的功能，用设备虚拟化的基本形式使两个或者多个磁盘表现为一个逻辑磁盘形式，接收完全相同的数据。镜像功能往往通过在 I/O 路径上增加镜像器实现。镜像分为本地镜像和远程镜像。本地镜像通常结合 RAID 技术实现(RAID1)。远程镜像的技术前提是本地与异地之间通过高速的通道直接相连，对网络的稳定性和性能有很高的要求，这里介绍一种局域网双机块设备镜像的方法：DRBD(distributed replicated block device)。

3. DRBD

从 2.6.33 内核起，Linux 加入了一个非常有用的服务 DRBD，它提供了一种在网络上的块设备容错机制。DRBD 原理图如图 4-21 所示。在主机看来，DRBD 是一个逻辑块设备，左边主机中的 DRBD 模块，负责从块缓存中接收数据，一方面经过本机的 I/O 路径把数据写到本地磁盘；另一方面通过网络适配器和 TCP/IP 协议，将数据变成网络包，发送给右边的主机。右边的主机通过自己的 DRBD 模块将从网络上获得的数据存到自己的磁盘中。当本地节点的主机出现故障时，远程节点的主机上还会保留一份完全相同的数据，可以继续使用。DRBD 也可以被看成是基于网络的 RAID1。

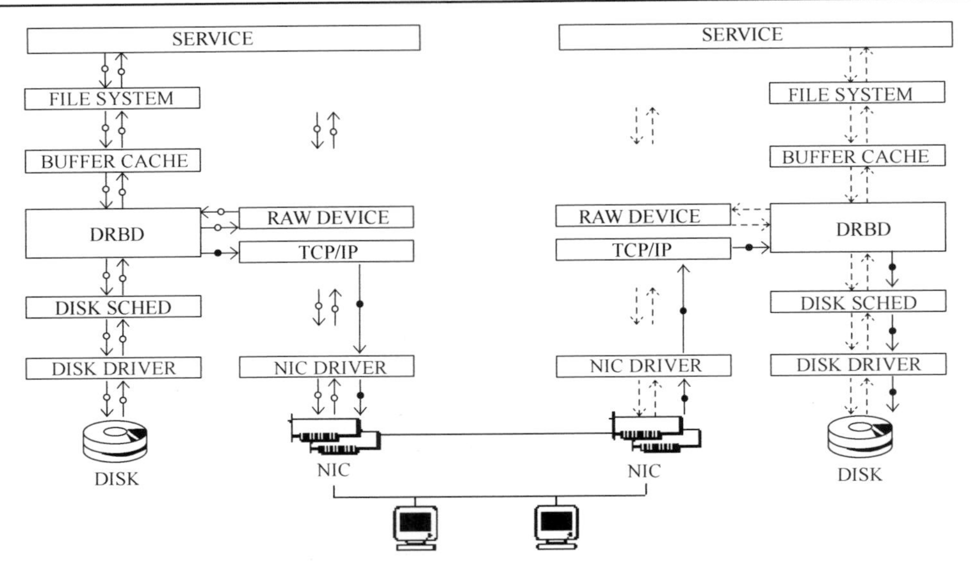

图 4-21　DRBD 原理图

DRBD 软件包括两部分：一个实现 DRBD 行为的内核模块和一组用于管理 DRBD 磁盘的用户空间管理应用程序。内核模块是一个虚拟块设备(该设备实现在网络上的磁盘复制)的驱动程序。作为一个虚拟磁盘，DRBD 提供一个供各种应用程序使用的灵活模型。从文件系统到数据库，都可以运行在这个虚拟设备上。可以像使用一个普通块设备那样使用 DRBD 设备。例如通过命令“mkfs.ext3/dev/drbd0”，可以在 DRBD 设备上创建一个本地文件系统 ext3。DRBD 模块同时向用户提供块设备管理接口和网络栈管理接口。在用户空间，DRBD 提供了一组实用工具。使用“drbdsetup”可以在 Linux 内核中配置 DRBD 模块，使用“drbdmeta”可以管理 DRBD 的元数据结构。

DRBD 支持三个模式的写操作：完全同步、完全异步和内存异步(或半异步)模式。完全同步模式是安全性最高的模式，只有数据在两个磁盘中都被安全写入后，写事务才能完成。这种模式的写速度较慢，在远距离复制的情况下(如在广域网中进行地理灾难恢复的场景)不太适用。

内存异步模式是完全同步模式和完全异步模式在安全性和写性能之间折中的结果。这种模式下，写操作是在数据存储到本地磁盘并镜像到对等节点内存后才被确认的。由于镜像数据到达易失性内存之后，没有到达非易失性磁盘之前就被确认，这种方式仍然可能丢失数据(如果两个节点都发生故障)，但是主节点故障不会引起数据丢失。

4. 数据快照

在过去的 20 多年中，虽然计算机技术取得了巨大的发展，但是数据备份技术却没有长足进步。数据备份操作代价和成本仍然比较高，并且消耗大量时间和系统资源，数据备份的恢复时间目标和恢复点目标比较长。传统地，人们一直采用数据复制、备份、恢复等技术来保护重要的数据信息，定期对数据进行备份或复制。由于数据备份过程会影响应用性能，并且非常耗时，所以数据备份通常被安排在系统负载较轻时进行(如夜间)。另外，为了节省存储空间，通常结合全量和增量备份技术。显然，这种数据备份方式存在一个显著的不足，即备份窗口问题。在数据备份期间，企业业务需要暂时停止对外提供服务。随着企业数据量和数据增长速度的加快，这个窗口可能会要求越来越长，这对于关键性业务系统来说是无法接受的。例如，银行、电信等机构，信息系统要求 7 天×24 小时不间断运行，短时的停机或者少量数据的丢失都会导致巨大的损失。因此，就需要将数据备份窗口尽可能缩小，甚至缩小为零，数据快照(snapshot)、持续数据保护(continuous data protection，CDP)等技术，就是为了满足这样的需求而出现的数据保护技术。

快照是某个数据集在某一特定时刻的镜像，也称为即时拷贝，它是这个数据集的一个完整可用的副本。存储网络行业协会(SNIA)对快照的定义是：关于指定数据集合的一个完全可用拷贝，该拷贝包括相应数据在某个时间点(拷贝开始的时间点)的映像。快照可以是其所表示的数据的一个副本(duplicate)，也可以是数据的一个复制品(replicate)。

快照技术能够实现数据的即时影像，因此快照影像可以支持在线备份。快照分为镜像分离、写时复制、指针重映射(pointer remapping)、日志文件架构(log-structured file architecture)、克隆快照(copy on write with background copy)、持续数据保护等类型。最常见的快照技术是基于 LVM 的逻辑磁盘设备快照，它是一种写时复制快照。写时复制的原理为：写时复制快照使用预先分配的快照空间进行快照创建，在快照时间点之后，没有物理数据复制发生，仅复制了原始数据物理位置的元数据。因此，快照创建非常快，可以瞬间完成。然后，快照副本跟踪原始卷的数据变化(即原始卷写操作)，一旦原始卷数据块发生首次更新，则先将原始卷数据块读出并写入快照卷，然后用新数据块覆盖原始卷，如图 4-22 所示。写时复制，因此而得名。

这种快照技术在创建快照时才建立快照卷，但只需分配相对少量的存储空间，用于保存快照时间点之后源数据卷中被更新的数据。每个源数据卷都具有一个数据指针表，每条记录保存着指向对应数据块的指针。在创建快照时，存储子系统为源数据卷的指针表建立一个副本，作为快照卷的数据指针表。当快照时间点结束时，快照建立了一个可供上层应用访问的逻辑副本，快照卷与源数据卷通过各自的指针表共享同一份物理数据。快照创建之后，当源数据卷中某数据将要被更新时，为了保证快照操作的完整性，使用写时复制技术。对快照卷中数据的访问，通过查询数据指针表，根据对应数据块的指针确定所访问数据的物理存储位置。

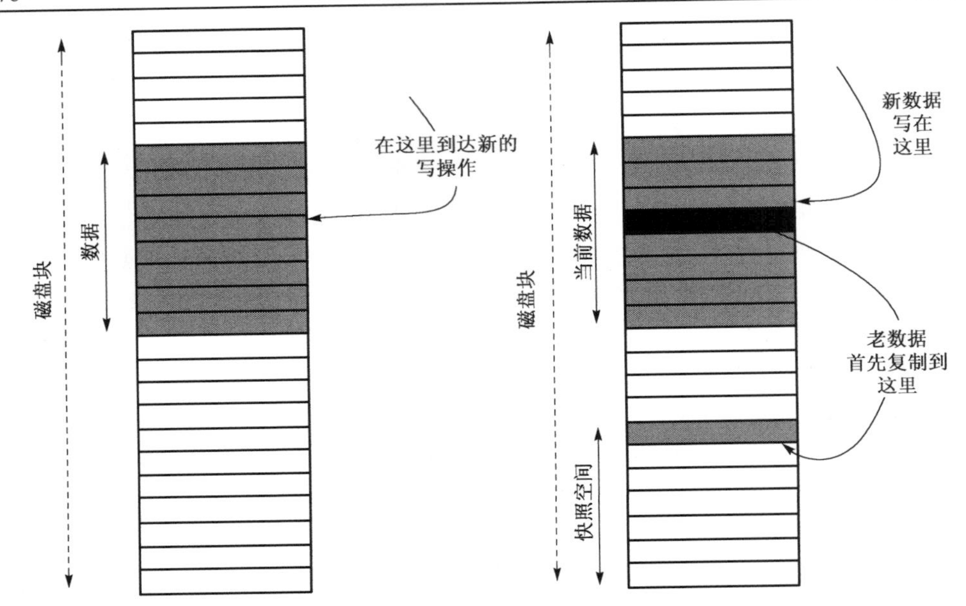

图 4-22　写时复制技术

写时复制技术确保复制操作发生在更新操作之前，使快照时间点后的数据更新不会出现在快照卷上，保证了快照操作的完整性。写时复制快照在快照时间点之前，不会占用任何的存储资源，也不会影响系统性能；而且它在使用上非常灵活，可以在任意时间点为任意数据卷建立快照。在快照时间点产生的“备份窗口”的长度与源数据卷的容量呈线性比例，一般为几秒钟，对应用影响甚微，但为快照卷分配的存储空间却大大减少；复制操作只在源数据卷发生更新时才发生，因此系统开销非常小。但是由于快照卷仅保存了源数据卷被更新的数据，此快照技术无法得到完整的物理副本，遇到需要完整物理副本的应用就无能为力了，而且如果更新的数据数量超过保留空间，快照就将失效。

其他快照技术的实现大多依赖于特定的软件和硬件，例如，EMC TimeFinder 是一种镜像分离的快照，IBM 的 FlashCopy 是基于卷实现的快照，NetApp 快照依赖于其 WAFL(write anywhere file layout)文件系统等，需要具体问题具体分析，本书不再一一列举。

4.6.2　备份系统的基本结构

一个典型的网络备份系统包括以下组件。

(1) 备份引擎系统，运行主要的备份控制软件，并负责所有的管理功能，包括设备操作、备份计划、介质管理、数据库记录处理和错误处理等。

(2) 备份源系统，读取备份数据的软硬件系统。

(3) 网络和网络接口。

(4) 备份设备和子系统，在传统意义上指对于磁带机(库)的管理，现在也能够扩展管理基于磁盘的备份系统(虚拟磁带库)。

备份系统往往依赖于存储系统的物理和逻辑结构。在主机系统中，备份设备(磁带机等)往往在执行备份任务前挂接到主机系统的外部总线接口上，由主机上的备份软件执行具体的备份任务，在完成备份任务后再卸载备份设备；在恢复过程中，也同样需要挂载备份设备到主机上，由主机上的恢复软件完成恢复任务。在这种结构中，备份软件作为主机软件的组成部分，执行备份任务。在中大型机系统中，备份设备(磁带库)在物理上往往直接连接在主机的外部总线上，无需物理的挂载和卸载过程，由备份软件负责何时进行备份或者恢复操作，即在这种系统中，主机必须参与整个备份、恢复工作，而备份源也往往是主机的应用数据(文件系统或者数据库)。在基于SAN的备份系统中，面向备份的磁带库和其他块级存储设备一起连接到光纤通道交换机上，在确定备份源和备份目的或者恢复源和恢复目的以后，可以直接通过光纤通道，从源设备备份或者恢复数据到目的设备，减少了主机的干预，提高了备份的性能和效率。特别对于物理备份完全可以通过光纤交换机或者磁盘阵列完成卷备份，而无需主机干预，并且在这种结构中，备份设备可以被多个主机提供备份服务，提高了备份设备的利用效率。在基于LAN的备份系统中，备份系统可能具有独立的备份服务器，可以高效地为更多用户提供备份服务。

针对日常产生的大量数据，可以使用备份系统对其中的关键数据进行备份。传统备份介质往往是磁带库和光盘库，采用全量、增量或者差量技术对数据进行归档。网络存储系统的出现和磁盘系统性价比的提高，大容量磁盘系统也成为一种重要的备份数据物理平台。由于磁盘具有随机存取的特性，所以可以减小增量备份过程中的拷贝量，并且能提供更加灵活的手段。

Amanda(Advanced Maryland Automatic Network Disk Archiver)是当前最流行的免费备份解决方案，目前Amanda最新的稳定版本是2.5.2p2。Amanda是由马里兰大学的James da Silva在1991年所开发的。它是一个复杂的网络备份系统，能够把LAN中的所有计算机备份到一台服务器的磁带驱动器、磁盘或光盘上。Amanda本身并不是备份程序，它其实只是管理其他备份软件的封装软件。它使用系统上的dump和restore命令作为底层的备份软件，同时也能够使用tar命令，针对于Windows系统，Amanda还能够使用smbtar命令来实现备份。Amanda支持类型广泛的磁带驱动器，并且能够使用磁带驱动器中的硬件压缩功能，或者也可以在数据通过网络之前使用客户机的compress和gzip命令来压缩备份。此外，Amanda能够使用临时保存磁盘作为备份存档的中间存储媒介，以优化磁带的写入性能并保证在磁带出错时也能备份数据。Amanda综合使用完全备份和增量备份来保存所负责的全部数据，使用最小的、有可能是每日的备份集。一台Amanda服务器可以备份任意数量执行

Amanda 的客户机或是将连上 Amanda 服务器的计算机上的数据备份到一台磁带机上。一个常见的问题是，数据写入磁带机的时间将超过取行数据的时间，而 Amanda 解决了这个问题。它使用一个“holding disk”来同时备份几个文件系统。Amanda 建立“archive sets”的一组磁带，用来备份在 Amanda 的配置文件中所列出的完整的文件系统。

Amanda 的整体策略为：在每次周期中完成一次数据的完全备份，并且确保在两次完全转储之间备份所有更改的数据。传统的做法是先执行完全备份，然后在此期间执行增量备份。而 Amanda 的工作方式不同的是，每次运行 Amanda 都对部分数据进行完全备份，确切地说，就是在一个完整的备份周期内备份全部数据所需备份的其中一部分。例如，如果周期为 7 天，且一个周期内进行 7 次备份，则每天必须备份 1/7 的数据，以便在 7 天之内完成一次完全备份。除了这个“部分”完全备份，Amanda 还对最近一次完全备份后更改的数据进行增量备份。Amanda 这种特有的备份策略，可以减少每次备份的数据量。

4.7 本 章 小 结

本章向读者介绍数据存储技术。首先对存储技术的发展历程和评价指标作了简单的介绍，接着对主流的分布式文件系统，如 Lustre、Gluster、GPFS 等，从系统的架构设计、系统特点进行介绍。并对分级存储系统 CASTOR 从性能优化方面进行阐述。进一步介绍了各种云存储服务和云存储技术在科学数据管理中的应用。最后对数据备份技术进行了介绍。

参 考 文 献

刘爱贵. 2013. GlusterFS 集群文件系统研究. http://blog.csdn.net/liuaigui/article/details/6284551.

汪璐. 2012. 基于 Lustre 的 BES 集群存储系统. 核电子学与探测器技术,12: 1274-1578.

谢长生，曹强，黄建忠，等. 2010. 海量网络存储系统原理与设计. 武汉: 华中科技大学出版社.

Amazon Web Services, Inc. 2013. Amazon S3, cloud computing storage for files, images, videos http://aws.amazon.com/s3/.

Da Silva J, Gudmundsson O. 1993. The Amanda Network Backup Manager. Baltimore: University of Maryland.

EMC. Isilon scale-out storage. 2013. http://www.isilon.com/.

Fuhrmann P, Gülzow V. 2006. dCache, storage system for the future//Euro-Par 2006 Parallel Processing. Berlin: Springer: 1106-1113.

InfiniBand Trade Association. 2013. http://www.infinibandta.org/.

Keahey K, Figueiredo R, Fortes J, et al. 2008. Science clouds: Early experiences in cloud computing for scientific applications. Cloud Computing and Applications: 825-830.

Liu J, Wu J, Panda D K. 2004. High performance RDMA-based MPI implementation over InfiniBand. International Journal of Parallel Programming, 32(3): 167-198.

Microsoft. 2013. Windows Azure: Microsoft's cloud platform. http://www.windowsazure.com.

NetApp-Network-Attached Storage (NAS)–NAS. 2013. http://www.netapp.com/us/products/protocols/nas/nas.html.

Pepple K. 2011. Deploying OpenStack. California: O'Reilly.

Presti G L, Barring O, Earl A, et al. 2007. CASTOR: a distributed storage resource facility for high performance data processing at CERN. MSST, 7: 275-280.

White T. 2010. Hadoop: The Definitive Guide. California: O'Reilly Media.

Xu H. 2008. DRBD: Dynamic Reliability Block Diagrams for System Reliability Modelling. Boston: University of Massachusetts.

第 5 章

元数据管理

5.1 简　介

为了对网络数据资源进行有效的管理和检索，使目前有序和无序状态并存的数据资源能够像传统资源一样有序化，从而使它们得到更好的利用，人们一直在做着很大的努力。目前备受青睐的元数据(metadata)，是对数据进行组织和处理的基础，在数据网格环境下数据资源信息的发布和发现等方面具有重要地位。元数据管理包括元数据的命名、访问和发布的机制，并为用户提供统一的访问接口。

元数据的应用领域广泛，作用也各不相同，在海量的网格数据管理中起着不可忽视的作用。总体来讲，元数据具有一些共同的基本功能。

(1) 描述功能。元数据的基本功能就是对信息资源进行描述，供用户读取以便了解自己所获信息是否是所需要的。因此可以节约用户的时间和精力，也可以减少网络中信息交换的浪费。

(2) 检索功能。元数据是提供检索的基础。元数据将信息对象中的重要信息抽出，加以组织、赋予语意、建立关系，使得检索结果更加准确。因此利用元数据进行简单、复杂或综合的信息查询，可以提高查询效率。

(3) 定位功能。元数据包含信息资源的位置，由此便可确定资源的位置所在，促进网络中信息对象的发现和检索。

(4) 选择功能。根据元数据提供的描述信息，结合使用环境，用户便可对信息对象做取舍决定，选择适合用户使用的资源。

(5) 评估功能。元数据提供信息对象的各类基本属性，使用户在无需浏览信息对象本身情况下就能对信息对象具备基本的了解和认识，参照有关标准，即可对其进行价值评估，并且作为使用的参考。

网格中的所有元数据构成元数据目录，采用统一的结构进行描述元数据。无论使用何种结构，元数据目录应当满足两点：其一，它应该是一种层次和分布式目录结构系统，如 LDAP；其二，它应当不破坏现有系统的元数据描述方法，并能与其他方法很好的交互、融合。随着应用的不断发展，元数据在不断增多，其结构也日趋复杂。为了保证在网格规模不断扩大的情况下，仍然提供高效的元数据服务，元数据目录应该采用具有良好可扩展性的层次化分布式结构，这需要一套合理的管理机制。目前比较主流的元数据管理技术有LFC、AMGA、DQ2等。

5.1.1 LFC

数据文件目录系统(LCG file catalog，LFC)，LFC提供数据文件的物理文件名与逻辑文件名的映射。LFC为每个数据文件定义一个全局唯一标识符GUID，然后将其映射到这个数据文件的物理副本，从而屏蔽了数据的位置，为数据的全局访问创造了条件。

LFC由欧洲核子研究中心CERN IT-GD(IT Grid Development)小组所提供，在面对海量数据的挑战中基于学习的一款性能高效的数据文件定位工具。与EDG(the EU DataGrid)的文件目录系统相比，LFC解决了性能和扩展性的问题。例如，LFC提供大型查询游标和客户端超时重试机制等。与Globus的副本定位服务(replica location service，RLS)相比，LFC具有更多的功能。

(1) 面向用户的日志API。
(2) 分级的名字空间和名字空间操作。
(3) 集成了GSI的授权认证。
(4) 访问控制列表(UNIX的访问控制和POSIX访问控制)。
(5) 支持会话。
(6) 校验。
(7) 支持虚拟ID和VOMS。

LFC后端支持的数据库有Oracle和MySQL，用户根据需要选择不同的安装模块，可以通过手动、RPM或YAIM工具安装。

在结构上LFC与副本定位服务RLS完全不同。与EDG文件目录系统类似，LFC也包括一个GUID(global unique identifier)作为一个逻辑文件的唯一标识，不同的是，LFC文件目录系统将文件的逻辑名与物理名的映射存储在同一个数据库中，这无疑加快了两者映射的操作速度。LFC采用UNIX文件系统的理念，将所有的目录看成文件处理，并提供了与UNIX文件系统类似的API，如create、mkdir和chown等。

LFC系统的数据库模型如图5-1所示。系统中主要的表结构有：文件的元数据信息表、文件副本表、组信息表和用户信息表。

文件的元数据信息表的主要字段包括文件ID、父目录ID、GUID、文件模式、属主ID、组ID、文件访问时间、文件修改时间、文件类别、状态、校验类型、校验值和访问控制列表等。具体代码如下：

```
CREATE TABLE Cns_file_metadata (fileid NUMBER,parent_fileid NUMBER,
guid CHAR(36),name VARCHAR2(255),filemode NUMBER(6),nlink NUMBER(6),
```

```
owner_uid NUMBER(6),gid NUMBER(6),filesize NUMBER,atime NUMBER(10),
mtime NUMBER(10),ctime NUMBER(10),fileclass NUMBER(5),status CHAR(1),
csumtype VARCHAR2(2),csumvalue VARCHAR2(32),acl VARCHAR2(3900));
```

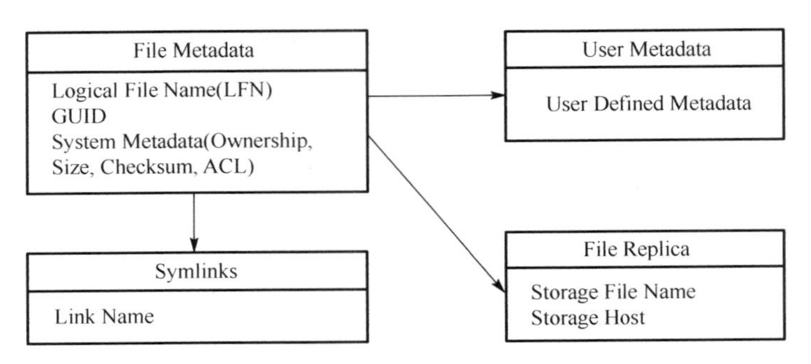

图 5-1　LFC 系统的数据库模型

文件副本表的主要字段有文件 ID、访问次数、创建时间、访问时间等，创建语句的具体代码如下：

```
CREATE TABLE Cns_file_replica (fileid NUMBER,nbaccesses NUMBER,
ctime NUMBER(10),atime NUMBER(10),ptime NUMBER(10),ltime NUMBER(10),
r_type CHAR(1),status CHAR(1),f_type CHAR(1),setname VARCHAR2(36),
poolname VARCHAR2(15),host VARCHAR2(63),fs VARCHAR2(79),sfn
VARCHAR2(1103));
```

组信息表的字段包括组 ID、组名等。具体代码如下：

```
CREATE TABLE Cns_groupinfo (gid NUMBER(10),groupname VARCHAR2(255),
banned NUMBER(10));
```

用户信息表的字段有用户 ID、用户名等。具体代码如下：

```
CREATE TABLE Cns_userinfo (userid NUMBER(10),username VARCHAR2(255),
banned NUMBER(10));
```

系统各表的关系实例图如图 5-2 所示。系统中对逻辑文件名(logical file name，LFN)有个全局的分级名字空间，这些逻辑文件名映射成对应的 GUID。GUID 映射成文件副本在存储文件系统上的物理位置。文件的系统属性如创建时间、最后访问时间、文件大小和校验值都以属性的形式存储在 LFN 中，但是用户定义的元数据需要单独存储。每个 GUID 的多个 LFN 允许链接到第一个 LFN 上。图 5-2 中，逻辑文件/grid/dteam/dir1/dir2/file1.root 通过 GUID 映射成物理存储在 host.example.com 站点的文件 srm://host.example.com/foo/bar，通过 GUID 查询到对应的元数据信息。

在安全方面，LFC 分为安全版本和不安全版本。安全版本采用 Kerberos 5 或网格安全设施(GSI)认证，这样允许用户使用网格证书单点登录到目录系统。目前 LFC 集成了 VOMS(virtual organization membership service)作为第三种认证模式，将 VOMS

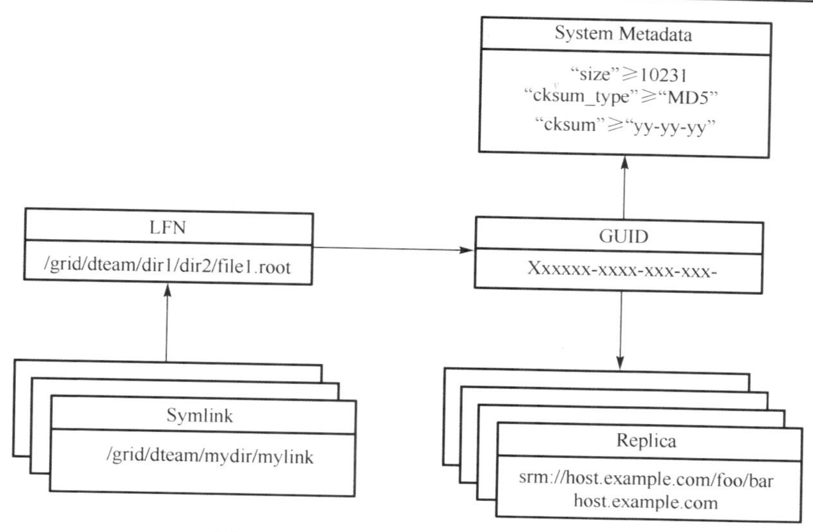

图 5-2　LFC 系统各表的关系实例图

的各种角色映射成多个组 ID。客户端的域名内部映射成 uid/gid 对，用于用户授权。uid/gid 对通过存储在目录系统中的文件属主信息进行授权，这些属主信息为 LFN 的元数据。同时目录系统还支持标准的 UNIX 权限设置和 POSIX 访问控制协议。

整个 LFC 都是用 C 实现的，代码轻巧，可读性强，提供了各种命令行和 API。服务器、客户端都以多线程模式运行。LFC 的命令行如表 5-1 所示。

表 5-1　LFC 的命令行

COMMAND	DESCRIPTION
lfc-chmod	change access mode of a LFC directory/file in the name server
lfc-chown	change owner and group of a LFC directory/file in the name server
lfc-delcomment	delete the comment associated with a file/directory
lfc-entergrpmap	define a new group entry in Virtual Id table
lfc-enterusrmap	define a new user entry in Virtual Id table
lfc-getacl	get LFC directory/file access control lists
lfc-ln	make a symbolic link to a file or a directory in the LFC Name Server
lfc-ls	list LFC name server directory/file entries
lfc-mkdir	make LFC directory in the name server
lfc-modifygrpmap	modify group entry corresponding to a given virtual gid
lfc-modifyusrmap	modify user entry corresponding to a given virtual uid
lfc-rename	rename a LFC file or directory in the name server
lfc-rm	remove LFC files or directories in the name server
lfc-rmgrpmap	suppress group entry corresponding to a given virtual gid or group name
lfc-rmusrmap	suppress user entry corresponding to a given virtual uid or user name

续表

COMMAND	DESCRIPTION
lfc-setacl	set LFC directory/file access control lists
lfc-setcomment	add/replace a comment associated with a file/directory

LFC 的 API 如表 5-2 所示。

表 5-2　LFC 的 API

COMMAND	DESCRIPTION
lfc_aborttrans	abort a transaction
lfc_access	check existence/accessibility of a file/directory
lfc_addreplica	add a replica for a given file
lfc_chdir	change LFC current directory used by the name server
lfc_chmod	change access mode of a LFC directory/file in the name
lfc_chown	change owner and group of a LFC directory/file in the name server
lfc_closedir	close LFC directory opened by lfc_opendir in the name server
lfc_creatg	create a new LFC file with the specified GUID or reset it in the name server
lfc_delcomment	delete the comment associated with a LFC file/directory in the name server
lfc_delreplica	delete a replica for a given file
lfc_endsess	end session
lfc_endtrans	end transaction mode
lfc_entergrpmap	define a new group entry in Virtual Id table
lfc_enterusrmap	define a new user entry in Virtual Id table
lfc_getacl	get LFC directory/file access control lists
lfc_getcomment	get the comment associated with a LFC file/directory in the name server
lfc_getcwd	get LFC current directory used by the name server
lfc_getgrpbygid	get group name associated with a given virtual gid
lfc_getgrpbynam	get virtual gid associated with a given group name
lfc_getidmap	get virtual uid/gid(s) associated with a given dn/role(s)
lfc_getlinks	get the link entries associated with a given file
lfc_getreplica	get the replica entries associated with a LFC file in the name server
lfc_getusrbynam	get virtual uid associated with a given user name
lfc_getusrbyuid	get user name associated with a given virtual uid
lfc_lchown	identical to lfc_chown except for symbolic links: it does not follow the link but changes the ownership of the link itself
lfc_listlinks	list link entries for a given file
lfc_listrep4gc	list replica entries that can be garbage collected
lfc_listreplica	list replica entries for a given file
lfc_listreplicax	list replica entries for a given pool/server/filesystem
lfc_mkdir	create a new LFC directory in the name server
lfc_mkdirg	create a new LFC directory in the name server with the specified GUID
lfc_modifygrpmap	modify group entry corresponding to a given virtual gid
lfc_modifyusrmap	modify user entry corresponding to a given virtual uid

续表

COMMAND	DESCRIPTION
lfc_opendirg	open a LFC directory, having the specified GUID, in the name server
lfc_opendirxg	open a LFC directory, having the specified GUID, in the name server
lfc_readdir	read LFC directory opened by lfc_opendir in the name server
lfc_readdirc	identical to lfc_readdir + returns the comments
lfc_readdirg	identical to lfc_readdir + returns the GUID
lfc_readdirxc	
lfc_readdirxr	identical to lfc_readdir + returns the replicas
lfc_readlink	read value of a symbolic link in the LFC Name Server
lfc_rename	rename a LFC file or directory in the name server
lfc_rewinddir	reset position to the beginning of a LFC directory opened by lfc_opendir in the name server
lfc_rmdir	remove a LFC directory in the name server
lfc_rmgrpmap	suppress group entry corresponding to a given virtual gid or group name
lfc_rmusrmap	suppress user entry corresponding to a given virtual uid or user name
lfc_setacl	set LFC directory/file access control lists
lfc_setatime	set last access time for a regular file to the current time
lfc_setcomment	add/replace a comment associated with a LFC file/directory in the name server
lfc_seterrbuf	set receiving buffer for error messages
lfc_setfsize	set filesize for a regular file; set also last modification time to the current time
lfc_setfsizeg	set filesize for a regular file having the given GUID; set also last modification time to the current time
lfc_setptime	set replica pin time
lfc_setratime	set replica last access（read）date
lfc_setrstatus	set replica status
lfc_startsess	start session
lfc_starttrans	start transaction mode
lfc_statg	get information about a LFC file or directory in the name server
lfc_statr	get information about a LFC file or directory in the name server
lfc_symlink	make a symbolic link to a file or a directory in the LFC Name Server
lfc_umask	set and get LFC file creation mask used by the name server
lfc_unlink	remove a LFC file entry in the name server
lfc_utime	set last access and modification times

5.1.2　AMGA

AMGA（ARDA metadata grid application）是 ARDA 元数据的网格应用，是 GLite 的文件目录服务，旨在满足 EGEE 应用的需求。主要的特征有以下几个方面。

（1）后端模块化：支持 Oracle、PostgreSQL、MySQL 和 SQLite。

（2）前端模块化：高性能的 TCP 流接口和标准的可兼容的 Web Service 前端。

（3）分级组织：文件目录结构内部采用树形结构。

（4）动态结构：各结构可以在客户端运行时动态创建、修改、删除。

（5）集成网格的安全组件：支持网格代理认证和 VOMS 授权。

（6）客户端利用 SSL 的安全连接。

（7）文件目录采用 ACL 授权，支持用户、组管理。

（8）副本：当多客户端访问多个网格站点时，元数据集创建副本以提高容错性、扩展性和访问性能。

AMGA 采用文件系统模型来组织元数据，目录结构为基本结构，包含着其他目录或结构，一级一级的分级结构。对用户来说，使用起来类似文件系统，同时提供了很好的扩展性，各子树间实现独立访问。这一特点也为后面介绍的部分副本奠定了基础。

AMGA 采用 C++实现多线程服务，图 5-3 显示了 AMGA 文件目录系统的各重要组件，通过模块化思想，后台支持各种存储系统。大部分实现的存储系统都支持关系型数据库，包括 PostgreSQL、Oracle、MySQL 和 SQLite。此外，还实现了独立的接口，支持元数据直接存储到文件系统上。

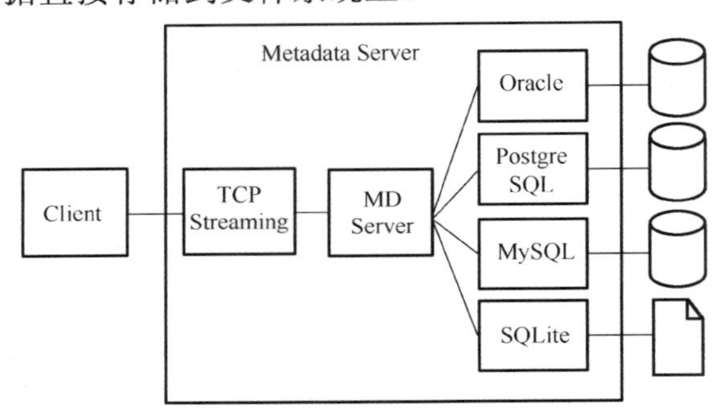

图 5-3 AMGA 文件目录系统的组件图

针对大量结果集返回的操作，AMGA 服务以有状态工作。当用户发送 query() 请求时，服务器会在数据中建立一个光标读取结果集，服务器端异步地将部分结果发送给客户端。通过异步模式，当客户端正在处理一块结果时，服务器端已经将下一块结果读入本地缓存，这样服务器端能及时响应客户端的请求。由于客户端请求期间，一直保持对数据库连接，存在资源耗尽和恶意客户端的风险。服务器端通过两种机制来防止此类风险发生，一个是关闭长时间未使用的回话，另一个是限制单个用户的最大建立回话数。无状态服务器不具备上述的工作机制，但是它严重降低查询性能，对同一结果的请求需要重复发送多次请求，并且要求更加复杂的机制来确保同一查询不同请求的数据一致性。

为确保数据库的安全性，并不直接对客户提供直接访问数据库的接口，前端采用两种访问协议：SOAP 和 TCP Streaming (TCP-S)。SOAP 协议是给予 gSOAP 工具集开发的，TCP-S 基于文本协议，类似 SMTP 和 TELNET 协议，以明文传输请求和回应。因为 TCP-S 是一个面向流的协议，所以不可能实现各种接口，并且 TCP-S 本身是设计成基于消息的协议。然而，TCP-S 协议支持的命令行操作就非常类似定义的接口，最大的不同在于发送多大的结果集回客户端，在这里充分利用该协议面向流的特点，采用单流字节模式发送结果。这么处理非常高效，由于服务器、客户端间不需要多次来回发送。TCP-S 协议有服务器和客户端的命令行接口库，支持不同语言：C++、Java、Python、Perl、Ruby。

面对网格海量的数据，AMGA 实现了元数据的副本以服务成千上万的用户和作业。AMGA 的副本实现具有以下几个主要类型和特点。

(1) 全副本。采用主/从模式，写操作只有在主节点，然后再复制到所有从节点。

(2) 部分副本：从节点可以针对元数据部分子树实现副本。

(3) 联邦：一个节点可以从不同的主节点订阅不同部分的元数据结构。

(4) 代理：元数据命令被重定向到其他子树。

图 5-4 给出了 AMGA 副本和联邦的实例。副本的实现满足了 AMGA 元数据服务的扩展性、独立性和容错性的需求。

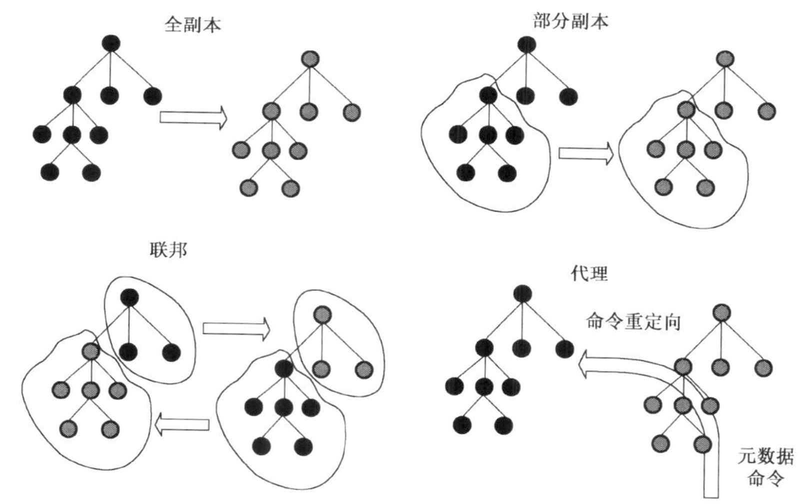

图 5-4　AMGA 副本和联邦的实例

很多应用使用 AMGA 作为文件目录系统，有测量应用或是生产型应用。大型强子对撞机底夸克(large hadron collider beauty，LHCb)实验使用 AMGA 作为 bookkeeping(元数据管理)存储了 15GB 的数据，大约两千万的目录。该实验是 LHC 上的六个探测器之一，它的主要物理目标是测量在 b 强子中的 CP 破坏和新物理。另外一个应用案例是 Ganga，网格作业提交系统，用户通过作业提交系统的前端接口提交网格作业。Ganga 使用 AMGA 存储描述作业状态的元数据信息。

5.1.3　DQ2

超导环场探测器(a toroidal LHC apparatus，ATLAS)实验，是欧洲核子研究中心(CERN)的大型强子对撞器(LHC)所配备的主要实验探测器之一。该实验的分布式数据管理系统，称为 Don Quijote(DQ2)。DQ2 与网格中间件服务交互，为 ATLAS 用户访问数据和实现计算模型的数据流提供了单一的入口。

DQ2 系统的服务范围包括各种基于文件的数据类型(事例数据、条件数据、用户定义的文件集)的管理。在 2004 年的第二轮压力测试中，通过 ATLAS 组开发的 DQ2、分布式数据管理和网格中间件，圆满地完成了实验数据获取任务。除了数据之外，DQ2 系统另一种主要的输入是实验的计算模型，它规定了 DQ2 必须支持的参数。

在系统结构设计上，DQ2 基于将文件级数据分组为数据集，这些数据集是文件的集合。目录集信息存储在数据集的位置。数据移动的请求分别来自数据集级别和一个分布式的代理集合，这些代理和文件级的网格中间件服务交互。网格中间件服务指上述描述的用于控制数据迁移和分类。

在 ATLAS 实验中，数据集是数据迁移的基本单位，数据集主要由事例数据组成，并共享一些相关信息(临时数据、物理选择、处理阶段等)。其实，数据集可以包含任何文件类型的数据，DQ2 将所有的文件管理起来构成数据集。一个文件可以属于多个数据集，每个文件有唯一的逻辑文件标识(LFN，GUID)。数据集的状态有打开、冻结(永久加锁)，状态间相互转换。被冻结的数据集可以增加新的文件，也可以版本化，通过版本号追踪数据集内容的具体变化。

目录集存储的信息有数据集的位置、数据集文件列表和相关的系统元数据。DQ2 数据集目录及相互间联系如图 5-5 所示。

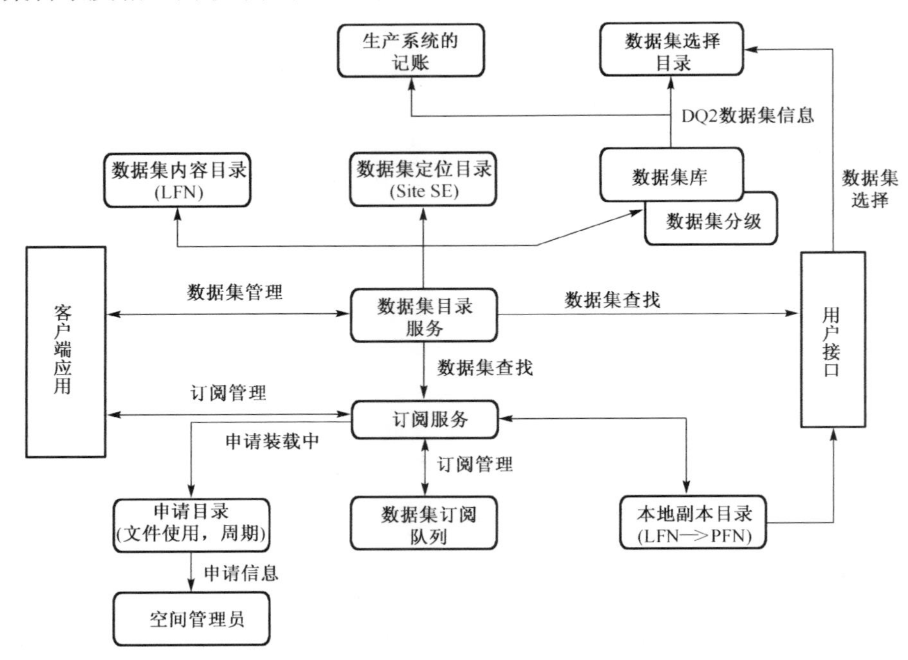

图 5-5　DQ2 数据集目录及相互间联系

数据集库就是一个数据集目录，在数据集目录中每个数据集由一个入口所表示，唯一的 ID 号和名字所标识。数据集目录记录了 DQ2 系统中的数据集的元数据和所有数据集的版本。DQ2 系统定义数据集目录作为最主要的数据集记录和搜索源。

数据集选择目录是由物理学家选择他们感兴趣的数据集的记录。这部分记录不是 DQ2 系统的一部分，但是能从 DQ2 系统中接收到数据集目录和相关元数据的信息。

数据集内容目录记录了数据集的逻辑文件组成，包括所有由 DQ2 系统管理的逻辑文件，具有全局性，这也使 DQ2 系统的扩展性成为一个主要问题。将文件按照分组的方式来组织，使得系统具有很好的可管理性。在一个站点里物理文件的定位只在站点的 SE 级别上可用，在这个级别上通过本地文件目录，信息具有可管理性和相关性。

数据集定位目录提供了数据集副本所在站点位置的搜索功能。一旦数据集存储到某个站点发布后，该站点的本地文件目录就联系相应的物理文件位置解析具体的站点存储地址 SURL。

数据订阅服务提供了用户和站点通过订阅动态变化的数据集，自动获取数据更新的能力。订阅目录存储了各站点对数据集的订阅。

DQ2 系统中所有管理的数据根据订阅系统实现自动的数据迁移，具体思路为：当一个站点订阅数据集时，考虑到在这段时间内，该数据的任何改变，DQ2 服务会保留一份该数据集的备份。数据迁移由目标方触发，如果需要，则本地的数据上传可以使用站点专有的机制，不需要其他任何站点意识到这些特殊机制。每个站点的大部分独立的实体，与网格中间件服务交互，参与到数据迁移的过程中，主要的执行步骤为：基于数据集内容，获取需要传输的逻辑文件集，以减少任何本地已经存在的文件传输操作；副本选择，通过数据集的位置目录、内容目录和本地副本的目录找到可用的文件副本；根据策略，在可用资源间分配数据传输；可靠的大文件传输，核对文件级别和数据集级别的传输。

在 ATLAS 实验中，数据迁移的部署情况为：数据迁移代理与 LFC 和 FTS 服务部署在同一级别，一个代理集合在 CERN(Tier-0 的中心站点)，另一个部署在每 10 个 Tier-1 中心处理 ATLAS 数据。ATLAS 的计算模型假定数据迁移是一个分级模式，直接的数据传输从 CERN 只能到 Tier-1 站点，Tier-1 站点可以到相关的 Tier-2 站点。传输代理运行在每个 Tier-1 站点管理该站点管辖的 Tier-2 站点的数据流，以及从该站点到 CERN 或其他的 Tier-1 中心。在同一站点内将传输代理定位为网格中间件服务，极大地降低了各组件间的通信，尤其是那些频繁查询的 LCG 文件目录系统(LFC)。

DQ2 系统已经在 LCG 服务框架中经过了大量的测试，不仅测试了 DQ2 的扩展性，还测试了 DQ2 和其他网格中间件服务的集成。应对这些挑战，在 Tier-0 中心，当探测器开始运作时，按比例缩小的数据流从 CERN 进行迁移。这次运作包括在 CERN 产生模拟的原始数据、处理数据和利用 DQ2 将原始数据和重建数据从 Tier-1 中心迁移到 Tier-2 中心。在测试过程中，从 CERN 到所有 Tier-1 中心的数据吞吐量达 780MB/s，每个 Tier-1 到相关的 Tier-2 中心的数据吞吐量为 20MB/s。这些测试很有帮助，有利于 DQ2 在性能上得到很大的提高，尤其在数据传输的监控和传输代理的稳定性上。

5.2 副 本 管 理

副本管理机制是数据网格中一项关键技术，其中副本的含义为对物理文件或逻辑文件的备份。副本操作如副本建立需要通过注册到副本目录，从而得到统一的管理。若副本被修改，则其他副本也要通过一定流程进行相同的修改。由此可见，副本的管理和实现方式比普通备份更加复杂。副本的物理载体的信息对用户是透明的，如数据的存储位置、传输连接建立过程等。同时，副本可分为静态副本和动态副本两种。静态副本是人为地将副本统一放置在某些节点上，在运行过程中保持一致，每次改变必须手动布置；而动态副本是系统自适应选择合适的节点进行副本分配，从而具有灵活性。在网格应用运行过程中或处理用户请求时，为了获得高性能或减少网格中通信介质的通信阻塞，有必要对数据进行复制，这样在网格中就有了同一个数据的不同副本，网格数据管理机构需要对这些数据副本进行管理，使用户能正确、迅速地访问自己需要的数据。

对副本的管理机制称为副本管理机制。数据网格引入了副本管理机制，从而对环境中的副本进行统一的管理，其目的是对数据网格内的副本进行自动、透明、动态的管理，屏蔽用户无需知道的细节差异。具体来说，数据网格通过副本管理服务(replica management service，RMS)，以服务的形式来管理副本，使得数据网格中各个部分具有低耦合的特性，可以自主灵活地完成各自的功能。副本管理服务是数据网格为用户提供的统一接口，对注册到环境里的数据有着控制管理权，其基本组成如图 5-6 所示。

现实中的副本管理技术已经被广泛应用于需要分布存储的各个领域，如分布式数据库、移动计算等。而在不同的领域，创建副本的目标、副本的粒度及其关键技术各不相同。如分布式数据库中使用副本技术的主要目的是提高数据库的容错能力，努力实现负载平衡，需要解决多数据库的一致性维护问题、分布式事务操作管理问题等。而移动计算由于所处的特殊环境，网络带宽十分有限，所以需要根据用户当前的位置和周边环境，动态的创建副本，从而让数据跟随用户，使用户可以就近访问数据，降低访问延时，同时需要考虑移动环境的高干扰等特点。

而在数据网格系统中，主要目的是降低访问延时，合理利用网络带宽，屏蔽不

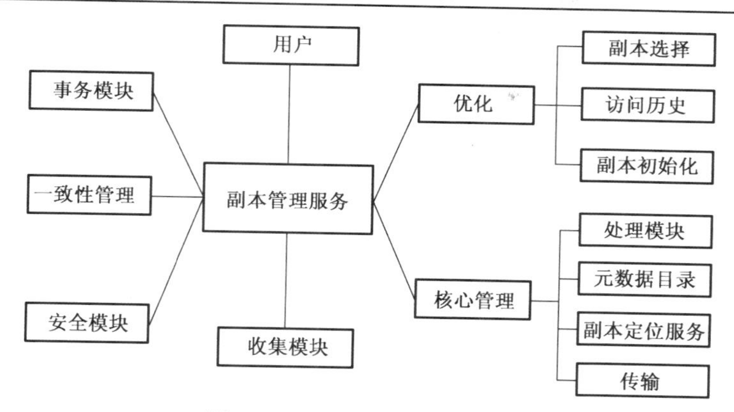

图 5-6　RMS 的主要组成部分

同的存储结构。相应的副本管理技术可以根据具体的环境特点、系统的运行情况、用户访问历史等信息将合适的副本设置到合适的节点上，从而提高环境的整体运行性能。

结合数据网格的自身特点，副本技术往往需要处理好以下问题。

(1) 数据结构多样性：面对大量不同操作系统、文件系统、不同结构的文件，以及不同的数据库，需要统一进行处理。

(2) 副本结构的确定：面对不同的应用需要有着不同副本的粒度，这直接影响副本的性能和执行的准确性。

(3) 副本数量的变化：数据网格可能只有几个节点，也可能含有成百上千的节点，如何对副本的数量进行合理的控制，并提供高效的管理是必须解决的。

(4) 动态合理的管理策略：网格的特性之一就是动态性，拓扑环境、节点能力、用户行为、数据本身等一切都是变化的，只有动态合理的管理策略才能胜任要求。

(5) 传输时延：数据网格处理海量数据必须考虑的性能指标，在建立、调度、传输、删除副本时必须考虑对网络传输能力的影响。

(6) 副本一致性维护问题：副本技术的引入可以减少数据访问延迟，减少网络带宽的消耗，提高可用性，但同时也带来了副本一致性问题。由于数据网格的动态性，更新强度很大，传统的一致性算法未必适用于数据网格。

副本管理是数据网格中重要的组成部分。良好的副本管理是提高副本执行质量的重要保证，合适的副本放置和使用，可以有效地降低任务的执行时间，从而降低整个环境的网络带宽消耗。副本管理系统一般由副本管理器、副本目录、副本选择器等几个主要部分组成。副本管理器是副本管理系统的核心部件，副本目录是登记和查找副本的场所，副本选择器则负责从多个可用的副本中选择一个合适的副本。为了进行有效的副本管理，必须在一些方面使用合适的技术，其中的关键技术包括副本创建、副本选择、副本删除、副本定位、副本一致性、副本安全性等。本节依次对上述技术进行阐述说明。

5.2.1 副本创建

网格中的数据集可以很大，以至于个人、单位或机构的存储设备上不可能存储下一个完整的数据集，在这种情况下，需要把一个大的数据集存储在多个物理节点上，这就需要一个管理机构来管理这些逻辑上是一个整体，物理上分散存储的数据。副本管理系统就是记录一个数据集的不同部分存储在什么位置的网格管理机构。全球网格论坛已经提出了一个副本管理服务结构。在新提出的五层计算网格(构造层、连接层、资源层、收集层、应用层)结构中，副本管理系统处在收集层。副本管理允许用户注册一个文件，创建和删除已经注册的副本，查询副本的位置和性能特点。

基本的副本创建包括两大类：静态副本创建和动态副本创建。

静态副本创建是人为地对副本进行放置，一旦部署完毕即固定，再次更新必须手动的修改，缺乏灵活性。动态副本创建是数据网格系统根据具体的任务量、数据传输情况、用户请求等信息综合考虑，依据某算法自动地放置副本。可以看出，在数据网格复杂的情况下，只有动态副本创建才能满足实际的要求。

动态副本创建时，必须解决一些基本问题，如副本创建的时间、副本创建的地点、副本的删除策略等。解决这些问题所依靠的正是环境本身含有的各种因素，如数据网格的拓扑结构，各节点的负载状况，各存储节点的存储状况，副本本身的特性，用户的请求模式、访问特征等。副本创建的时间指的是满足什么条件后，副本创建服务才开始执行副本创建的功能，通常有以下几个影响因素：数据副本本身在一定时间内访问次数超过某限定值；某节点主动发起副本创建请求；系统对历史访问数据进行分析，发出副本创建请求。副本创建的地点指的是副本存在的节点，副本创建地点的策略直接影响到任务的执行效率。一般情况下，在放置副本的时候必须考虑以下问题：节点本身是否已经包含相同副本；节点的存储空间是否足够，如果存储空间足够是否值得放置副本，如果缺乏足够空间，是否要删除某些已有副本；节点放置副本时，是否带来效率的提升等。副本删除问题是指，一方面由于节点的存储性能不是无限的，在创建新的副本时，有可能需要删除某些已有副本；另一方面，随着网格环境的变化，一些副本可能会失效，如由于传输原因不可访问，此时就需要从副本目录中删除对应的副本。具体删除策略也直接影响着副本的执行策略，实际上，副本删除目的是保证副本数量的合理，从而在存储代价、执行代价和管理代价间寻找平衡。

目前常见的副本创建策略包括：最佳用户创建策略、瀑布模型创建策略、基于缓存的创建策略、缓存加瀑布的创建策略、快速传播创建策略、基于经济模型的创建策略等。

副本的创建是根据数据被网格用户请求使用的情况进行的。创建副本是为分散在不同地方的用户提供保证质量的数据访问服务，避免因为网格中资源的负载不同而给用户带来不同的服务质量。创建数据副本还能够缓解数据总是从一个地方传输到各地的请求者而造成的通信资源阻塞。

支持数据副本的创建，需要对网格中数据的访问情况进行记账，记录一段时间内访问某个数据的请求者都来自什么地方，每次访问提供的服务质量如何。创建副本时除了这些信息，还要根据资源的具体信息决定新的副本应该创建在什么地方，应该在什么地方发布新创建的副本。

网格中的数据文件应该具有关于副本的属性，如是否是副本、以此为基础创建了几个副本、每个副本的名称是什么、各自都在什么位置等。数据与副本有关的属性可以采用如下定义：

```
<element name = "ReplicaProperties">
<element ref = "replicas" minOccurs = "0" maxOccurs = "1"/>
<element name = "myParents" minOccurs = "0" maxOccurs = "1" type
= "string"/>
<attribute name = "IsReplica" minOccurs = "1" type = "boolean"/>
</element>
```

元素 replicas 可以包含一到多个 replica 元素，每个 replica 元素中包含相应副本的各种详细信息。具体代码如下：

```
<element name = "replica">
<element name = "name" minOccurs = "1" maxOccurs = "1" type =
"string"/>
<element name = "URL" minOccurs = "1" maxOccurs = "1" type = "string"/>
<element name = "ReplicaProperties" minOccurs = "0" maxOccurs =
"1" />
</element>
```

元素 myParents 记录复制自己的原始数据或副本的有关信息，其中要记录其 URL。根据实际需要和副本管理的方便，可以用两种结构创建数据副本，如图 5-7 所示。从网格中的原始数据创建所有的副本可以构成星形副本创建结构。从网格中的原始数据创建部分一级副本，然后根据一级副本再创建二级副本，依次类推可以形成树形结构。

这两种结构在副本的维护方面体现出不同的特点。

星形结构中的所有副本都是从同一个原始数据(源数据)创建的，因此原始数据属性中要记录所有的数据副本，副本的维护和创建需要全局策略。原始数据成为副本维护过程中的瓶颈，一旦某个副本经过修改，就要通过原始数据维护所有数据的一致性。

树形结构中的一小部分副本是从原始数据创建的，另一部分副本则是从其他副本创建的。

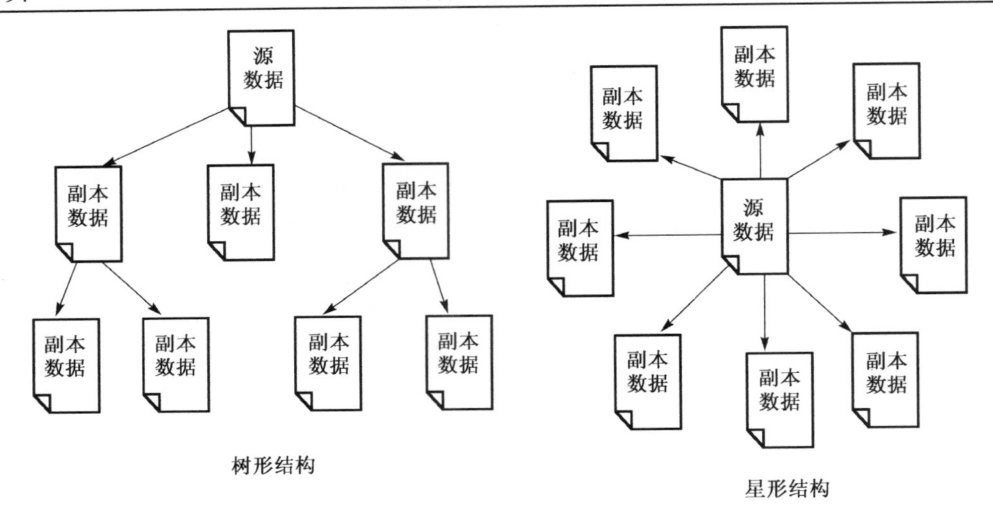

图 5-7 副本创建的两种结构

从每种数据产生的副本都不是很多。这种结构适合于在管理域内形成自己的副本管理策略，而不一定要用全局策略。例如，一个电子出版商出版了一本书籍，该书籍文件的访问规则是，只要支付一定数量的费用，就可以访问该数据文件的部分或全部。在一个管理域内，已经请求创建了该数据的一个副本，但是由于该管理域内有大量的读者随时都要访问该数据，访问强度大，需要再在不同的地方创建几个副本。随着新副本的创建，该书的知名度越来越高，又带来了大量的读者，在管理域内创建的这几个副本都不堪重负，需要再创建副本，这样就可以在管理域范围内创建新的数据副本。

5.2.2 副本选择

数据网格是面向数据密集型的一种网格体系结构，运行在数据网格中各个网格节点的任务都可能需要大量的数据，需要的数据可能分布在其他的网格节点中，基于减少带宽消耗和提高数据访问速度等方面考虑，创建一些数据的副本是必要的。在这种情况下，用户任务所需的相当一部分数据是分布在各自分散的网格节点上。要在如此广域分布的数据中进行有效快速的访问，需要对数据副本进行选择。数据副本的选择具有非常关键的作用，其很大程度上决定了数据网络资源的利用率。

创建数据副本之后，同一个数据集在网格上存在多个相同的副本。请求者访问数据集时，需要网格从源数据和副本中选择一个合适的数据集让用户访问。副本选择就是要根据用户的需求选择最佳的副本，选择的标准不同，最佳副本也不同。一般的选择标准有三个：副本的响应时间、副本的可靠性和副本的访问代价。副本对请求者是透明的，请求者的访问信息中不包含副本的任何信息。选择合适的副本要借助副本管理模块，获得数据集的副本的所有信息，从而根据一定的策略选择一个合适的副本分配给请求者访问，副本选择结构如图 5-8 所示。

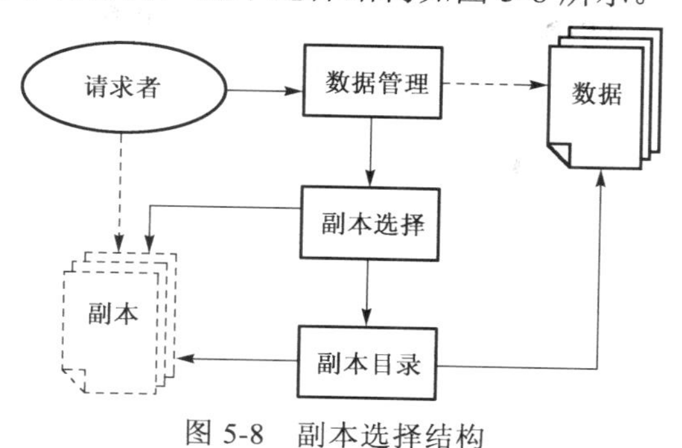

图 5-8　副本选择结构

合适的数据副本选择受到多种因素的影响，请求者与提供者之间的数据通路情况、提供者处目前的访问负载、请求者与提供者之间的距离等都是需要考虑的因素。

选择副本时要查阅副本目录，寻找数据副本，从数据的所有副本中选择一个最合适的副本给请求者访问。如果副本是根据星形结构创建的，则在副本目录中可以得到数据的所有副本，因为所有的副本都是根据原始数据创建的；但是如果是树形结构，需要查阅多次副本目录才能得到所有的副本信息。如果树形结构设计合理，则可以在子树中找到合适的数据副本。

5.2.3　副本删除

随着数据发布以后的时间推移，数据的访问者可能会越来越少，数据访问阶段创建的大量副本由于没有多少访问者也就失去了继续存在的必要。这种情况在日常生活中也很常见，一本新书的出版或一部新电影的发行，可能会引起大量读者或观众争先阅读或观看，但随着时间的推移，读者或观众的数量会逐渐减少。

在树形结构中，删除一个副本时可以把一个副本为根的所有子树删除，这是最简单的删除方法。有时可能会出现保留子树中某些部分的情况，这就需要修改相关副本的属性描述，防止把副本的连接关系割断，造成永远的信息孤岛和资源浪费。

在星形结构中，可以根据实际需要随意删除某个或某几个甚至全部副本，相应地要进行数据属性的修改。

副本只是为了共享数据方便而建立的一种机制，因此一旦不再需要时就要删除所有的副本，并释放被这些副本占用的存储空间。原始数据必须要保留下来，直到数据拥有者显式请求删除为止。

5.2.4　副本定位

随着数据密集型的应用大量涌现，数据网格技术已经成为计算机科学技术研究的重要领域。数据网格技术为用户提供了广域范围内的数据共享和计算能力的集成。在大量的数据中，为了提高数据的访问速度、数据的可靠性和系统的容错性，减少带宽消耗等，在网格节点中创建数据副本就成为了必要，通过创建同一数据的多个副本，可以有助于改善整个系统的负载平衡和可靠性。如何定位这些可能存在的副本(也就是说，将由哪些节点来负责数据副本的定位或者说是将数据副本的定位发送到哪些网格节点中)也是数据网格中最关心的问题之一，如何以最有效的方式将数据副本的定位请求发送到该数据副本的宿主节点(负责该数据定位的节点)，以及如何保证这些宿主节点的负载均衡性(即将数据副本的定位请求均匀地分布在各个宿主节点中)，对于提高整个网格系统的性能都有着密切的关系。

副本定位服务是实现数据网格数据复制的关键服务，因此其性能、可扩展性、灵活性、可靠性等方面都有很高的要求。

(1) 性能。副本定位服务在数据网格应用中被非常频繁的调用，因此，副本定位服务需要具备良好的性能，否则就会成为整个数据网格的瓶颈。

(2) 可扩展性。在数据网格中，数据文件及其副本的数据巨大、数据网格应用对副本定位服务的调用非常频繁。因此，副本定位服务必须具备良好的可扩展性，即当数据网格扩展到很大的规模时，副本定位服务同样能提供性能良好的服务。

(3) 灵活性。副本定位服务要具备良好的可配置性，针对不同的拓扑结构、应用规模、需求特点可以有不同的方案进行配置；副本定位服务要具备良好的可升级、可替换性。

(4) 可靠性。在数据网格中，由于节点数目众多、性质各异，单个或部分节点失效的情况难以避免。对于副本定位服务来说，不能因为单个或部分节点失效而造成副本定位服务整体失效。

5.2.5 副本一致性

由于同一个数据文件在网格上存在多个副本，随之而来的问题就是在该文件的有效生命周期中如何保证各种访问的正确性。其中最大的问题就是维护文件的一致性。

当请求者请求访问一个文件时，可以对文件进行多种操作。根据其操作是否修改文件的内容，可以分两种情况来对待。

请求者以只读方式访问文件，这时，网格管理系统只要保证用户使用的文件是最新的文件。也就是说，对于该文件的最新修改要包含在用户访问的文件中，这种修改可能就是该用户进行的，也可能是其他用户进行的。选择好可以反映最新修改结果的一个文件副本之后，给用户创建一个本地的缓存文件，以后的访问就在该缓存上进行。之后的其他用户可以继续对该文件进行操作。

请求者如果以修改方式访问一个文件，这时就要查看该文件是否正在被其他用户以可修改的方式访问，如果没有，则把该文件“加锁”，让该用户开始访问，直到用户访问完之后关闭文件，把修改结果写回，才给文件“解锁”。如果该文件已经被加锁，则说明其他用户正在对文件进行修改，这时要根据文件的性质分别处理。

如果文件访问者没有优先级的高低，都是相同级别的用户，并且只保留最后的修改结果，那么多个用户可以同时独立地访问一个文件，并修改文件的内容。但是文件的最后内容是最后一个用户的修改结果。如果用户有优先级的高低，同时访问该文件的一组用户中保留优先级最高的用户中最后一个用户的修改结果。

还有一种体现网格特点的文件访问形式。任何一个用户都可以修改文件，每个用户的修改结果都作为该文件添加了附加属性的新文件来存储，这时多个用户可以自由访问，文件也不需要加锁。

如果文件必须有强一致性，一个用户修改时其他用户只能读，不能同时有多个用户进行修改操作，这种情况“加锁”之后，其他用户的修改请求将会被排队，直到前一个访问者结束访问之后为该文件“解锁”，才从队列中选择一个合适的请求者开始进行修改访问。用户修改某个文件之后，要把所有的副本和源数据都进行一致性操作。根据副本创建的两种模式，要有不同的更新算法。

这里要对网格环境的数据更新多作一些介绍。网格环境下的数据更新尽管有存在的必要和可能，但是，它更经常体现在数据的升级上。网格环境下的数据不再是某个用户的专有数据，而是大量合法用户共享的数据，每产生一个网格数据集，可能会随之产生大量的以该数据集为对象的服务、应用等。不同用户对数据的需求不一样，有些用户需要最新的数据，有些用户则需要历史数据。未必每一次的数据更新都是在朝着更正确的道路前进，这在本地计算机系统下也是经常发生的情况。发生更新操作之后，旧数据作为历史记录应该仍然存在，只不过要求管理系统在不增加附加条件的请求下，应该能够给用户提供最新版本的数据，而用户可能根本就没有意识到这种升级的存在。

网格环境下，严格意义上的数据更新应该是很少的，甚至是不需要的。取代数据更新的操作应该是数据升级。这样，树形副本结构就更有利于副本的管理。在一个管理域内有了一个数据副本之后，如果有必要继续创建新的数据副本就可以直接由这个管理域的管理者决定，而不是每一次副本的创建都从原始数据开始。

5.2.6　副本安全性

数据网格的目的是使得用户能够高效快速地使用数据，由于环境本身的复杂性，副本管理服务在管理副本时，必须注意安全问题，如数据的健壮性、保密要求、服务本身的安全等。同时，数据副本的存在不仅是为了提高传输速度，同时也是对数据的冗余保存。冗余数据可以部分解决节点的失效、传输错误、软件错误、程序设计缺陷甚至主动攻击带来的问题。副本分布在环境里，对提高数据的容错性是有利的，但是同样带来了数据数量增加攻击目标也随之增加的矛盾。此外，由于数据网格系统中的副本创建、副本定位、副本选择和副本一致性管理的很多操作都是透明的、开放的、自适应的，相应的安全措施必须得到保障。

5.3 本章小结

元数据管理在海量数据管理中起着不可忽视的作用。本章介绍了元数据在数据管理中的基本功能和网格应用中的各种元数据管理软件，如 LFC、AMGA 和 DQ2 等。在数据管理中，为了进行有效的副本管理，需要采用相应的技术实现，其中的关键技术包括副本创建、副本选择、副本删除、副本定位、副本一致性和副本安全性。

参考文献

张英朝，邓苏，张维明. 2003. 数据仓库元数据管理研究.计算机工程，29(1)：8-10.

Allcock B, Bester J, Bresnahan J, et al. 2001. Efficient data transport and replica management for high-performance data-intensice computing. 18th IEEE Symposium on Mass Storage Systems and 9th NASA Goddard Conference on Mass Storage Systems and Technologies, San Diego: 17-20.

Baud J P, Casey J, Lemaitre S, et al. 2005a.LCG data management: from EDG to EGEE. Proceedings of the UK E-Science All Hands Meeting, Nottingham.

Baud J P, Casey J, Lemaitre S, et al. 2005b. Performance analysis of a file catalog for the LHC computing grid// High Performance Distributed Computing 2005. Berlin: Springer.

Beltrame F, Papadimitropoulos A, Porro I. 2007. GEMMA — A Grid environment for microarray management and analysis in bone marrow stem cells experiments. Future Generation Computer Systems: 382-390.

Branco M, Garonne V, Salgado P, et al. 2008. Distributed data management on the petascale using heterogeneous grid infrastructures with DQ2. 3rd EGEE User Forum: 49.

Branco M, Zaluska E, de Roure D, et al. 2008. Managing very-large distributed datasets. Proceedings of the OTM 2008 Confederated International Conferences: 775-92.

Calanducci A A, Cherubino C, Fargetta M, et al. 2007. A digital library management system for grid. Enabling Technologies: Infrastructure for Collaborative Enterprises 16th IEEE International Workshops: 269-272.

Cameron D. 2006. Replica Management and Optimisation for Data Grids. PhD Thesis. Glasgow: University of Glasgow.

Chervenak A. 2004. Performance and scalability of a replica location service. 2004 High Performance Distributed Computing, Hawaii.

Dullmann D, Hoschek W, Martinez J J, et al. 2001. Models for replica synchronization and consistency in a data grid. 10th IEEE Symposium on High Performance and Distributed Computing (HPDC-10), San Francisco, California: 7-9.

Edg-Replica-Manager 1.0. 2014. http://www.cern.ch/grid-data-management/edg-replica-manager.

Espinal X, Barberis D, Bos K, et al. 2007. Large-scale ATLAS simulated production on EGEE, IEEE International Conference on e-Science and Grid Computing: 3-10.

European Datagrid Project. 2010. www.eu-datagrid.org.

Guy L, Kunszt P, Laure E. 2002. Replica management in data grids. Global Grid Forum Informational Document.

Inmon W H. 1996. Building the Data Warehouse. Second Edition. New Jersey: John Wiley & Sons, Inc.

Koblitz B, Santos N, Pose V. 2008. The AMGA metadata service. Journal of Grid Computing, 6(1):61-76.

Santos N, Koblitz B. 2006a. Distributed metadata with the AMGA metadata catalog. Workshop on Next Generation Distributed Data Management, Paris.

Santos N, Koblitz B. 2006b. Metadata services on the Grid. Nuclear Instruments and Methods in Physics Research Section A: Accelerators, Spectrometers, Detectors and Associated Equipment, 559: 53-56.

Staudt M, Vaduva A, Vetterli T. 1999. Metadata management and data warehousing. Technical Report 21, Swiss Life, Information Systems Research, 06.

Stewart G A, Cameron D, Cowan G A, et al. 2007. Storage and data management in EGEE. Proceedings of the Fifth Australasian Symposium on ASCW Frontiers, Darlinghurst.

第6章

数 据 传 输

数据传输是网格体系结构的服务层，负责为上层提供各种数据的传输服务；网格操作系统中数据传输也是重要的部分；安全性好的数据传输系统也能为网格计算系统的安全提供必要的支持。因此，在现有的网格环境下，如何设计一个好的数据传输系统已经成为高性能网格计算系统开发的关键。

一直以来，所熟悉的数据传输模型大多都是C/S模式，有较好的跨平台性，但是在传输性能上并不理想，而且使用模式也比较单一，使得一些情况下数据的传输和部署很不方便。主要存在以下主要问题。

(1) 资源定位困难：用户不得不借助第三方工具进行资源定位。

(2) 数据描述不充分：导致资源定位困难，同时难以避免不必要的数据冗余。

(3) 服务器负荷不均衡：服务器之间相互独立，大量缺乏服务器位置信息的用户可能访问少数服务器，导致这些服务器负荷沉重，而其他的服务器则利用不足。

(4) 数据传输速率不能满足需求：数据传输受到用户数、网络稳定性等因素的影响。

这些问题的根源在于单个 FTP 服务器的独立性。独立的一台 FTP 服务器能力总是有限的，然而多台 FTP 服务器之间又没有必要的联系，这必然导致用户与 FTP 服务器、服务器与服务器之间的定位和性能问题。

从使用者的角度看，一个好的数据传输模型需要具备以下几点特征[22]。

(1) 较好的传输性能。包括传输速度、安全性和可靠性等方面的因素。

(2) 支持异构的系统。即操作系统的异构性，通常情况下指 Windows 和类UNIX 系统的互访。

(3) 使用方便。支持多种使用模式，如本地的上传、下载，第三方控制的数据传输，更进一步，支持“提交作业”式的传输，即用户可以将传输请求提交给一个代理，随即退出系统，由代理负责完成第三方传输。

因此，在网格环境中，出现了多种多样的文件访问/传输的方式，比较主流的方法和服务有 GridFTP、bbFTP、RFT、FTS 和 PheDex 等。同时，用户需求也不一样，很多情况下用户希望能够像本地文件系统一样使用网格文件。但是，GridFTP 只能传输文件，不能在线打开、关闭、读、写和定位等；GASS 提供的读写模式过于单一；RFT 也只是一种传输服务而已。为此，许多组织和项目开发出能在网格上进行文件访问的协议，如 CERN 的 RFIO、美国 Fermi 实验室和德国 DESY 实验室的 dCap、Sun 公司的 NFSv4 等。这些访问文件的方法和协议单独都能基本满足用户的需求，但是网格环境中存在多种存储系统和访问协议，给客户端访问文件带来诸多不便。对于不同文件访问/传输协议，客户端需要使用相应的命令、应用程序或 API 来访问网格文件。

6.1 GridFTP

6.1.1 GridFTP 的功能特性

GridFTP 对标准的 FTP 协议进行了扩充，增加了一些新的功能，在它之上可以提供网格环境下安全传输、高效移动数据块的功能，满足网格计算环境不同的应用对广域范围分布的、大量的数据需求。GridFTP 协议对 GSI 和 Kerberos 提供支持，支持第三方控制的数据传输、并行数据传输、条块数据传输、部分文件传输、缓冲区大小自动协商、出错重传等特性。GridFTP 实现中增加了 GSS-API 安全认证，这样可以更可靠、更安全地支持第三方数据传输功能。这些特点使用 GridFTP 可以适应网格环境的多样性。

(1) 网格大都运行在广域网环境中，这就需要更高的带宽。使用多个 TCP 流(即并行传输)可以更充分地利用并提高传输带宽。而 GridFTP 中修改了 RETR 指令以使它可以指定 TCP 流的数目，同时引入了 EBLOCK(Extended Block)模式(包括 8 位标志符、64 位长度、64 位偏移量和数据)，以支持并行传输、部分传输和带状传输。

(2) 窗口大小是 TCP/IP 中获取最大带宽的关键参数，针对不同的网格环境、文件大小和文件集类型应该设置不同的值。使用最优的 TCP 缓冲区窗口大小可以有效地提高数据传输性能。GridFTP 增加的新指令 SBUF 和 ABUF，就是分别用来手工指定和使用某种算法自动调整 TCP 缓冲区窗口大小。

(3) 安全认证是网格计算的重点和难点。Globus 中 GSI(grid security infrastructure)使用 PKI、X.25 和 SSL 作为整个安全系统的基础，分为授权、双重认证、私有通信、安全私钥、代理和单一系统登录部分，建立了非集中管理的、包括多个不同组织的安全系统。而 GridFTP 支持 GSI 和 Kerberos 认证，以满足用户控制不同层次上的数据完整性和保密性设定的要求。

(4) 大规模的分布系统拥有大量的数据集，在存储服务器间进行第三方控制的传输是很有必要的。用户可以启动和监控两台服务器间的数据传输，为使用多点资源提供了保障，而且无需进行数据中转。GridFTP 在原有 FTP 标准第三方传输的功能上添加了 GSSAPI(generic security service API) 安全机制。如图 6-1 所示，第三方监控可以收集数据传输过程中发送端的控制信息，并检测数据接收端的传输状态。数据经过复制后存在多个副本，如果发送端出故障而导致传输不成功，则可以在第三方监控下保留传输状态和控制信息，以便在连接重新建立以后进行续传，或者重定向到其他副本重新进行数据传输。

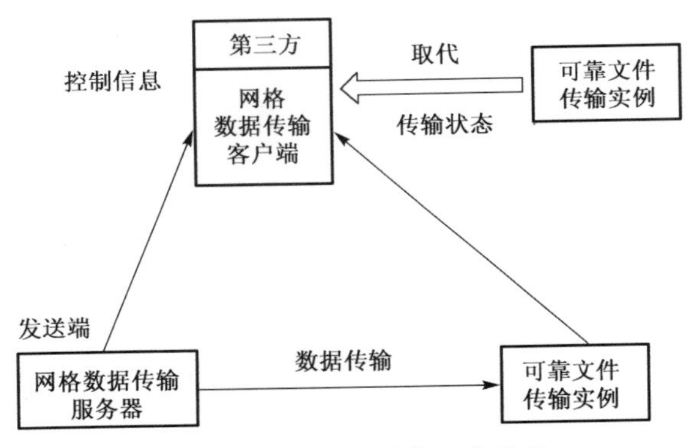

图 6-1　数据传输的第三方监控

GridFTP 自动调整 TCP 缓冲区或窗口的大小，有效提高数据传输性能，它可以针对具体要传输的文件大小，设置合适的缓冲区或窗口大小。

GridFTP 在原 FTP 命令的基础上又引进了几个新命令，这些新命令如表 6-1 所示。

表 6-1　GridFTP 扩充的命令

命令名	解释
SPAS	这个扩展命令用来为有一个或多个条块的服务器建立一个数据套接字监听者向量。该命令必须和扩展的块模式一起使用。该命令的响应中包括服务器正在监听的主机和端口列表
SPOR	这是 SPAS 命令的一个补充命令，用来实现分块的第三方传输。该命令的参数是被监听主机的机器名和 TCP 端口号。由于扩展块模式协议的天然特性，SPOR 只能和发送数据的数据传输命令 RETR，ERET，LIST，NLST 等联合使用，而不能和数据通道上接收数据的命令一起使用
ERET	请求进行一个在服务器端作一些附加处理的获取请求。这是对 RETR 命令的一个改进，可在服务器上提供数据规约和其他一些修改
ESTP	请求进行一个在服务器端作一些附加处理的存储请求。通过定义附加的 ESTO 存储方式，可以增加任意的数据处理算法
SBUF	为客户端增加设置 TCP 缓冲区大小的功能。标准 FTP 下这个功能在服务器端实现
DCAU	提供一种指定在 FTP 数据通道上认证类型的方法，仅适用于控制连接用 RFC 2228 安全扩展认证的情况

GridFTP 为了实现并行数据传输和条块数据传输引入了一种新的传输模式，给原来的 RETR 命令扩展了一些选项，可以控制条块数据布局和并行情况。GridFTP 支持从文件的一个特定位置开始传输文件，并为此定义了一系列的函数，新增加的

主要功能有：初始化一个重开始标记，创建标记的一个副本并把一个标记的内容复制到一个新的标记中，取消一个已经创建的标记，给一个标记中插入新的范围，设置重开始标记的偏移量，获取一个开始标记中的字节数，创建一个重开始标记的字符串表示，从一个字符串初始化一个重开始标记。

6.1.2 GridFTP 的 API

GridFTP 提供了两种类型的 API，分别用于客户端和服务器端实现 FTP。Globus-ftp-control 库提供服务器和客户端之间实现 FTP 的底层服务，Globus-ftp-client 库提供从客户端访问远程文件需要的函数，可以实现的功能包括：用数据通道上发出的布局和数据大小更新句柄，向外创建一个 FTP 数据连接，创建一个控制信息结构，释放信息结构，写 FTP 数据到一个特定的条块，从一个队列中的回调函数写数据到特定的条块。为了支持条块数据传输和并行数据传输，GridFTP 定义了一种可以打乱顺序传送数据的扩展传输模式——扩展块模式。在该模式下，每个连接可以传输部分数据，实现对一个文件的条块传输或并行传输。如果使用扩展块模式传输数据，客户端只需在使用传输命令之前用命令在控制面板上指明。

RETR 的附加选项为服务器传送与条块传输和并行传输有关的信息。使用 RETR 命令，客户端可以指定并行模式和条块模式，该命令只用在扩展块模式中。RETR 的选择项如下：

```
retr-opts = "OPTS" <SP> "RETR" [<SP> option-list] CRLF
option-list = [ layout-opts ";" ] [ parallel-opts ";" ]
layout-opts = "StripeLayout=Partitioned"
            | "StripeLayout=Blocked;BlockSize=" <block-size>
parallel-opts = "Parallelism=" <starting-parallelism> ","
                               <minimum-parallelism>","
                               <maximum-parallelism>
block-size ::= <number>
starting-parallelism ::= <number>
minimum-parallelism ::= <number>
maximum-parallelism ::= <number>
```

源数据节点用 layout-opts 选项来指定用什么方式把数据文件的不同部分分布到合适的条块上。StripeLayout 的值可以取 Partitioned 或 Blocked。

如果 StripeLayout=Partitioned，布局将是这样的：文件中的数据平均分布到目的数据节点上，每个数据节点上存储文件中的一个连续数据块。这里的数据节点指 SPOR 命令定义的单个主机端口。

如果 StripeLayout=Blocked，布局将是这样的：文件中的数据按顺序轮流分布到目的数据节点上，数据分布的顺序由 SPOR 命令指定的主机端口顺序决定，block-size 的值定义一次要分布的单个数据块的大小。

源数据节点用 parallel-opts 选项控制为每个目标数据节点建立多少个并行数据连接。这个选项既可以为固定并行性使用，也可以为自适应并行性使用。如果设定 starting-parallelism，服务器将为每个数据节点建立 starting-parallelism 取值的连接；如果设定 minimum-parallelism，服务器将把每个数据节点的并行连接数目减少到 minimum-parallelism 的取值；如果设定 maximum-parallelism，服务器将把每个数据节点的并行连接数目增加到 maximum-parallelism 的取值。

6.2 bbFTP

bbFTP 文件传输软件是由位于法国里昂的 IN2P3 计算中心的 Gilles Farrache 开发设计的。它的诞生，使得用户在欧洲核子研究所(CERN)的数据中心与其他场所之间的传输数据变得更加安全、快速。设计之初，bbFTP 用于 Babar 实验，在美国加利福尼亚的美国国家加速器实验室(SLAC)和 IN2P3 之间传输数据。bbFTP 实现了自己的传输协议，它能在高性能终端个人电脑之间可靠地传输和存储数据，尤其用来优化传输大型文件(超过 2GB)。因为 bbFTP 实现了 RFC 1323(TCP 高性能扩展)中定义的“大窗口”和支持多文件传输流等，使之更适合传输大文件，而不适合用来传输小文件。bbFTP 的主要特点有以下几个方面。

(1) 连接时用户名和密码加密。

(2) 支持 SSH 和证书认证模块。

(3) 支持多流传输。

(4) 实现了 RFC 1323 中定义的“大窗口”。

(5) 自动出错重试。

(6) 可定义的超时。

(7) 传输模拟。

(8) 集成了 AFS 分布式文件系统的认证模式。

(9) 提供 RFIO 远程文件访问协议的接口。

6.2.1 与 FTP 和 SSH 的比较

bbFTP 是一个文件传输软件，它是高性能文件传输协议的一个实现，RFC 1323 是该协议的正式规范。bbFTP 与普通 FTP 在性能和实现方式上都有着较大的差别。首先，普通 FTP 不允许手工动态调整 TCP 窗口的大小，这在高带宽或长距离延时的路径上，数据吞吐量受到很大的影响；而 bbFTP 允许在运行时调整窗口大小，最大理论值达 1GB。其次，普通 FTP 采用一个数据流进行数据传输，即一个文件作为一整块进行顺序传输，这样在传输一个大文件时，它的速度就会受到影响；而 bbFTP 可以很方便地采用多个 TCP 流在客户和服务器之间传送文件，对于大文件，它把文件分成多块，每一块在一条数据连接上传输，双方利用多数据连接并行传送文件的多个分块，这在负载的广域网上要比单流 FTP 具有更高的性能，同样 bbFTP 可以在运行时对数据流个数这个参数进行动态调整。再次，安全性上，普通 FTP 的一个主要问题是用户名和口令在网上明文传送，而 bbFTP 可提供加密用户名和口令、SSH 验证、证书认证等多种模式，避免了未授权用户对文件非法访问。最后，普通 FTP 一次提交一个命令，而 bbFTP 一次可提交多条命令，且一条命令执行出错，bbFTP 能自动出错重试，并且一条命令出错不影响下面命令的继续执行。此外，同普通 FTP 相比，bbFTP 还有 RFIO、定制超时时间等特有的功能。

在使用方面，与 FTP 和 SSH 服务不同，bbFTP 不是和系统集成的，需要用户在两台机器上分别安装客户端和服务器，这样才能在两台机器间进行数据传输。一般情况下，服务端安装在文件所在的机器上，客户端通过 bbFTP 协议访问服务器，下载所需的文件。

6.2.2 bbFTP 的安装

bbFTP 服务的使用，需要分别安装客户端和服务端。客户端安装比较简单，可以下载相应版本的 RPM 包直接安装，或下载源码编译安装。

服务器的安装相对复杂点，在安装使用过程中，需要注意以下几点。

(1) 安装 bbFTP 服务端时，需要确认机器上是否有 OpenSSL 服务，要是没有需要事先安装，客户端没有此要求。

(2) 在默认情况下，服务端和客户端的安装文件都放在系统目录下，如果有需要，则用户可以自行制定安装目录，在执行配置脚本时指定安装目录：./configure --prefix=指定目录。

(3) 要求 bbFTP 支持 RFIO 协议和 AFS 文件系统认证，需要在执行配置脚本时显式指出：./configure --with-rfio=/usr--with-afs=/usr。

(4) 服务端进程用 root 权限启动，注意确保服务日志和系统日志一起。

(5) 开启防火墙，保证 bbFTP 正常工作，开放的端口有 5020~5040。-A RH-Firewall-1-INPUT -p tcp -m state --state NEW -m tcp --dport 5201 -j ACCEPT。

bbFTP 主要用于广域网上传输大文件，最好不要用于局域网传输小文件。实验证明在局域网上传输小文件会引起 bbFTP 的并发流挂起，导致服务工作不正常。

6.2.3 bbFTP 的选项命令

bbFTP 的选项很多，主要分为两大类：描述 bbFTP 的连接方式和控制命令的行为，有连接选项、协议选项和行为选项，而命令分为文件相关的命令和行为命令。

6.3　可靠文件传输

可靠文件传输(reliable file transfer，RFT)是 Globus Toolkit 的一个服务，对外提供控制和监控用 GridFTP 服务器的基于 Web Service 的接口。客户控制的传输宿主在一个网格服务中，所以可以用软状态模型进行管理，用服务数据接口进行查询。随着网格用户对 RFT 的使用，RFT 服务也在不断提高，在 GT5 中 RFT 采用并发技术提高性能，尤其体现在大量小文件的传输上。

传输文件的百分比用服务数据表示，有两种计算百分比的方式，一种用性能标记(performance marker)，另一种用重开始标记(restart marker)。性能标记和重开始标记都是 GridFTP 服务器给出的检查点，表示多少数据已经实现传输。性能标记中包含有性能信息，重开始标记用来从该检查点处重新开始传输，重开始标记是在传输过程中获取的。在可靠文件传输的图形用户界面中，用户可以看到两个面板，进度条显示已经传输文件的百分比。

6.3.1　可靠性含义

可靠文件传输服务是一个在可靠方式下传输字节流的服务。在这里，可靠性的含义是，如果传输过程中出现问题的次数小于一个由用户定义的特定值，系统将自动进行处理，要么自动恢复传输，要么导致最终的失败。其中的问题是指连接断开、机器重启动、临时网络故障等随着时间的推移可以恢复的故障，而 URL 错误等永久故障只能导致彻底失败。

可靠文件传输服务建立在 GridFTP 的客户端库上，所以它集成了 GridFTP 的特点，避免了原来出现故障之后需要从头开始重新传输的缺点，它将传输状态以永久方式存储，当出现故障时，可以从永久存储中获取传输状态，并从故障中断的地方继续开始传输。

6.3.2　组成结构

可靠文件传输服务包括客户控制 GUI、直接控制 GUI、性能图形 GUI、可靠文件传输服务、GridFTP 传输客户端、网络记录器(netlogger)、传输数据库等几个部分，其结构如图 6-2 所示。

可靠文件传输服务接收来自客户控制 GUI 的传输请求。传输服务是多线程的服务，在预先定义的端口上监听，客户用 XML/SOAP 提交传输请求。客户端的实现独立于程序设计语言，可以用任何程序设计语言实现，不过一定要理解 XML 语义。该服务通过跟踪所有的传输过程实现可靠传输。它可以接收从客户控制 GUI 发来的一批传输请求，并把这些请求存储在传输数据库中。多个传输可以同时进行，该服务调用传输客户端启动第三方传输。出错恢复是该服务的关键机制，服务启动客户端开始传输后，如果客户端返回一个致命的错误，如源 URL 和目的 URL 错误或无效等故障，说明传输无法进行，服务将不再启动传输；在返回非致命错误的情况下，服务将重新启动传输，并从失败之前的断点接着进行。它能够进行的最大重新传输次数可以通过配置设定，这个次数可以是一个确定的数字，也可以是无限次，能够永远尝试重新开始传输。

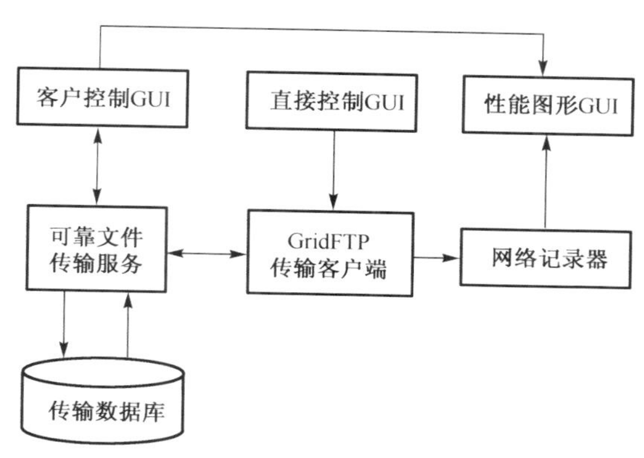

图 6-2 可靠文件传输服务结构

传输控制 GUI 用来向服务提交传输请求，同时接收来自服务的状态更新信息，并把状态显示给用户，让用户知道当前的传输状态。该 GUI 已经实现了一个动态更新传输状态的事件框架。用户可以通过该 GUI 提交一组传输请求，指定并发传输多少个文件，并给传输集合取一个友好的名字。传输控制 GUI 的一个重要特征是可以动态链接到不同机器的不同服务器上，监控提交到这些服务上的请求。用户也可以从这里取消任何一个传输。

传输客户端是真正执行传输的模块，由传输服务建立并开始第三方传输。随着传输的进行，传输客户端连接到数据库，每隔 5 秒钟在数据库中保存一次重新启动标记。出现故障之后，服务从最后存储的标记恢复传输，而不是从头开始重新传输。传输客户端也向网络记录器发布性能标记。

直接控制 GUI 用来调整一个活动传输的并行流数目，也可以为活动传输调整 TCP 缓冲区大小。具体的做法是：停止目前的传输，断开连接，然后用新设定的并行流数目和新的 TCP 缓冲区大小打开新的连接，从断点开始继续进行传输。用户可以通过多次尝试找到最佳的 TCP 缓冲区大小和并行流数目。

性能图形 GUI 可以显示吞吐率和时间之间的性能图。它使用户可以可视化监控活动传输的过程，也可以获取活动传输和已经完成的传输的性能信息。用户可以更改图形的大小，选择合适的观看效果。

网络记录器存档来自传输客户端发布的性能标记，并把这些信息提供给性能图形 GUI 显示出性能图形。

传输数据库中存储所有的传输状态，并在出现故障之后把这些状态信息提供给传输服务使用，可以使用的数据库有 PostgreSQL 和 MySQL。以 PostgreSQL 为例，数据库用来存储传输状态，允许传输失败之后重新从存储的状态处开始传输。访问 PostgreSQL 的接口用 JDBC 实现，所以可以使用任何支持 JDBC 的数据库管理系统。

6.4　副 本 定 位

副本定位服务(replica location service，RLS)是网格环境中数据管理服务的一个组成部分。RLS 维护从逻辑数据名字到目标数据名字的映射信息，并对外提供这些信息。RLS 在本地副本目录中维护一致的本地状态，在本地目录中维护任意逻辑文件名和本地存储系统上与这些逻辑文件名相关联的物理文件名之间的映射信息。RLS 是个分布式注册结构，由分布在不同站点的多台服务器构成。通过分布式的副本信息注册，可以提高系统的扩展性，映射更多文件名和物理存储系统的信息。RLS 在网格数据管理系统中，支持单点失败。在需要的情况下，RLS 可以单点部署。

此外，在 Globus Toolkit 4.0 的发布版本中，RLS 提供了更高级别的服务，利用 Globus 的 RFT 复制文件的同时，将新的副本注册到 RLS 中。

副本的定位是根据唯一的逻辑标识符确定相应的一个或多个副本的物理位置。这个逻辑标识符是要访问的数据内容的唯一标识。RLS 是一个维持副本物理位置访问信息并提供这些信息查询的系统。RLS 并不是一个完全独立的服务，而是网格中数据管理框架中的一个组成部分，它和 GridFTP、文件传输服务、可靠副本服务、元数据服务及其他数据管理服务一起工作，为网格中的数据管理提供更好的支持。RLS 提供数据版本管理、主副本管理、工作流管理和面向应用的数据管理服务。RLS 在网格数据管理中的位置及与其他组成部分之间的关系如图 6-3 所示。

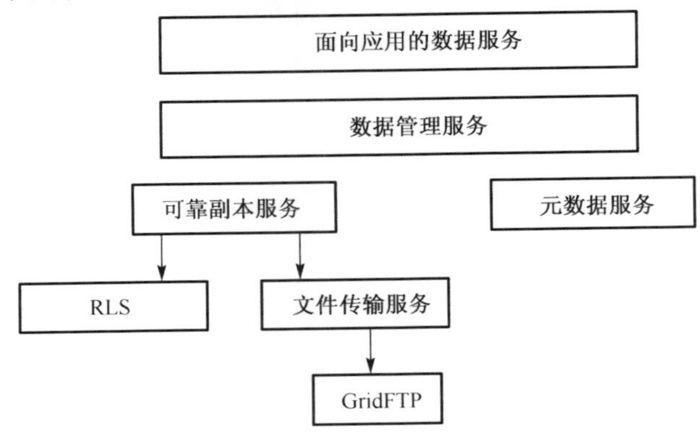

图 6-3　RLS 在网格数据管理中的位置及与其他组成部分之间的关系

6.4.1 RLS的几点要素

副本定位服务(RLS)的文件名分为逻辑文件名(logical file name，LFN)和物理文件名(physical file name，PFN)两种。逻辑文件名是要访问的数据内容的唯一逻辑标识符。副本定位服务的功能就是根据给定的逻辑文件名确定其对应的一个或多个物理副本的位置。每个物理副本都要由自己的名字——物理文件名来标识。同一个逻辑名对应的多个物理文件的名字各不相同。物理文件名可能是一个GridFTP的URL，清楚地记载了文件在存储系统上的物理位置。

逻辑文件名的唯一性指在一个虚拟组织内要唯一，在虚拟组织范围内用逻辑文件名来表示要访问的数据内容。虚拟组织内要实现一种策略，使用户能够知道自己要访问的数据内容具有什么样的逻辑文件名。

通过高能物理实验和气候应用的实际使用，决定了RLS的几点要素。

(1) RLS中的数据是只读的，能够不断升级，并且具有版本管理机制。一个数据文件几乎不用后续的更新或更新很少。通过赋予数据不同的版本，可以表现数据的修改，体现最新数据的情况。

(2) RLS系统具有扩展性，它至少能扩充到有几百万个副本节点，包含多达5000万个逻辑文件和5亿个物理文件及其副本。系统必须能够处理每秒1000个查询和2000个更新，平均响应时间低于10ms，最大查询时间不超过5s。

(3) RLS必须保护数据隐私，保证数据位置和存在性内容的完整性。RLS不必提供所有可获得副本的完全一致性。

(4) RLS中没有单点故障，只有在所有的节点都不可访问的情况下，才导致整个服务不可访问。

6.4.2 Giggle框架

Giggle(for GIGa-scale global location engine)是Globus和欧洲数据网格(EDG)项目共同建立的一个构建副本定位服务的框架。在Giggle看来，在广域网计算机系统中，常要创建一个数据文件的远程只读副本，这样可以降低访问延迟，改善数据局部性，保证分布式应用的质量，提高执行效率和性能。Giggle是为分布式环境提供这种功能而开发的一个可扩充副本定位服务。

Giggle框架建立在本地副本目录(local replica catalogs，LRC)和副本位置索引(replica location indices，RLI)的基础上。基于两者的不同关联关系可以构造不同结构的副本信息结构。

本地副本目录维护单个节点上的所有副本信息。它能够把任意的逻辑文件名映射为相应的物理文件名。本地副本目录支持不同需求的查询，可以根据一个逻辑文件名发现与该逻辑文件名相关联的物理文件名；反过来，根据一个物理文件名发现与此物理文件名相关联的逻辑文件名。

本地副本目录可以提供本地的所有副本信息，响应查询本地副本信息的请求，但是还会遇到查询多个节点上副本信息的情况，这时只依靠本地副本目录不能支持多节点上的副本信息查询。为了能为网格环境下的数据访问提供更好的服务，还要建立附加索引结构来实现跨节点的查询。

Giggle 中的副本位置索引就是在本地副本目录的基础上建立的，它可以提供跨节点的副本信息查询。Giggle 框架可以构造一个或多个副本位置索引来实现这个功能，每个副本位置索引包含一系列“逻辑文件名和本地副本目录指针对”条目。

图 6-4 是一个只有两层的副本定位服务(RLS)结构，上层都是副本位置索引(RLI)，下层都是本地副本目录(LRC)。图中的 RLI2 索引了所有的 4 个 LRC，因此从 RLI2 就可以查到所有域名空间的副本信息。RLI1 和 RLI3 只索引了 4 个 LRC 中的部分 LRC，因此从这两个 RLI 只能查到域名空间的一个子集。

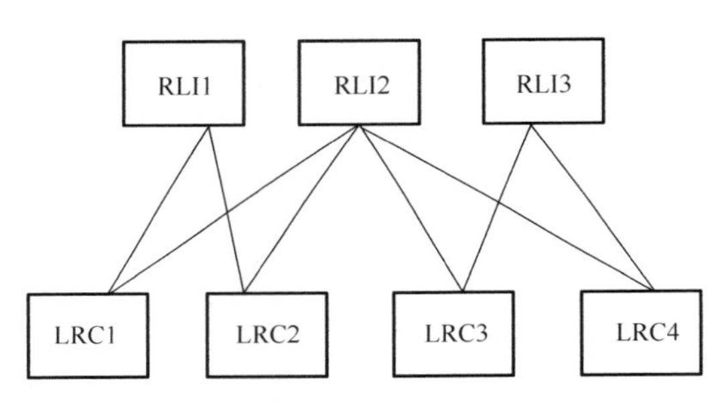

图 6-4　副本定位服务(RLS)的两层结构

RLI 中索引 RLI 可以构成多级层次结构，图 6-5 就是一个层次结构的简单例子。从图中可以看出，顶部两层相互冗余，可以根据命名空间区分 LRC 和 RLI 的状态更新。

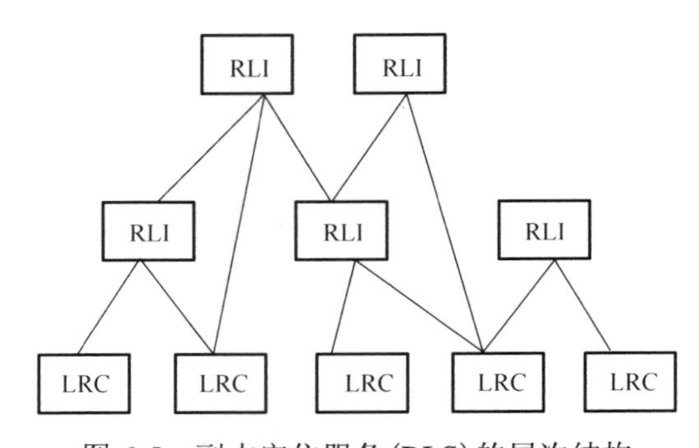

图 6-5　副本定位服务(RLS)的层次结构

可用一个六元组(G，PL，PR，R，S，C)描述一个副本定位服务(RLS)的特点。G是RLI的数目，PL是划分逻辑文件名空间的函数，PR是划分副本节点名字空间的函数，R是索引空间的冗余度，S是决定什么时候发送什么LRC信息的函数，C是发送之前压缩LRC信息的函数。

在GT5中，副本定位服务采用了压缩技术，旨在减少本地副本目录和副本位置索引间状态的更新。Bloom filter算法是一个位图，记录了本地副本目录的内容，本地副本目录通过哈希算法申请每个注册在本地副本目录中的逻辑名，根据申请结果在位图上相应位置置位标识。

6.5 FTS

文件传输服务(file transfer service，FTS)是gLite的数据管理服务的重要服务，FTS与6.3节中介绍的Globus的RFT很相似，它们都向客户端提供了运行在tomcat5下的Web Service的接口。Web Service接口在数据库中存储传输状态，这些接口作为服务的单点入口。图6-6显示了文件传输服务的组成。

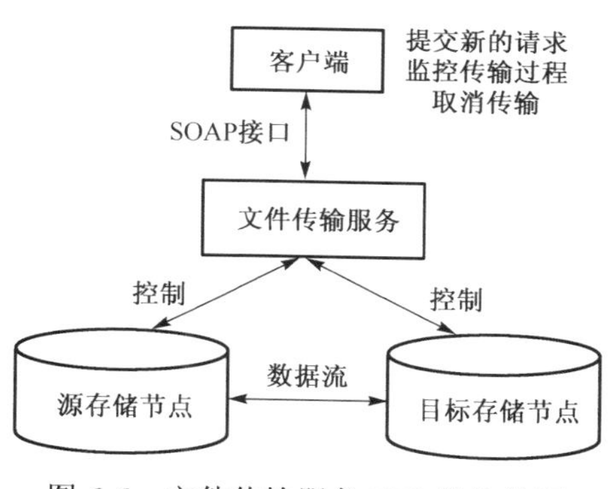

图6-6 文件传输服务FTS的结构图

从图6-6可知，FTS的数据传输主要在两个存储节点之间进行，是相对底层的数据传输服务。此外，FTS也提供了异步大文件传输的接口，利用第三方的GridFTP或SRM copy进行数据传输。一般情况下，FTS部署在具有大数据量传输的站点上。

FTS有两个重要的结构化概念：通道和代理。二者相互协调支持不同的角色的认证。

6.5.1 通道

通道在FTS中是一个抽象的概念。通道映射着一个站点的存储节点到另一个站点的存储节点。每个通道独立管理，可以停止、启动、延长等，并且拥有专门的传输参数，如并发传输的个数等。针对一个专有的虚拟组织，可以设置共享通道，允许在虚拟组织上改变优先权。

在高能物理应用中，通道在具体的站点上常映射成一个生成系统上的专有网络管道。通道可以用符号表示，如用*号表示任何站点或表示成某个站点，甚至可以用*到*表示最后使用的默认通道。

6.5.2 代理

FTS 代理负责管理传输请求的部分工作。代理分为两种，通道代理和虚拟组织代理。代理以后台进程执行不同的任务集，每个任务在代理的不同状态下执行，如图 6-7 所示。

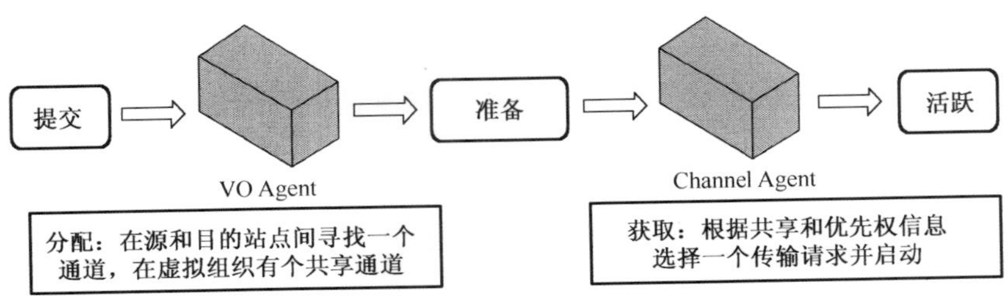

图 6-7　代理的不同状态

虚拟组织代理管理某个特定虚拟组织的传输请求，最基本的任务包括请求授权和请求通道分配。然而，钩子的存在为虚拟组织代理与目录交互带来了便利，通过钩子分配传输的优先权或是执行任何其他虚拟组织的特殊任务。

一旦作业提交到一个通道，通道代理将启动并监视作业相关的传输(在必要情况下，应用重试策略)。通道代理确保在不同的虚拟组织间对传输请求的负载均衡。需要注意的是通道和虚拟组织代理可以从 FTS 的 Web Service 运行在不同的机器上。

6.6　PheDex

CMS 实验室是建设在瑞士日内瓦欧洲核子研究中心的大型强子对撞机的四个实验之一，该实验每年产生 5PB 的数据，并通过广域网分布到世界各个合作站点，为全球的高能物理学家共享。PheDex(physics experiment data export)的出现正是为管理如此海量的数据，为 CMS 实验的全球合作组提供网格数据共享的平台。早在 2004 年，PhexDex 的概念被提出，要求系统是一个稳定、可靠、可扩展的系统，能够传输超过 67PB 的数据，处理多于 6200 万次传输请求。PheDex 采用简单的机制实现每次请求数千个文件传输，这些传输请求存放在一组特有的代理中，逐个处理。可靠性体现在每个文件传输结束后都做检查，鲁棒性表现为当大量错误发生时智能退让。

PheDex 在整个 CMS 服务组中处于松耦合状态，并与其他服务有机整合。CMS 组没有一个单一的开发框架来涵盖它所有的计算需求，相反，每个服务组件都是完全独立的开发小组，他们各自选择开发语言、开发库和实现方法。CMS 的元数据目录服务数据集订阅服务，既为物理学家提供数据的订阅，也是 PheDex 获取数据存储位置的有效工具。

CMS 组的实验需求为：①实验数据从 Tier-0 传到 Tier-1 中心站点并永久保存；

②监控和管理数据。为了满足这些需求，PheDex 提供了基于 Web 的数据管理服务，网格用户可以通过 Web 图形界面提供相应的数据请求。

6.6.1 PheDex 的结构

PheDex 的设计主要依赖于目前广泛使用的核心工具和服务，这些工具和服务广义上分为存储管理和传输工具。

存储资源的管理主要采用 SRM(storage resource management)，SRM 提供了对所有存储资源的统一访问接口。SRM 的客户端访问文件时使用存储 URL(SURL)，SURL 由存储资源的主机名和一些可标识资源的信息组成。SRM 的服务器端返回给客户端的是传输 URL(TURL)，TURL 指出文件的临时位置和存储协议。

点对点的数据传输工具很多，GridFTP 是广域网的数据传输的主流工具。这些传输工具的主要接口是 globus-url-copy 和 srmcp。PheDex 作为传输工具，同样采用了很多本地站点数据传输和磁带管理的命令。各种不同的传输工具以插件的形式整合到 PheDex 服务中，用户可以根据需要进行配置相应的底层传输协议。

PheDex 在结构上设计成分层结构，和 OSI 结构很相像，旨在提高系统的鲁棒性。各种数据管理工具的使用经验表明很多操作和工具都是不可靠的。为了更好管理和封装这些不可靠的工具和系统，确保运行在更加健壮的状态，PheDex 需要建立一个可靠的数据传输系统。从图 6-8 中可知，PheDex 结构中最底层的可靠性最差，从下往上，可靠性逐层增强。

副本管理
基本订阅单分配文件 决定最近/最佳副本传输 基本需求的更加网格化全球副本管理

数据集/批量传输
大文件传输监控，监视站点传输进度 激活和取消批量传输 动态改变传输路由，减少出错 自动接收对现有数据的文件和批量传输请求

可靠路由，或多跳传输
在传输链上，高效率的任务移交 管理磁带聚合和迁移

可靠的点对点，或单挑传输
错误修复和重传

不可靠的点对点传输和技术
srmcp，globus-url-copy，lcg-rep，dccp SRM，gsiftp，dCache

图 6-8 PheDex 的分层结构

此外，PheDex 允许站点管理员在本地维持本地信息，这样保证了更多的本地文件管理，减少了网格文件管理的复杂度。但是这种结构意味着当删除操作发生时，存在本地和网格信息的数据不一致性的隐患。不过这种情况是可控的，因为在高能物理的计算环境中很少出现前向删除数据的情形，即使是过时的数据，也很少删除。问题更大的是硬件错误造成的数据丢失，出现这种情况时，PheDex 当前主要是通过关闭和本地管理员的交互操作，快速解决错误。

为实现简单的信息传输，PheDex 采用信息黑板的结构，存储着传输的状态信息。目前，信息黑板采用单点的高可用性的 Oracle 数据库存储所有的传输信息和状态信息。在数据库中存储的信息为用户提供了一个可靠的通信机制。信息追踪当前分布式系统上感兴趣的文件列表，关于系统中各节点有用的元数据信息（名字，路由信息）和更高级别的订阅信息等。同时，这些信息还记录了当前点对点传输的状态，用索引结构维持全局副本在整个分布式网络的映射表。

PheDex 服务的代理组件只在高级别中定义，代理将很多底层公共的功能进行封装，如连接数据库、处理作业队列等功能。在 PheDex 服务项目启动时，就做了一个很明确的决定，将数据库访问和核心信息传递封装成一个工具包，而不是提供覆盖数据的服务。

6.6.2　PheDex 的运行

目前，PheDex 不仅在 8 个大的 CMS 中心已部署，在其他很多小规模站点上也已推广。PheDex 管理不同存储资源间数据传输，有 SRM、gsiftp 服务、dCache、Castor 和 Enstore 等。广域网的传输主要用 globus-url-copy 和 srmcp。

PheDex 规定所有的站点都可以下载数据，部分站点允许上传数据。到现在为止，最大的问题就是底层存储和传输技术的管理问题。虽然 SRM 在一定意义上是一个标准协议，允许底层做些改动，如安装和升级等，但实际应用中会引起很多问题，从而导致很多传输失败。

网络带宽是另一个需要继续研究的问题，随着实验对数据需求的增大，会对网络带宽提出更高的要求。同时网络的稳定性也很关键，平均情况下，三分之一的网络瘫痪，还要保证系统能够正常工作。目前这种性能，已经得到证实，主要归功于 PheDex 分层的结构设计。

6.7　BES 数据传输系统

BEPCII 的成功改造和北京谱仪 BESIII 的成功升级，使五年之内产生的原始数据、重建数据和蒙特卡罗数据将超过 5PB。存储和管理如此庞大的数据需要海量存储环境和相应的数据管理系统的支持。中国科学院高能物理研究所计算中心从 2003

年开始引入欧洲核子研究中心(CERN)开发的 CASTOR(CERN advanced storage manager)，自主集成和开发了基于异构介质的分级存储系统 GRASS(grid-enabled advanced storage system)，将磁盘、磁带等不同存储介质通过高速网络整合成一个透明的逻辑存储池，实现对海量数据的分级存储管理(hierarchical storage management, HSM)和透明访问。

BES 网格数据传输系统主要解决 BESIII 数据在广域网上方便高效的共享问题。合作组成员需要从广域网上下载 BESIII 实验数据，并提交到其他站点的模拟作业，产生的结果也需要自动地上传注册到中国科学院高能物理研究所。系统主要包括两大模块：文件预留和数据传输。本系统还可以用于直观展示海量数据，存放在各种介质下的数据以目录树的结构显示，用户不需要了解各种存储技术，便可轻松完成操作。

6.7.1 主要特性

BES 网格数据传输系统，可以满足海量数据分级存储系统在访问性能、数据共享和可用性、可扩展性等多方面需求，主要有以下几个特性。

(1) 使用灵活：为了满足不同的用户群，系统实现命令行形式和 Web 形式，即客户机/服务器(C/S)和浏览器/服务器(B/S)。

(2) 可靠的数据传输：利用 OpenSSL 的公开密钥的加密技术(RSA)来作为用户端与服务器端在数据传输时的加密通信协定。

(3) 新颖的用户管理模式：系统用户登录不采用传统的用户注册→激活→登录的模式，而是采用 AFS 账号认证，实现与整个高性能计算集群环境的有机整合。这样对系统管理员来说，可以省去用户管理这一繁琐的工作，同时相对用户而言，无需注册，方便快捷。

(4) 界面友好：海量数据采用图形化接口直观展示；图形化操作界面具有简明、方便、快捷、实用性强等特点。

(5) 实时监控：对系统的数据传输和各站点的链路状态实时监控，做到实时掌控系统的各性能参数。

6.7.2 组成结构

BES 网格传输系统，实现命令行形式和 Web 形式。命令行形式实现，类似 Linux 系统的固有命令，操作简单。用户根据需要指定命令参数，完成相应功能。Web 形式主要基于 Structs+Hibernate+MySQL 框架开发的。涉及的关键技术有：①采用 AFS 用户登录认证。实现与整个集群环境的有机整合；②Ajax 技术的使用。利用 DOM 实现动态显示和交互，实现异步数据读取；③自定义分页。通过重写 GRASS 文件显示命令，自定义分页，解决文件数目太多，Web 请求处理慢的问题。

BES 数据传输服务主要包括两大模块：文件预留和网格数据传输。文件预留功能主要为中国科学院高能物理研究所计算中心的海量分级存储系统 GRASS 提供服务，改进 GRASS 系统的数据迁移功能，实现面向用户的数据迁移，便于高能物理的科学家根据自己的需求，将访问频率高的数据存放在磁盘，即使在磁盘空间有限的条件下，也不会将这些文件迁移到磁带库中，从而提高用户访问数据的速度。网格数据传输主要是为存放在高能所的 BES 实验数据提供共享平台，其他合作站点，可以通过一定的认证机制订阅 BES 数据，将数据下载到本地，从而提高物理实验的计算效率。本系统还可以用于直观展示海量数据，存放在各种介质下的数据以目录树的结构显示，用户不需要了解各种存储技术，便可轻松完成操作。

文件预留模块主要为中国科学院高能物理研究所计算中心的 GRASS 分级存储系统提供服务，改进 GRASS 系统的数据迁移功能，实现面向用户的数据迁移，提高用户访问数据的速度。该模块的结构设计如图 6-9 所示。系统根据用户指定，对 GRASS 中的数据进行预留，并将文件预留信息保存在服务器端的 MySQL 数据库中，同时在服务器端定时运行预留列表生成模块，生成文件预留列表。预留列表的信息包括预留对象名称(文件名、数据集名和磁带号)和预留时间(以天为单位)。

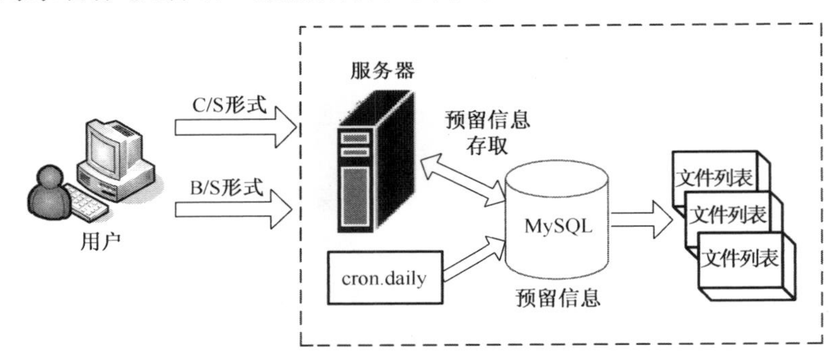

图 6-9　文件预留模块的结构图

网格数据传输支持单个文件、多个文件和数据集的多流传输。其中，数据集是指高能物理计算中，通常将物理作业涉及的一批固定的有物理意义的文件集合。网格数据传输主要是基于 bbFTP 协议进行数据传输。该模块的主要结构如图 6-10 所示。

组件说明包括以下几个方面。

(1) 中心站点：中国科学院高能物理研究所，包括 GRASS、Lustre、bbFTP 服务器、信息黑板、请求提交/批准和监控界面。

(2) GRASS：中国科学院高能物理研究所的分级存储管理(HSM)系统，存放在磁带库上的所有 BES 数据。

(3) Lustre：中国科学院高能物理研究所的分布式磁盘文件系统，存放中国科学院高能物理研究所用户分析作业需要的源数据和计算结果。

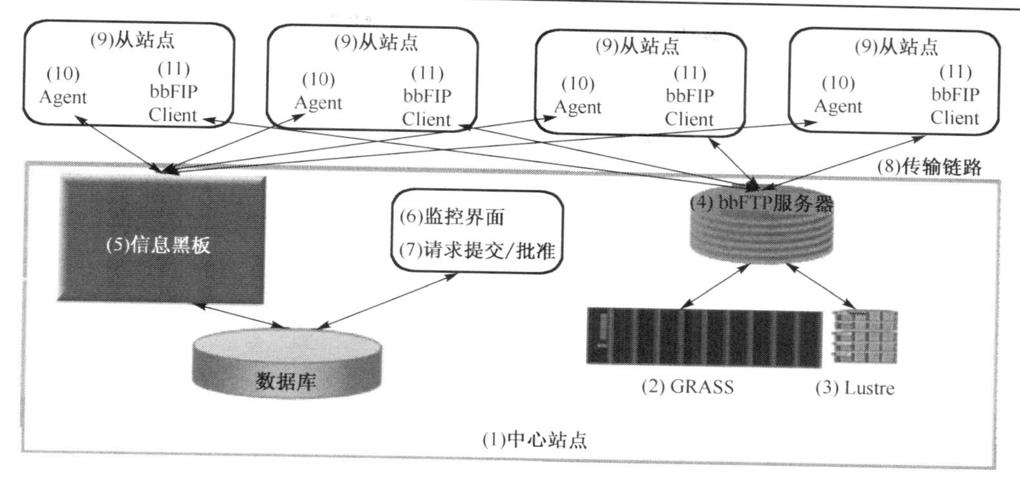

图 6-10 数据传输模块的结构图

(4) bbFTP 服务器：将 GRASS 和 Lustre 中数据 mount 到本地，作为数据服务器提供给其他站点。

(5) 信息黑板：提供所有数据集的信息，数据传输请求信息，数据传输状态，传输链路历史信息和系统实时信息。信息黑板，主要是采用 XML-RPC 技术实现访问数据库的 Web Service，便于每个站点 Agent 访问。

(6) 站点 Agent：每隔心跳时间通过 XML-RPC 接口从中心控制器的信息黑板获取该站点的传输请求列表，底层调用 bbFTP 的接口，处理传输请求；统计每一个传输请求的完成情况，通过服务器端开放的 XML-RPC 接口更新信息黑板；监控站点和传输链路状态，通过服务器端开放的 XML-RPC 接口更新信息黑板。

(7) 安全认证：目前 bbFTP 服务器与客户端之间采用用户名/密码认证的方式，为了保证站点 Agent 能够安全地得到传输密码，采用 OpenSSL 技术，通过每个站点的公钥加密传输密码，由站点 Agent 通过私钥解密。

(8) 传输权限管理：由于站点的存储资源有限，系统需要提供对传输请求的控制功能。并不是每个客户端都可以执行具体的传输请求，系统中为每个站点设置管理员，只有通过站点管理员批准的请求列表才能被执行。

6.7.3 实际应用

BES 网格数据传输系统已经建立了以中国科学院高能物理研究所为 BES 实验数据的中心站点，其他合作单位为子站点的数据共享平台。目前，已在中国科学院网络中心、中国科技大学等单位的网格站点上成功部署，投入运行，并易于扩展至其他站点。

图 6-11 中标记的两个站点分别为中国科学院网络中心和中国科技大学，目前两

站点运行正常，实现与中国科学院高能物理研究所中心站点的数据安全、稳定传输。由于广域网传输带宽的限制，各子站点到中国科学院高能物理研究所中心站点的传输吞吐量为大于 10MB/s，该性能基本满足用户需要，但还需要对数据传输性能的提高做进一步研究。

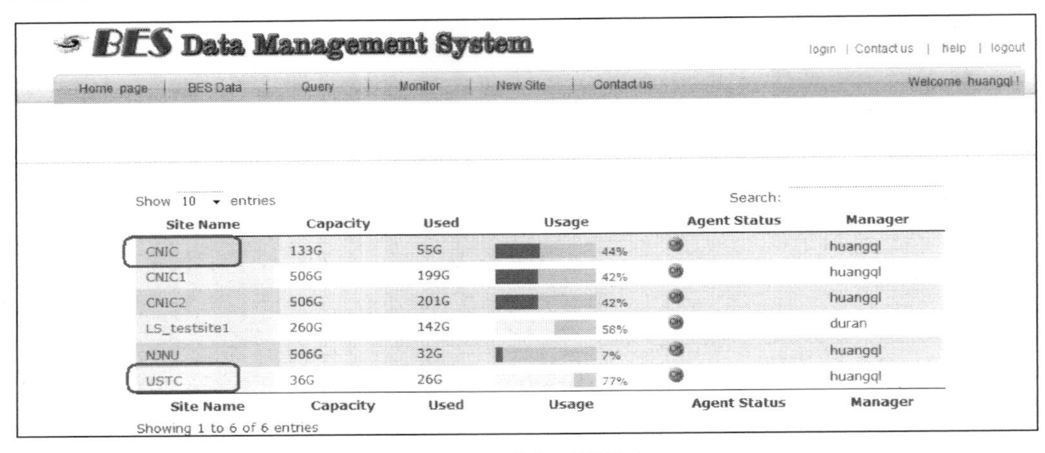

图 6-11　站点运行状态

作为国家网格平台上的 BESIII 实验计算环境的数据管理模块，已经实现与大规模作业管理模块的整合，保证子站点用户的生成数据成功传输回中国科学院高能物理研究所。

6.8　本 章 小 结

本章主要向读者介绍了各种数据传输技术，有 GridFTP、bbFTP、RFT、FTS 和 PheDex 等。其中，GridFTP 对标准的 FTP 协议进行了扩充，该协议具有对 GSI 和 Kerberos 提供支持，因此在网格数据传输中得到广泛的应用。bbFTP 实现了 RFC 1323（TCP 高性能扩展）中定义的“大窗口”和支持多文件传输流等，使之更适合传输大文件。PheDex 传输协议主要用于 CMS 实验，而 BES 数据传输系统基于 bbFTP 协议，主要用于 BES 网格数据传输。

参 考 文 献

黄秋兰，朱随江，程耀东，等. 2011. GRASS 文件预留系统的设计与实现. 核电子学与探测技术，31(9)：969-972.

Allcock W, Bester J, Bresnahan J, et al. 2003. GridFTP: Protocol extensions to FTP for the Grid.

Global Grid ForumGFD-RP, 20.

Aloisio G, Cafaro M, Epicoco I. 2002. Early experiences with the GridFTP protocol using the GRB-GSIFTP library. Future Generation Computer Systems, 18(8): 1053-1059.

BbFTP. 2012. http://doc.in2p3.fr/bbftp/.

BEPCII. 2012. http://www.lssf.cas.cn/bepciizfdzdzj/.

BESIII. 2012. http://bes3.ihep.ac.cn/.

Chervenak A L, Palavalli N, Bharathi S, et al. 2004. Performance and scalability of a replica location service. Proceedings 13th IEEE International Symposium on 2004 High Performance Distributed Computing: 182-191.

Chervenak A L, Schuler R, Ripeanu M, et al. 2009. The globus replica location service: design and experience. IEEE Transactions on Parallel and Distributed Systems, 20(9): 1260-1272.

Chervenak A, Deelman E, Foster I, et al. 2002. Giggle: A framework for constructing scalable replica location services. Proceedings of the 2002 ACM/IEEE Conference on Supercomputing. IEEE Computer Society Press: 1-17.

Kolano P Z. 2013. High performance reliable file transfers using automatic many-to-many parallelization// Euro-Par 2012: Parallel Processing Workshops. Berlin: Springer: 463-473.

PheDex. 2012. https://cmsweb.cern.ch/phedex/.

Rehn J, Barrass T, Bonacorsi D, et al. 2006. PhEDEx high-throughput data transfer management system. Computing in High Energy and Nuclear Physics（CHEP）2006, Mumbai.

RFT. 2013. http://www.globus.org/toolkit/docs/3.2/rft/.

Welch V. 2004. Globus toolkit version 4 grid security infrastructure: A standards perspective. http://www.globus. org/toolkit/docs/development/4.0-drafts/security/GT4-GSI-Overview. pdf.

Zhang J Y, Honeyman P. 2006. Naming, migration, and replication for NFSv4. Ann Arbor, 1001: 4810-4978.

第 7 章

存储资源管理

7.1 简　　介

网格的一个宏伟目标就是让运行作业所需要的计算和存储资源对网格客户端看起来本地化，即客户端只需要登录、认证一次，就可以多次如同访问本地资源一样地使用远程的计算和存储资源。网格的最初目标是实现计算资源的共享(计算网格)，随着众多运行在网格上的应用程序涉及处理大规模的输入与输出数据(对于某些数据密集型的应用程序，其单个作业就需要处理几百 GB 到几个 TB 的数据)，数据网格的概念被提出并强调。因此，存储资源(storage resource)、存储资源管理(storage resource manager，SRM)成为网格体系中的两个重要组件。

SRM 是网格数据管理体系中的核心组件，负责动态的存储空间分配和文件的管理，为网格作业的运行准备好所需的输入文件和存储输出文件的空间。从内容上看，SRM 管理两种类型的资源：文件和存储空间。管理存储空间时，SRM 与请求的客户端进行协商，根据预先设置的配额给客户端分配合适的存储空间并将响应该请求。管理文件时，SRM 为需要写入存储系统的文件分配存储空间，触发底层存储系统所支持的文件传输协议(HTTP/HTTPS/GridFTP/FTP/DCAP/RFIO 等)将文件从存储系统移动到空间里，并且将文件“钉”(即 PIN 操作，与锁不同)在空间里一段时间，以便后续的请求共享。此外，当存储空间紧缺的时候，SRM 动态释放“钉”在空间的已经过期的文件。SRM 屏蔽了底层存储系统的异构性，提供了一个标准的网格数据访问接口。因此其他网格服务通过遵守 SRM 协议的客户端可以透明地访问(上传/下载)存储在各类存储系统、文件系统上的数据。换而言之，任何一个存储系统(dCache/DPM/Castor/Amazon S3 等)或者文件系统(Lustre/GPFS/XFS/ZFS 等)，只要在其顶层实现 SRM 协议层，便被包装成一个标准的网格存储单元(storage element，SE)。

从使用存储介质的差别看，存储系统一般分为磁盘存储系统、磁带存储系统、分级存储系统(磁盘和磁带的组合)。根据所管理存储空间的存储介质的不同，SRM 可分为磁盘资源管理(disk resource manager，DRM)、磁带资源管理(tape resource manager，TRM)，分级存储资源管理(hierarchy resource manager，HRM)。

7.2　SRM

7.2.1　应用场景

SRM的功能可以归纳为存储空间管理和文件管理，以下的三个应用实例能生动地展示SRM是如何提供这两项功能的。

1. 单客户端访问多个文件

假设一个客户端需要访问一系列的文件，为了简化实例，进一步假设客户端需要访问500个文件，每个文件是1GB，这些文件被分布在位于不同站点的存储系统上，客户端也预先知道这些文件的访问路径(访问路径一般包括数据所在的存储系统的主机名，端口号，数据在存储系统中的物理路径)。那么在传统的方法中，客户端可以从目标站点逐个取回每个文件。在这种情况下，客户端需要监控每个文件的传输状态，需要重传传输失败的文件。再进一步假设客户端的可用的本地存储空间是50GB，客户端所需要的文件是互相独立的。因此客户端需要追踪所下载的文件的状态(是否已经完成下载，是否已经被使用过)，以便客户端判断并删除已经被使用过的数据，为容纳新数据腾出空间。

如果使用SRM服务，那么客户端就不必担忧上述的这些琐碎的细节了，而只需要发送一个请求命令，该命令中包含了需要访问的所有文件的列表(列表里包含了所有文件的源路径)。SRM能处理动态的空间分配、文件删除、自动重传。

如图7-1所示，本地的存储空间是磁盘缓存，而远端的两个存储系统，一个为磁盘缓冲，另一个包含磁盘缓存和磁带库。从客户端到DRM的实线表示请求多个文件，而从客户端到磁盘缓存的虚线表示本地的文件访问(打开、读、写、关闭、复制等)。

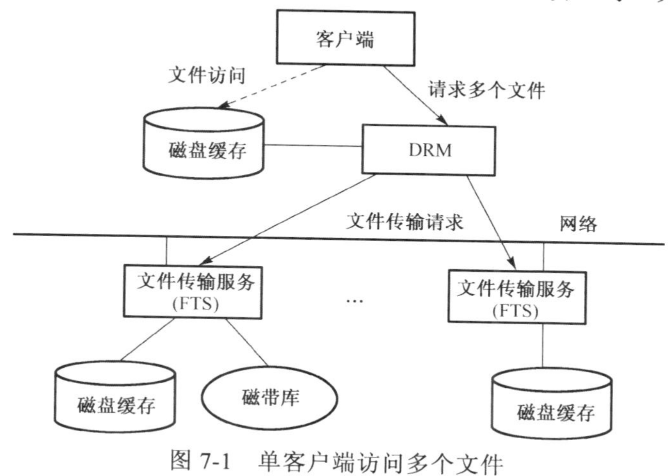

图7-1　单客户端访问多个文件

请求文件列表中的每个文件都通过一个统一资源标识符(uniform resource identifier，URI)来唯一标识。如文件 gridftp://myftp.ihep.ac.cn:2881/data/file1，表示该文件(file1)位于主机 myftp.ihep.ac.cn 的/data/目录下，客户端通过 GridFTP 协议(端口号为 2881)从这个主机上访问该文件。类似地，每个文件都可以用 URI 来唯一定位。此外，请求列表中的文件可以分布在不同的主机上或不同的存储系统上，能使用不同的传输或者访问协议。

在上述实例中，SRM 提供了如下的功能。

(1) 将文件请求进行排队。

(2) 跟踪磁盘缓存中的文件状态。

(3) 为每个写入磁盘缓存的文件分配空间。

(4) 如果请求的文件已经存在于磁盘缓存中，则将该文件打上标记，以免被 SRM 删除。

(5) 如果请求的文件不存在于磁盘缓存中，则触发该文件的传输。

2. 多客户端共享本地磁盘缓存

图 7-2 显示了一个类似于图 7-1 的实例，唯一的区别是在图 7-2 中，多个客户端共享一个磁盘缓存区。这是一种很常见的应用场景，特别是在多 CPU 核的计算节点上，通常每个 CPU 核上独立运行一个作业，每个作业都需要处理大量的数据，而这些数据都被缓存在一个公用的区域中，如/tmp 目录下。这种模式的一个优点是，客户端之间可以在公用区域内共享文件，从而节省了从远端存储系统重复下载文件的开支。当然这种模式只适合只读类型的文件，或者是自从上次读后未被修改的文件。

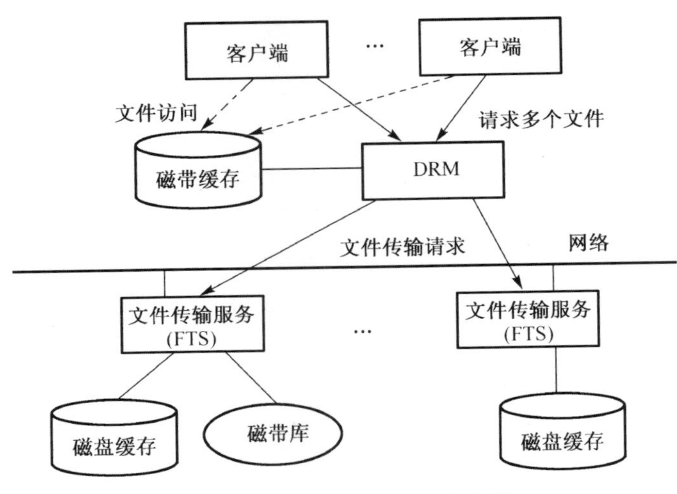

图 7-2　多客户端访问多个文件

在这个应用场景中，有一个重要的概念："钉文件"。"钉"就是像曲别针去别住或钉住几页纸一样，英文称为"PIN"。当一个文件被写入磁盘缓存后，并不能保证这个文件会被一直保留在磁盘缓存区中，因为 SRM 需要不断通过清除旧文件腾出空间来容纳新文件。所以，为了保证某个文件能在一段时间内被保留在磁盘缓存区内，需要将这个文件"别"在缓存区中。同时，也有必要给客户端提供一个"拔出"(即 UNPIN)的调用，这样当客户端不再需要这个文件的时候，就可以通过这个调用从缓存区中"拔出"这个文件，于是这个文件就不会再被区别对待了。另外的一个相关概念是文件的"钉生命周期"，即一个文件可以被"钉"在缓存区的最长时间。当文件被"钉"在缓存区的时间超过其"钉生命周期"时，则会被自动从缓存区"拔出"，这个过程被称为垃圾回收。"钉生命周期"可以避免客户端由于各种原因(非正常终结，忘记"拔出")而无法"拔出"被钉的文件导致共享空间无法正常释放。

被"钉"的文件称为非永久文件，这种文件类型有别于临时文件。临时文件存储在缓存区，在使用完毕后随时都有可能被清除。虽然，非永久文件也被存储在缓存区，但是一旦被"钉"住，除非被客户端"拔出"或者超过了"钉生命周期"，这类文件会一直被保留在缓存区中，具有更高的稳定性。

在多客户端共享缓存区的使用模式下，还有几点需要注意。一是有必要定义每个客户端的配额。配额的管理策略取决于具体的 SRM 的实现，有的采用固定配额(每个客户端具有固定大小的配额)，有的采用动态配额(根据某一时刻同时请求的客户端的数目决定每个客户端的具体配额)。二是保证服务的质量，即避免客户端"饥饿"(相应得不到请求)。三是文件的替换策略。由于缓存区的容量是有限的，所以不可避免要出现新文件取代旧文件的情况，SRM 需要根据各种参数做出先删除哪些文件的决定。在网页缓存领域，有很多成熟的替换算法，但是这些替换算法都没有考虑使用 SRM 重新获得这些文件的代价。

3. PIN 远程文件

当客户端请求一个远程文件的时候，这个文件可能在传输开始之前甚至是在传输的过程中被远程的存储系统所删除。通常，在归档存储系统里，这种情况比较少见，因为这类存储系统中的数据一般都是永久保存的，但是在其他的磁盘存储系统里，由于存储空间的限制，就会经常出现旧的数据被删除以释放存储空间的情况。以高能物理网格 LCG 为例，其各个网格站点按照其存储与计算资源的规模大小以树状分级(tier)的模式组织起来。位于 LCG 网格最顶层的 Tier-0(具有最大的存储空间)会保留所有的数据，因此位于 Tier-0 存储系统的数据是持久、稳定的数据。位于 Tier-0 之下的多个 Tier-1(Tier-1 存储空间少于 Tier-0)各自保存一定比例的数据，这类数据也是持久、稳定的。每个 Tier-1 之下的多个 Tier-2(Tier-2 存储空间少于 Tier-1)会保存来自 Tier-1 的部分数据，根据某个时段作业的需求，这部分数据是需要被更新的

(删除已经被分析过的数据，引入新的数据)。因此当客户端访问这种类型的存储系统的数据的时候，很有可能遭遇所请求的文件已经被删除的“厄运”。

为了避免上述情况，SRM 中的“钉”文件的概念可被同时运用到远程文件上，即请求远程存储系统的 SRM 将文件“钉”在该存储系统上，如图 7-3 所示。图中的远程存储系统都具有 SRM 的接口。

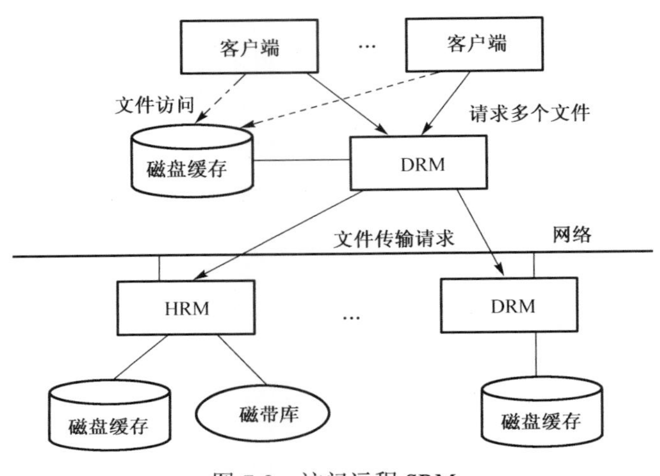

图 7-3　访问远程 SRM

对于每个被请求的文件，SRM 服务会执行如下的操作：①本地的 SRM 为新文件分配存储空间；②本地的 SRM 请求远程的 SRM“钉”住请求的文件；③远程的 SRM 回应已经“钉”住该文件，同时返回该文件的物理路径(文件传输路径)；④本地 SRM 触发文件传输服务；⑤当文件传输成功后，本地 SRM 通知远程 SRM“拔出”文件。

7.2.2　SRM 在网格体系中的定位

网格作业的执行需要各个网格服务的共同协调工作。假设一个用户需要在站点 A 运行他的分析作业。首先，这个用户需要找到该分析作业需要哪些输入文件。用户可以通过查询和应用程序相关的元数据服务器来获得一个文件列表用于分析作业的输入(元数据服务器中定义了各个文件的众多属性，如实验名字、运行序列、软件版本、产生日期等，用户可以针对这些属性形成一个查询条件，从而获得一系列满足该条件的文件)。将这一步称为“请求解析”。这步的返回结果应该是一系列文件的全局逻辑文件名(LFN)。接着，用户需要找到这些 LFN 对应的文件具体存储在哪个物理位置上。因为一个逻辑文件往往存在多个副本，而且每个副本存在于不同的站点的存储系统上。文件的副本，既可能是事先产生的(站点的管理员提前将数据从其他站点复制过来)，也可能是在作业的调度过程中动态产生的(将数据复制到作业被调度的站点上)。在网格环境中,负责保存文件的副本信息的服务称为“副本目录”,该服务将一个逻辑文件名映射到多个物理文件名。每个物理文件名包括该文件所在的数据服务器的主机名,数据访问协议的端口号,文件在数据服务器上的存储目录,文件本身的名字。

在目前的网格系统中,上述的功能都已经从客户端脱离开来了,即网格中存在专门的服务来负责这些功能,如“请求管理器”。“请求管理器”先基于某些策略执行“请求规划”,形成一个“计划”,然后由“请求执行器”执行该计划。这些术语被广泛使用于很多网格项目,如 PPDG、GriPhyN 和 ESG。在请求规划阶段,一般有三种模式:从用户作业移动到作业所需数据存在的站点;将作业所需要的数据移动到作业所在的站点;将作业和作业所需要的文件同时移动到某一个站点。在这些模式中,SRM 发挥了很大的作用。在将作业移动到数据所在的站点的模式中,需要通过 SRM 将这些数据文件“钉”在站点的磁盘缓存中,这样保障了在作业运行前或者运行过程中,该数据不会被删除。在将作业所需数据从源站点移动到目标站点的模式中(将数据移动到作业所在的站点,或者是将数据和作业同时移动到另外一个站点),需要源站点的 SRM 将文件“钉”在磁盘缓存区中,同时目标站点的 SRM 为将到来的数据预留空间。直到数据被成功复制到目标站点后,才将源站点的“钉”住的文件释放掉。SRM 还需要处理各种可能的失败(假设客户端由于种种原因忘记或者失败释放所请求的文件“钉”操作或空间预留),因此空间预留和“钉”文件都不会无限期地持续下去。

各类网格服务通常被层次化。一个通用的网格服务分层模型是将各类服务划分为五个层次:基础层、连接层、资源层、汇集层和应用层。将网格体系结构分层是为了明确服务之间的接口(每一层的服务都能依赖于其下一层的服务所提供的接口)。基础层包括计算资源、存储资源、网络资源、目录服务和应用程序的代码库;连接层包括通信、认证和委任等服务;资源层包括了管理各项资源的组件和协议,如计算资源、存储资源、网络资源、目录资源和请求等。汇聚层包括了副本复制、副本选择、请求规划和请求执行等服务。应用层包含了和具体的应用相关的服务,如元数据查询(通过特定的元数据的属性的查询获得用户感兴趣的数据)。

通常,位于应用层的一个应用程序会发送一个运行作业的请求,该请求被传送到位于汇集层的“请求管理器”。这个“请求管理器”通常包含一个“请求规划期”,能根据从元数据服务器、文件目录服务、文件副本服务和网络监控服务等获得的信息做出最优“计划”。然后这个“计划”被提交给“请求执行器”,“请求执行器”将按照计划联系相应的计算和存储资源,从而实现作业的运行。如图 7-4 所示,计算和存储资源可以位于任何位置,计算的结果将被返回给运行应用程序的客户端。

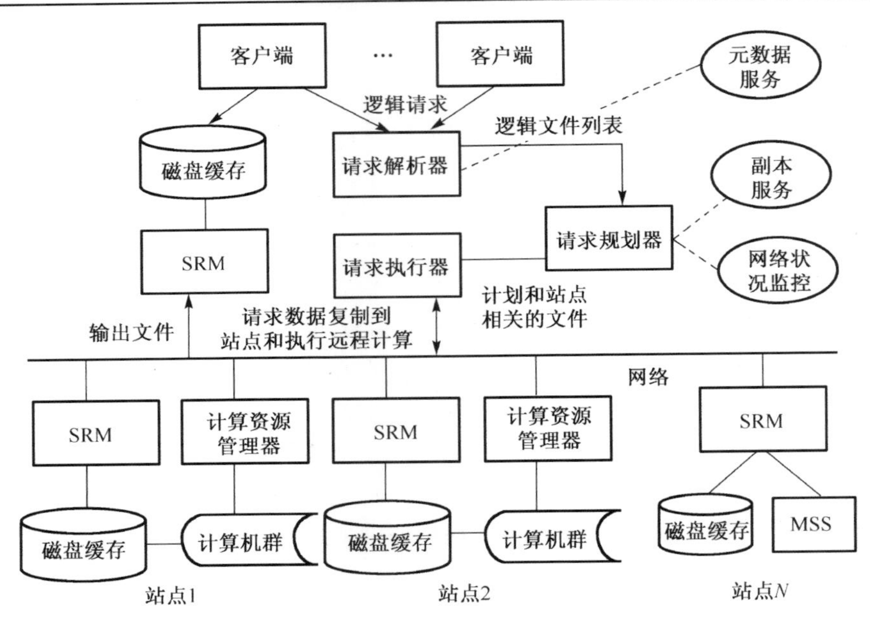

图 7-4　SRM 与“请求执行器”的交互过程

根据图 7-4，SRM 属于资源层。网格组件如“请求执行器”需要依赖 SRM 进行缓存空间分配和文件管理。

图 7-4 同时引入了另外一个 SRM 需要满足的需求。不单是客户端或者客户程序，其他的网格组件也同样需要使用 SRM 服务，因此 SRM 服务需要一种机制报告自己的繁忙状态(是否已经有多个文件请求在排队)，以及支持何种配额策略。同样的，SRM 还需要能提供它所管理的缓存区中已有文件的信息。

将 SRM 归入到资源层的说法有欠准确，因为 SRM 承担了一定的“经纪人”的职责，而这一功能往往是由汇集层提供的。从 SRM 的工作流程看，它能处理一系列的文件请求，如果被请求的文件已经在本地磁盘缓存区中(该文件是永久性文件，或者前面的其他请求将这个文件引入了缓存区)，则 SRM 将该文件的访问路径返回给请求的客户端，否则 SRM 就会联系文件所在的远程的 SRM，请求将文件“钉”在远程存储系统上，在得到远程 SRM 的响应后，触发文件传输服务将文件从远程存储系统传输到本地磁盘缓存中。在上述流程中的最后一步中，SRM 承担的就是“经纪人”的职责(负责从远程存储系统上获得文件，满足本地客户端的需求)。

某些功能，如决定一个站点的存储系统在哪个位置保留存储空间和移动数据到空间，被归纳到存储调度和数据存放服务，这样的服务通常被归置在汇集层。这些功能应该与 SRM 的功能区别开来。换而言之，它们的任务是通过调用 SRM 服务来协商如何保留存储空间，调度数据的移动。

7.2.3　SRM 在网格中的优势

在网格体系中采用 SRM 服务具有六大好处。

(1) 通过按需“钉”文件、释放文件、动态分配空间提供了一种文件共享的方式。一个符合情理的疑问是，既然有了 GridFTP 和 FTP 等数据传输工具，为什么还需要 SRM？SRM 的两大主要功能是动态“钉”文件和分配空间。如果所有空间都是预先分配好的，而且是极大充足的(一个存储系统拥有极大的空间能容纳所有用户的数据永久存储在该系统上)，所有的文件也是永久存在的，那么确实没有必要使用 SRM。但是在现实世界里，磁盘空间是有限的，而数据则可能是无限增长的，而且数据本身也具有使用期限，用过老的数据占据宝贵、有限的存储空间是一件非常不合理的事情，因此 SRM 的存在是必要的。SRM 在资源紧缺或者客户端超过它们的配额的时候，进行配额的管理，对请求进行排队，释放由客户端的老数据所占据的空间(垃圾回收)，为分级存储系统提供缓存管理。分级存储系统中文件的筹备和缓存的管理非常重要，因为用户可用的网络带宽往往是不可预测的。

(2) 使用 SRM 能大大减轻客户端的负担。当存储系统处于繁忙状态时，SRM 能将来自客户端的请求进行排队，而不是直接拒绝这些请求。因此，客户端不需要通过不断的重试来获得建立连接。SRM 不单能对过多的客户端请求进行排队，而且还能基于队列的长度给请求的客户端提供一个粗略的排队时间的估计值。如果客户端绝对需要等待的时间太长了，就可能决定从其他可用的站点请求数据。此外，一个共享的磁盘空间也有可能临时“满”了，需要等待其他客户端的数据被清除，在这种情况下，将来自其他客户端的请求进行排队，比直接拒绝请求更合理。

(3) SRM 能将客户端从处理存储系统的失败中解脱出来。这个特性对于分级存储系统和复杂的海量存储系统的客户端尤为重要。在这些存储系统上，时不时的错误和服务中断是司空见惯的事情。如果没有 SRM，在遭遇这些错误的时候，访问这些存储系统的客户端连接就会被中断，只有重现建立连接才能继续获得数据。这对客户端来说是个非常复杂的工作。特别是对于某些科学应用程序，可能已经在计算节点上花费几个小时分析了部分数据，但是突然出现的存储系统的错误使得整个计算任务被中止，就会造成计算资源的浪费。但是 SRM 能够代替客户端处理这类苦差事。SRM 监控存储系统中文件的筹备(将文件从磁带库迁移到磁盘缓存区)，如果有错误发生，那么 SRM 就等待一段时间，直到存储系统自己恢复过来并开始重新筹备文件。而客户端所看到的只是来自 SRM 的一个较慢的响应，并不知道也无需处理存储系统的错误。SRM 的这一功能在现实世界中非常实用。

(4) SRM 能透明地处理由网络故障引发的错误。SRM 能监控文件传输，当错误发生时会多次重试。SRM 能将这类网络故障错误返回给客户端，因此客户端会根据实际情况决定是否转向其他可用的资源。基于 GridFTP 文件传输协议，网格中有专门负责文件传输的服务，如 FTS。FTS 的优势是能够监控文件的传输，在失败的情况下不断重试，直到文件被成功传输到目标位置为止。因此 SRM 也可以利用 FTS 服务实现更加健壮的文件传输过程。如果缺乏 FTS 这类服务，而只存在 FTP 这类底层的文件传输协议，那么就需要 SRM 这样的服务来保护客户端免受由于网络故障而引发的失败。

(5) SRM 极大地提高了网格系统的运行效率，通过实现文件的共享减少了不必要的文件传输。如上所述，在科学计算的应用中，位于同一个站点的计算任务访问相同的文件是一种非常常见的情况。这种文件访问模式使得 SRM 所提供的文件共享功能更具有意义。SRM 能将热点文件保留在共享的磁盘缓存区中，当有客户端请求文件的时候，先检查是否磁盘缓存区中已经存在该文件，如果存在，则避免了从后端的磁带库系统甚至是远程的其他存储系统上获得该文件的 I/O 和网络代价。当然，要维护一个有限的缓存区和无限的文件请求，SRM 需要用到“替换”算法，用新的文件替换已经存在的利用价值较小的旧文件。“替换”算法类似于缓存算法，是在计算机系统和网页缓存领域被广泛研究的一项内容。但是 SRM 的替换算法的意义更大，因为一次缓存区的“命中”所节省的代价(如上所述，重新获得该文件需要访问 I/O 速度慢的归档系统，如磁带库，或者是经过远程的一个存储系统，需要消耗网络带宽)远高于其他应用中的缓存命中代价。

(6) SRM 能向客户端提供一种“流模式”的文件访问方式。这种“流模式”的文件访问模式有利于减少客户端等待数据的时间。假设一个作业需要处理几百个 GB 的数据，如果把这些数据复制到客户端再开始计算任务，那么首先作业需要等待几个小时甚至更长时间才能开始计算任务(这个对计算资源的浪费极大)，其次计算任务所在的节点上需要有能同时容纳几百 GB 数据的磁盘空间，这对当前计算节点配置是一个挑战。如果客户端将对这些文件的请求交给 SRM，那么 SRM 能一次给客户端提供一部分文件，这样客户端可以先开始这一部分文件的计算工作，而与此同时，SRM 会安排接收更多的新的文件，在新文件不断到达的同时，SRM 决定哪些文件已经被客户端用过了，已经没有了重用的价值，因此删除这些数据以释放磁盘空间。如果是多客户端的模式，则SRM还能根据每个客户端的配额决定如何预留和释放空间。在这种“流模式”下，客户端可以运行长时间的计算任务来处理大批量的数据，提高网格作业运行的效率(对于长作业来说，其额外开销所占的比重减少，计算资源的 CPU 的利用率会提高)。

7.3　文 件 管 理

通常，共享存储系统和文件系统中的文件都具有临时文件和永久文件的概念。永久文件由存储系统或者文件系统划分一块固定的区域给用户，用户自己控制文件的写入与删除。临时文件一般位于一个共享的区域，用户可以在这个区域创建文件，但是文件系统会决定何时删除这些文件，以释放被占用的存储空间。

7.3.1　永久文件和稳定临时文件

临时文件和永久文件的概念也同样适用于网格系统。但是网格系统中，临时文件具有更多的限制条件，即在网格系统中，临时文件不能被任意删除，SRM必须保障临时文件在缓存区中保留一段时间，因此临时文件存在生命周期。一个文件的生命周期是与访问这个文件的用户相关联的。当用户访问一个文件的时候，该文件被赋予了一个生命周期，如果此后还有其他用户访问这个文件，那么这个文件的生命周期会和新的用户关联起来，并获得一个新的生命周期。因此认为一个文件天生是临时的，但是当文件被赋予生命周期的时候，文件就变为稳定临时的了。在SRM的协调下，稳定临时文件能被各个客户端共享，因此从某种意义上，可以认为SRM是这些稳定临时文件的属主，然后从用户角度来看，这些文件还是临时的，只有当SRM授权用户访问这些文件并赋予一定生命周期的时候，用户才有权利访问这些文件。此外，SRM也可以为每个用户产生一个副本，但是这样不利于节省存储空间。稳定临时文件的概念对共享存储空间，存储空间的自动垃圾回收和临时共享文件非常有意义。网格系统中的大部分磁盘缓存都仅用来支持稳定临时文件。

与之相反，永久文件具有很长的生命周期，一般被存储在归档存储系统中，不一定能被客户端共享。与文件系统类似，永久文件只能由其属主删除。

7.3.2　持久文件

在网格应用程序中，还存在另外一种性质的文件，这类文件综合了永久文件和稳定临时文件的双重特性，称为持久文件。类似于稳定临时文件，持久文件也具有生命周期，但是当文件的生命周期超过时，又类似于永久文件，存储空间不会被自动回收。反之，SRM会给客户端或者管理员发送一条通知，告之文件的生命周期已经到期，需要采取相关的措施。例如，SRM会将持久文件移动到一个永久的位置，然后再从缓存区中删除该文件并通知客户端。在网格系统中，持久存储空间往往用来存储由大批模拟作业产生的大量的输出文件，这些输出文件最终需要被存入归档存储系统中。如果没有持久存储空间，那么模拟作业在产生输出文件后，需要和归档存储系统联系，以将结果直接写入归档存储系统。通常这类存储系统构建在磁带库等廉价、读写速度慢的存储介质上，因此过长的I/O等待将大大降低模拟作业的运行效率。一个提高效率的方法就是将模拟作业的结果先输入到I/O速度更快、容量较少的持久存储空间中，然后在文件的生命周期结束之前将文件转移到归档存储系统中。与稳定临时文件类似，当确认文件已经被迁移到归档存储系统后，客户端可立即从磁盘缓存里释放持久文件。

7.4 空间管理

在运行网格作业的“请求计划”和“请求执行”的阶段，需要进行资源的预留，因此存储空间的预留是 SRM 的一个重要特性。此外，在作业运行时，需要在计算节点上预留空间复制作业所需要的输入文件，同时也需要为作业的输出文件预留空间。在空间预留中，也存在一些难点。例如，采取何种预留策略？客户端所请求的空间预留是否受保障？SRM 是否应该忽略客户端所请求的空间预留？如果客户端请求预留了空间，但是长时间不使用该空间该如何处理？

这些问题的答案取决于采用什么样的代价模型。为了支持空间预留，需要给客户端提供一种“票据”或者“能力”，使得客户端能够申请空间。因此进而需要能管理这种“能力”的认证服务，能汇报空间和时间消耗的机制，以及当预留过期后回收空间的方式。

动态空间预留虽然不被普通文件系统支持，但是对于网格中的共享存储空间却是一个重要的特性。例如，在 Linux 系统中，存储空间由管理员(根用户)永久地分配给每一个用户，用户并不能动态地获得或者释放额外的存储空间。与之相反，SRM 支持动态的空间分配和释放。

7.4.1 空间类型

与文件类型相似，被预留的存储空间也被分为三种类型：永久存储空间、持久存储空间和稳定临时存储空间。永久存储空间被赋予一个用户，具有无限期的生命周期，因此这类监控一旦被授予出去，就不能被回收了；持久存储空间的所有权也归用户所有，但是具有有限的生命周期，一旦达到该生命周期，未被使用的存储空间将被系统自动回收。如果空间类存在持久文件，SRM 则通知用户该存储空间内的文件已经过期，需要采取相关的措施。稳定临时存储空间依然具有生命周期，但是一旦达到该生命周期，该空间内的所有文件将被自动删除，所有的空间也被自动回收。

显然，永久存储空间适合归档类型的文件，一般从归档存储系统中预留；稳定临时存储空间适用于存储稳定临时文件，一般从基于共享磁盘资源的存储区域中预留。持久存储空间适用于存储暂时需要存储在 I/O 速度比较快的缓存区，但是最终会被存入归档存储系统的文件，如前面所提到的由模拟作业产生的大量的输出文件。与稳定临时存储空间类似，持久存储空间也具有有限的生命周期，但是在生命周期过期后，持久存储空间的属主会收到一个显式的通知，在用户采取任何有效的行动之前，空间中的文件不会被自动删除。在运行模拟作业的这种情景下，持久存储空间既保障了客户端的 I/O 访问性能，又保障了数据的安全性(数据在被移入归档系统之前不会被自动删除)。持久存储空间对于“请求计划”尤其意义重大。

与持久存储空间相反，稳定临时存储空间具有更低的可靠性，即当空间的生命周期到期后，空间内的文件就会被全部清除，所有空间全部被回收。此外当系统的存储资源短缺时，SRM还会根据情况从已经分配出去的稳定临时存储空间里回收部分存储空间。如用户A需要申请200GB的稳定临时存储空间，当时申请同类空间的用户较少，系统可用的资源较丰富，因此该请求很容易获得批准。但一段时间后，更多的用户向SRM申请这类存储空间，系统可分配的存储资源进入紧缺状态，为了保障对每个申请用户的公平性，SRM决定从先前已经分配出去的稳定临时存储空间中回收部分资源，以满足新的用户申请。那么对于用户A，SRM可能会提前从其回收100GB的空间。

7.4.2 “最大努力”空间

空间预留中的另外一个概念是“最大努力”，提出这一概念是为了保障资源的有效利用。假设在一个由SRM管理的存储空间里，某个客户端请求并被获准了200GB的存储空间，有效期为5h。但是该客户端由于某些原因(计算资源暂时不可用、运行作业失败)，不能在规定时间内使用该存储空间，使得这200GB空间在这5h内处于空闲状态。而与此同时，其他的客户端也向SRM提交了空间预留的请求，但是因为SRM所管理的存储空间不够而导致这些客户端的请求得不到满足。这种情况造成了存储资源的浪费。

针对这种情况，“最大努力”策略要求在客户端增加一定的灵活性，以提高资源的利用效率。空间的预留被看成是“可建议的”，即SRM会尽量“尊重”时间期限范围内客户端所请求预留的空间，而存储空间也只有在确实需要时才会被分配，如有新文件写入的时候。当同时请求预留空间的客户端过多，存在竞争的情况下，客户端的请求不能保证得到满足，此时客户端可能需要通过其他途径获得其所需要的存储空间。这种情况如果由人为处理的话，必然很繁琐，但是网格系统中的“请求规划器”却能很好地处理这种情况，因为“请求规划器”的设计中，就考虑了如何处理各种失败模式，如临时的网络故障、归档存储系统不可访问、未事先通知的站点维护期。

“最大努力”策略虽然要求客户端具有“灵活性”，但也提供了最低的保障。这种保障策略也根据存储空间的类型不同而各异。例如，持久存储空间比稳定临时存储空间具有更高的优先级。每个SRM可能都具有不同“最大努力”的本地策略。

上述讨论表明如果“请求规划期”为了实现资源的优化利用，必须了解它所请求的SRM所支持的本地策略。这些策略信息可以被“广告”出去，但是SRM必须对这些信息进行动态更新，如在支持配额策略的SRM系统中当前的具体配额大小。这些问题比较复杂，目前为止也没有一种标准的方式来“广告”、请求具体的策略信息。

7.4.3 分配文件到空间

在上面的小节里，介绍了不同类型的文件和不同类型的存储空间。碰巧的是，SRM 所管理的文件和存储空间都被划分为同样的三种类型：永久、持久、稳定临时。那么文件类型和存储空间的类型是否需要一一对应呢？例如，能否将一个稳定临时文件写入一个永久的存储空间呢？在实际情况中，这种文件类型与存储空间类型的错位搭配却另有妙用。例如，将稳定临时文件存储在一个永久的存储空间中。假如某个客户端有权限获得永久的磁盘空间，但是这个客户端可以选择将自己的稳定临时文件存储在永久磁盘空间中，这样当需要的时候，空间就能被自动地回收了。如果把存储空间按照可靠性从低到高排列：稳定临时、持久、永久，那么属于特定类型的文件可以被存储在高于自己级别的存储空间里。例如，稳定临时文件存储在持久存储空间里，持久文件存储在永久存储空间里。这种如何将某类文件存储在哪类存储空间里的决定完全取决于本地 SRM 的策略。通常，制定这种策略时，会考虑存储空间的有效利用。但是这种“错位”的文件分配策略往往存在难于管理的问题，因此大多数的 SRM 仅支持“一一对应”的文件分配策略，即文件被分配到具有同一类型的存储空间里。

在文件分配过程中，需要强制执行的一个限制条件是：位于某一存储空间内的文件的“钉”生命周期不能超过该存储空间本身的生命周期。这一限制条件保证了当存储空间的生命周期到期的时候，存储在该空间内的所有文件的生命周期也到期了。

7.5 其他重要的 SRM 概念

7.5.1 传输协议协商

当客户端向 SRM 发送文件请求后，如果该请求得到满足，那么 SRM 会通知客户端该使用何种文件传输协议与远程的存储系统建立连接，从而开始文件的传输。通常客户端所在的系统上会支持多种传输协议，而远程的存储服务器也会支持多种协议，但是这两端所支持的协议不一定是一致的。一种简单的方式是固定使用某种流行的传输协议，如 GridFTP 协议(因为大多数的存储系统都支持 GridFTP 协议)。但是这种方式带来了很大的局限性，例如，某些大学的研究人员可能更偏向普通的 FTP 协议，或者具有其他特性的 FTP 协议。因此需要有一种机制来实现客户端所偏爱的传输协议与远程存储系统所支持的传输协议的匹配，这个过程称为传输协议协商。

传输协议协商的机制中，允许客户端提供一个按照偏好顺序排列的所支持的传输协议的列表，然后由 SRM 返回一个匹配程度最高的协议。假如某客户端希望使用一种新的 FTP 协议 FastFTP，同时该客户端也支持 GridFTP、FTP 协议，于是客户端在向 SRM 请求的时候，提供一个如下的列表：FastFTP、GridFTP、FTP。如果 SRM 所在的存储系统也支持 FastFTP 协议，则 SRM 向客户端返回 FastFTP 协议，否则返回 GridFTP 协议，或者 FTP 协议(如果存储系统也不支持 GridFTP 协议)。这种传输协议协商的机制允许一个社区的用户选择自己偏爱的传输协议，而且不需要修改 SRM 即可支持新增的传输协议。

7.5.2 其他协商和行为广告

通常情况下，SRM 应该支持影响其性能参数的协商，特别是文件的生命周期和存储空间的生命周期。其他参数，例如，每个客户端在同一时间内可同时提交的请求个数，也可以被列入协商的内容范围。具体支持允许协商哪些内容和 SRM 如何回应客户端的协商请求，是由每个 SRM 的实现来决定的。例如，为了使策略简单化，某个 SRM 可能决定对于任何生命周期长度的协商请求，都只返回一个固定的生命周期值。

支持哪些类型的存储空间也是由 SRM 自身决定的。例如，管理共享磁盘存储系统的 SRM 系统可能不支持永久存储空间类型。其他的 SRM 可能不支持持久存储空间类型，而只支持稳定临时存储空间类型。更进一步讲，SRM 应该能够动态地更改这些策略。为了适应这种动态的策略更佳，第三方或者 SRM 本身应该有一种机制对外发布 SRM 所支持的策略、能力和动态负载(当前队列中还有多少请求在排队)。与之相反的一种方式是被动模式，即客户端向 SRM 主动询问这些信息(支持的策略、能力和动态负载)，然后由 SRM 将这些信息反馈给客户端。这种被动模式更受欢迎，因为它减轻了 SRM 负担，SRM 无须担忧向何种服务发布这类信息。

7.5.3 源路径、传输路径和站点路径

在前面的章节中，提到用 URI 来标识一个文件在网格存储中的访问位置。如 gridftp://myftp.ihep.ac.cn:2811/data/file1。在这个路径里，GridFTP 是文件的访问协议，myftp.ihep.ac.cn/data/file1 是文件的物理文件名(physical file name，PFN)。因为网格系统中的文件往往存在多个副本，所以每个副本都具有一个唯一的 PFN。一个 PFN 由两个元素唯一确定：主机名(myftp.ihep.ac.cn)和该文件在该主机上的文件路径(/data/file1)。但是对于需要访问这些文件的客户端来说，它们不需要知道这个文件存在多个副本，以及每个副本的 PFN。因此网格中的文件还需要一个逻辑文件名(logical file name，LFN)。LFN 与文件的具体物理位置无关，也与该文件存在的副本数目无关。在网格系统中，LFN 被存储在 LFC(logical file catalog)服务中。LFC 提供了从文件的 LFN 到 PFN 的映射，如果一个文件存在多个副本，则从 LFN 到 PFN 是一个一对多的映射。当客户端需要访问某个文件的时候，只需要知道这个文件的

LFN，客户端本身或者其他网格服务会请求 LFC“解析”这个 LFN，从而获得与该 LFN 对应的一个或者多个 PFN。

因为 SRM 支持传输协议的协商，所以客户端在请求文件的时候，不需要指定与具体传输协议绑定的 URL；反之，客户端指定 SRM 协议相关的文件路径(site URL，SURL)，如 srm://mysrm.ihep.ac.cn:8443/pnfs/ihep.ac.cn/exp1/data/file1。在该路径上，mysrm.ihep.ac.cn 是 SRM 所在的服务器，8443 是 SRM 服务监听的端口号，/pnfs/ihep.ac.cn/exp1/data/file1 是 SRM 所管理的存储系统的逻辑名字空间(假设该存储系统包括多个数据服务器，则需要一个统一的逻辑文件名字服务器来实现存储系统层的逻辑文件名和物理文件名的映射)。如果 SRM 所管理的存储系统支持 GridFTP 协议，那么 SRM 返回给客户端的文件传输路径(transfer uniform resource location，TURL)将类似于 gridftp://myftp.ihep.ac.cn:2811/data1/file1。在上述 TURL 中，myftp.ihep.ac.cn 为 SRM 所管理的存储系统中的 GridFTP 服务器，2811 为 GridFTP 服务的监听端口，/data1/file1 为 GridFTP 服务器上文件的物理存储路径。由上面的例子可以看出，客户端请求时所用的 SRM 协议路径中的文件路径部分(/pnfs/ihep.ac.cn/exp1/data/file1)不一定要与传输协议路径中的文件路径(/data1/file1)是一致的。事实上，在大多数的存储系统中，这两部分是不一致的，甚至文件名也不一定会一致。这是因为大多数的存储系统都具有统一的逻辑名服务器，来管理存储系统中的逻辑文件名到物理文件名的映射，而访问这些存储系统的客户端不需要知道细节(如一个文件具体存储在哪个数据服务器上和在该服务器的哪个目录下)。此外，传输协议所在的服务器与 SRM 服务器也不一定一致。假设一个存储系统有多个 GridFTP 传输服务器，为了存储系统的负载均衡和健壮性，存储系统希望将来自外部的文件传输请求均匀地分布在各个 GridFTP 服务器上。因此 SRM 返回给客户端的是众多 GridFTP 服务器中的一个。当然根据什么策略(每个 GridFTP 服务器的当前负载、已经排队的请求数目、能力)选择具体的 GridFTP 服务器是存储系统的工作，SRM 无须处理这一部分功能。

7.5.4　PIN 文件的语义

在数据库系统里，上锁是一种在数据库中内容需要更改时，协调对数据库中对象(记录、磁盘块等)的读与写的机制。上锁的概念与事务紧密相连，上锁机制保障了需要处理多个对象的事务流程能正确地完成。这便是著名的线性和并发控制理论。那么，“钉”(PIN)的概念与上锁有何区别呢？下面将基于文件对两者之间的区别进行介绍，但是介绍的内容仍然适用于任何粒度的数据，只是在网格系统中，文件是常用的数据单位。

“钉”文件的概念与上锁是正交的。上锁是对文件的内容进行保护，以协调读者与写者之间的操作顺序。而“钉”文件是对文件的位置进行保护，以保证文件被访问时的效率。“钉”文件意味着将这个文件保留在某一个位置(缓存区内)，而并不对文件的内容进行上锁。上锁和“钉”都需要对应的释放操作。释放一个锁住的文件意味着文件的内容可以被其他读者或者写者访问了，而释放一个“钉”住的文件则意味着从磁盘缓存区中删除这个文件，如果后续有其他客户端来请求这个文件，该文件需要重新被读到缓存区中。

锁和“钉”都有生命周期的概念。锁的生命周期能保证一个文件被上锁的时间在一个合理的范围内，这样其他需要访问该文件的读者或者写者不需要无限期的等待。“钉”的生命周期保证一个文件不会无限期地停留在有限的缓存区中，这样能为其他需要进入缓存区的文件释放出空间。不管是锁还是“钉”的生命周期，都是为了避免当前的使用者因为各种原因忘记释放文件的“锁”或者“钉”而造成的文件不可访问或者缓存区空间的不可回收。“钉”文件主要用于磁盘缓存区的管理，在使用“钉”文件的时候，需要相应支持对未正常释放文件的垃圾回收、清理、释放空间等操作。

生命周期的长短取决于具体的应用程序。上锁的生命周期往往很短(一般用秒来衡量)，因为不希望其他读者或者写者实时等待的时间太长。文件的“钉”生命周期相对较长(用分钟来衡量)，因为“钉”在缓存区中的文件是可以被多客户端共享的，而且一般磁盘缓存区可以支持容纳多个文件，所以不会产生实时等待的问题。唯一需要注意的是，一个文件的“钉”生命周期不可以超过该文件所“钉”在的存储空间的生命周期。为了保障资源的有效利用，客户端应该在使用文件完毕之后，及时“拔出”文件。任何使用SRM的应用程序都应该考虑这一点。

在很多的科学计算的应用程序中，请求文件的先后顺序是无关紧要的。假如，位于站点X的客户端A需要从站点Y请求60个文件，每个文件的大小为1GB，在同一时刻，位于站点Y的客户端B也需要从站点X请求60个文件，每个文件的大小也是1GB。进一步假设每个站点的总共磁盘空间都只有100GB，如果这两个文件请求同时发生，则会引发“别”死锁：站点X需要把客户端B所请求的60个源文件(60GB)“钉”在磁盘空间中，同时又需要60GB的空间准备“钉”客户端A所请求的文件。站点B也遭遇同样的问题。

解决死锁的方法有很多种，例如，通过进程间的协调来避免死锁，或者通过假设死锁在大多数情况下并不会发生，只需要在死锁发生时抢占介入死锁的一个进程。对于SRM来说，“钉文件”的生命周期可以天然预防死锁，但是SRM中也存在永久型和持久型的空间和文件(永久型的空间和文件具有无限的生命周期，持久型的空间和文件在生命周期过期后不能被自动回收空间或者删除文件)，这就意味着不能通过生命周期来避免死锁的发生。因此，基于“两路锁”的模型提出了“两路钉”的预防死锁机制。在“两路钉”的机制中，要求所有的“钉”操作必须在文件开始传输前进行申请，否则所有对空间和文件的“钉”必须被取消，当然客户端在后续需要时还可以重试。

7.6　SRM 实现实例

根据 SRM 规范说明文档，SRM 需要提供如下的功能。

(1) 不干涉所管理的存储系统/文件系统的本地策略。每个存储空间的管理都与其他存储空间的管理无关，因而每个站点都可以设置本地策略，规定本存储空间中可以存储何种类型的文件，存放的具体时间长度。SRM 不应干涉与影响这些策略的执行。关于存储空间使用和文件共享的管理及资源监控的本地策略则属于 SRM 的职责。

(2)“钉”文件。位于某存储空间内的文件能被临时锁定在该空间内，以供后续的应用程序使用，但在存储空间资源紧缺的情况下，这些文件需要从共享的存储空间中被删除或者传输到其他组件，如归档存储系统。将这一功能称为“钉”文件，“钉”是一个对文件具有生命周期的锁，此锁是将文件锁定在某一个存储空间内，而不是针对文件内容进行上锁。一个被“钉”住的文件可以由客户端主动释放，于是这个文件所占据的空间能被释放，归还给客户端。SRM 能根据存储管理需求选择保留还是删除一个已经被释放的文件。

(3) 预先空间预留。SRM 是动态管理存储空间中的内容的组件，因此 SRM 也可以通过允许客户端预先空间预留实现计划存储空间的使用。

(4) 动态空间管理。为避免共享存储空间的“堵塞”，动态空间管理是一个必需的功能。SRM 使用了文件替换策略来实现基于用户访问模式的服务优化和空间利用。

(5) 支持抽象文件名。不管文件位于何种底层存储系统/文件系统上，SRM 都使用统一的 SURL(Site URL) 来标记一个文件名。一个 SURL 的例子为 srm://mysrm.ihep.ac.cn:8443/dteam/file.1233，其中 mysrm.ihep.ac.cn:8443 是 SRM 服务所在的主机和服务对应的端口号，/dteam/file.1234 是抽象文件名，称为站点文件名(site file name，SFN)。

(6) 临时分配传输文件名。客户端使用 SURL 向 SRM 请求一个文件。对于 SRM 来说，这个文件可能位于不同的几个位置，或者需要将这个文件从磁带系统中迁移到磁盘系统中。当把文件准备好之后(放入共享磁盘缓存区)，基于该文件的生命周期，SRM 将返回一个临时的文件传输路径(transfer URL，TURL)给客户端。当客户端需要将一个文件写入到目标存储系统时，也存在类似的功能。客户端提供一个渴望的 SURL，基于该请求 SRM 返回客户端一个 TURL。一个 TURL 必须包含有效的传输协议和端口号，如 gsiftp://myftp.ihep.ac.cn:2811/gpfs/dteam/test.1233。

(7) 目录管理和访问权限空间。使用目录管理文件的优势显而易见。SRM 对 SURL 抽象文件名提供了目录管理，并且维护位于底层存储系统/文件系统的实际文件和抽象文件之间的映射关系。相应地，访问权限控制也是基于 SURL 的。

(8) 传输协议协商。向 SRM 提交文件请求后，客户端最终会获得一个文件传输协议，并且利用该文件传输协议在客户端和目标存储系统之间进行文件传输。在一般情况下，存储系统支持多种传输协议，客户端也可以根据自身运行的系统和环境选择不同的传输协议。SRM 支持传输协议协商，具体方式为：客户端提供一个按照自身的偏好排序的传输协议列表，SRM 根据存储系统所支持的传输协议，在两者之间进行匹配，选择一个匹配最好的协议返回给客户端。

(9) P2P 请求支持。除了回应客户端请求，SRM 服务之间也能互相通信，因此能够在两个 SRM 之间进行文件的复制。

(10) 支持多文件请求。在现实情况中，使用一个请求来实现多个文件的读/写/复制是非常必要的。客户端在向 SRM 提交文件请求时，可以提供一个文件列表，便能实现对多文件的操作。这些请求之间是异步的，因此需要一个状态函数来检查这些请求的处理状态。

(11) 支持对请求中止、挂起、重新开始操作。这些操作非常必要，有些请求由于处理的文件数目较大，可能持续很长时间。

基于 SRM 的规范说明文档，不同的研究组织已经实现了好几个 SRM 的实例。通常 SRM 服务被实现后，将被置于各类存储系统之上，辅助存储系统进行空间和文件的管理。有的 SRM 实现与存储系统结合紧密，成为存储系统的一部分。有的 SRM 实现独立于任何具体的存储系统，完全可以剥离开来，用于其他类型的存储系统和文件系统之上。

7.6.1 使用 SRM 管理海量存储系统

目前，下列四个主要的实验室提供了四种 SRM 服务的实现，放置于它们的海量存储系统之上，使其海量存储系统成为标准的网格存储服务。包括 TJNAF(美国汤姆斯杰弗逊国家加速器中心)为 JASMine 海量存储系统开发的 SRM 接口，Fermi Lab(美国费米实验室)为 Enstore 海量存储系统开发的 SRM 接口，LBNL(美国劳伦斯伯克利国家实验室)为 HPSS 海量存储系统开发的 SRM 接口(该接口可以独立于 HPSS，直接适用于其他类型的存储和文件系统)，CERN(欧洲核子研究中心)最近为 CASTOR 海量存储系统所开发的 SRM 接口。所有这些实现都基于 WSDL 和 SOAP 等 Web Service 技术提供了标准的 SRM 接口。各种不同的实现 SRM 服务之间的互操作性已经被验证了。

上述例子证明了 SRM 协议的灵活性。在 JASMine 和 Enstore 海量存储系统中，SRM 之所以被实现成为存储系统本身的一部分，是因为在这些系统上实现 SRM 的开发人员或者本身是这些存储系统的开发人员(JASMine)，或者能够获得这些存储系统的源代码 Enstore。而基于 HPSS 的 SRM 之所以能独立于存储系统本身，是因为 HPSS 是一个商业的存储系统，开发人员无法获得其源代码。

7.6.2　SRM 提供的健壮的文件复制

在服务数据密集型计算任务的网格系统中，文件的复制是一个非常重要的功能。例如，大型的气候建模模拟计算，其计算任务可能在某处计算资源上完成，但是计算的结构需要被存储在另外一个归档系统中。这个看似简单的任务在实际操作过程中却非常费时而且易错。如果用户通过一些脚本来移动这些文件，那么他们需要监控这些文件的传输状态，当文件传输失败的时候需要通过某种方式进行重传，如果文件传输还涉及元数据或者全局逻辑名字的注册，那么这个过程更加复杂(对于失败的传输，需要先清除前面已经注册的元数据和全局逻辑名字以维护文件的信息的一致性)。当文件传输完成后，用户还需要在归档系统内检验数据是否都正确到达。特别是将文件从一个海量存储系统复制到另外一个海量存储系统的例子会更加复杂。对于每个文件，需要执行三个主要的步骤：将在源 HSS 中筹备源文件(将文件从磁带库中迁移到磁盘缓存中)，在网络上传输该文件，将文件归档(将文件从磁盘缓存迁移到磁带库中)到目的HSS。在筹备文件的过程中，不可能将所有的文件都一次筹备好。如果希望 HSS 请求的数目过多，HSS 可能会拒绝大部分的请求。因此用户的脚本程序中需要处理由 HSS 系统返回的拒绝信息和其他可能的错误信息。如果 HSS 出现暂时的服务终端，那么用户的脚本程序需要重启。因此用户的脚本程序还需要处理如何检查、跳过以往已经处理过的文件。同样的问题会重现在目标 HSS 上。此外，如果用户传输上百个大文件(GB 级别的文件)，在传输过程中随时可能出现网络故障，因此用户的脚本程序也需要能从这类错误中恢复过来的健壮性。复制几百个 GB 级别的文件是一个需要花费几个小时的过程。因此，构建一种健壮的、容错的能支持大规模文件复制的服务相当具有挑战性。

SRM 的特性使得它成为解决这一问题的一个优秀方案。SRM 能将用户的文件请求进行排队，分配存储空间，监控文件的筹备、传输和归档，从短暂的错误中恢复过来。只需要一个命令便可以完成多个文件的传输。图 7-5 中有两个 SRM 服务，一个位于中国科学院高能物理研究所(IHEP)，一个位于欧洲粒子物理研究中心(CERN)。

图 7-5 中显示了如何将大批量的数据从 IHEP 复制到 CERN。因为上述例子中，两个 SRM 都是用来管理 HSS 的，所以称为海量存储资源管理(hierarchy resource manager，HRM)。IHEP 的 HRM 管理的 HSS 是 dCache 系统，CERN 的 HRM 管理的是 CASTOR 系统。两个站点的 dCache 和 CASTOR 都管理了磁盘服务器和磁带库。使用上述模式，用户使用一个命令行可以将整个目录和它的子目录从 IHEP 站点复制到 CERN 站点。SRM 的命令行先与源 SRM 联系，获得一个需要复制的文件列表，然后发送一个复制请求至目标 SRM。

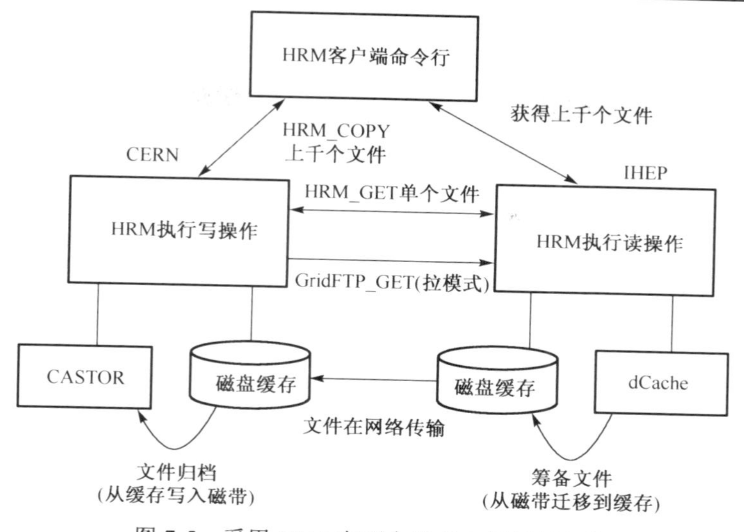

图 7-5　采用 SRM 在两个站点之间复制文件

使用 HRM 的一个重要价值是它能执行多文件复制所需要的所有操作(监控文件的传输状态、从各种错误中恢复过来并自动重传失败的文件)，因此用户只需要使用一个命令行指明需要复制的文件的目录、源 HRM 和目标 HRM，一切的繁琐工作都由 HRM 完成。在现实情况中，这种模式被广泛应用于各个站点之间的大规模的文件复制。此模式的另一大优势是，多个文件能被并行筹备到源 HSS 中，在网络上并行传输，并行归档到目标 HSS 中，因此通过并行性获得了更高的吞吐率。

由于 SRM 设计的通用性，上述模式不仅适合 HRM，也同样适合 DRM(disk resource manager)。而且，还可用于从多个站点复制文件到目标 SRM。假设某个应用程序运行在多个站点，其输出文件分散在不同的磁盘空间里，需要将这些分散的文件复制到目标 SRM 管理的存储系统。在这种情景下，只需要发送一个请求到目标 SRM，便可以将位于不同磁盘缓存中的源文件全部复制到目标存储系统中。

7.6.3　通过 SRM 向存储系统提供 GridFTP 接口

某些存储系统可能并不支持 GridFTP 传输接口。要在这些存储系统上实现支持 GridFTP 是一件比较困难但又常见的事情，因为要增加 GridFTP 的服务，往往需要修改 HSS 本身的代码，这对于某些商用的 HSS，如 HPSS 几乎是不可能的。但是通过 SRM，却能将 GridFTP 和 SRM 的服务与 HSS 脱离开来，单独运行在 HSS 之外的网格服务器上。

LBNL 就在 HPSS 系统之上构建了一个原型系统。它的工作流程如下：当接到文件的 GridFTP 请求时，被修改后的 GridFTP 服务器将该请求转发给 HRM 服务器，HRM 再发送一个请求到 HPSS 并请求 HPSS 筹备该文件。当这个过程完成后，HRM

将文件的物理位置返回给 GridFTP 服务器，GridFTP 服务器可以利用该文件的物理位置将文件传输给请求方。当文件传输成功后，GridFTP 发送一个释放的请求给 HRM，于是 HRM 从磁盘缓存中释放该文件所占用的空间。将文件归档的过程与此相反。

整个体系结构和代码实现无须改动 HRM。HRM 本身支持的功能就已经足够用来与 GridFTP 服务器的各种交互。而且这种模式不止适用于 HRM，还同时适用于 DRM。对于底层的存储系统而言，也不仅适用于 HPSS，还适用于其他任何形式的磁带、磁盘或者分级存储系统和各种文件系统。整个实现过程也无需改动底层存储、文件系统的代码。

7.7　本 章 小 结

在本章中介绍了网格存储资源管理的一些重要的概念。与计算和网格资源类似，存储资源也需要能动态地被预留、管理。除了管理存储空间，网格存储资源管理器 SRM 还管理位于存储空间内的内容(文件)的生命周期。对文件的管理使得多个客户端能够更好地共享有限的存储资源，获得更好的文件访问效率。同时还介绍了“钉”文件和文件生命周期，在文件或者空间的生命周期到期后释放文件或者空间等概念，这些功能保证了 SRM 服务的高效性和可靠性。此外，介绍了 SRM 的标准的接口能被应用于各种类型的存储系统(磁盘存储系统、磁带存储系统、分级存储系统)和文件系统(网络文件系统、并行文件系统等)，甚至一个 SRM 服务可以管理多个不同的存储系统。 SRM 已经在不同的系统上被实现了，包括开源的商用的海量存储系统，并且不同系统的 SRM 服务之间的互操作性也得到了验证。SRM 已经常常用来在站点之间执行大批量的文件复制。

参 考 文 献

Abadie L, Badino P, Baud J P, et al. 2007. Storage resource managers: Recent international experience on requirements and multiple co-operating implementations. 24th IEEE Conference on Mass Storage Systems and Technologies. 47-59.

Abadie L, Grosdidier G, Magnoni L, et al. 2007. Storage resource managers. No. CERN-IT-Note-2008-010.

Bakken J, Berman E, Huang C H, et al. 1999. Enstore technical design document. http://www-ccf. fnal. gov/enstore/design. Html.

Buyya R, Abramson D, Giddy J. 2000. Nimrod/G: An architecture for a resource management and scheduling system in a global computational grid. High Performance Computing in the Asia-Pacific Region, 1: 283-289.

Chervenak A, Foster I, Kesselman C, et al. 2000. The data grid: Towards an architecture for the distributed management and analysis of large scientific datasets. Journal of Network and Computer Applications, 23(3): 187-200.

Ekow O, Olken F, Shoshani A. 2002. Disk cache replacement algorithm for storage resource managers in data grids. ACM/IEEE 2002 Conference on Supercomputing: 12.

Hess B K, Haddox-Schatz M, Kowalski M A. 2005. The design and evolution of Jefferson lab's Jasmine mass storage system. Proceedings of 22nd IEEE/13th NASA Goddard Conference on 2005 Mass Storage Systems and Technologies: 94-105.

Presti G L, Barring O, Earl A, et al. 2007. CASTOR: A distributed storage resource facility for high performance data processing at CERN. MSST, 7: 275-280.

Shoshani A, Kunszt P, Stockinger H, et al. 2004. Storage resource management: Concepts, functionality, and interface specification. Future of Grid Data Environments: A Global Grid Forum (GGF) Data Area Workshop, Berlin, Germany.

Shoshani A, Sim A, Gu J. 2002. Storage resource managers: Middleware components for grid storage. NASA Conference: 209-224.

Shoshani A, Sim A, Gu J. 2004. Storage resource managers// Grid Resource Management. Berlin: Springer :321-340.

Sim A, Shoshani A. 2008. The storage resource manager interface (SRM) specification v2.2. http:// www. ggf. org/documents/GFD 129.

Stewart G A, Cameron D, Cowan G A, et al. 2007. Storage and data management in EGEE. Proceedings of the Fifth Australasian Symposium on ACSW Frontiers, 68.

Watson R W, Coyne R A. 1995. The parallel I/O architecture of the high-performance storage system (HPSS). Proceedings of the Fourteenth IEEE Symposium on. Mass Storage Systems:27-44.

第8章

数据管理标准

8.1 传输协议

8.1.1 FTP

FTP 即文件传输协议，它是 TCP/IP 提供的一种标准机制，从一个主机把文件复制到另一个主机。FTP 的客户端和服务器端是通过双连接进行通信的，一条连接用于数据传输，另一条则用于传输控制信息(命令和响应请求)。这样把命令和数据的传输分开，使得传输的效率更高。FTP 的双连接在实际的通信过程中，使用了不同的策略和端口号。在控制连接进行指令交互的过程中使用了 NVT ASCII 字符集，每一条命令和对应的响应都是一个短行，即每行结束处为回车和换行符号。而客户端在进行数据传输之前需要通过控制连接来定义要传输的文件类型、数据结构和传输方式。

FTP 标准由 RFC 959 定义。该协议定义了一个从远程计算机系统和本地计算机系统之间传输文件的一个标准。一般来说，传输文件的用户需要先经过认证以后才能登录网站，然后才能访问在远程服务器的文件。而大多数的 FTP 服务器往往提供一个 guest 的公共账户来允许没有远程服务器的用户可以访问该 FTP 服务器。

1. FTP 协议的术语

1) 控制连接

(1) 服务器端在熟知的端口 21(有的情况为自定义)发出被动打开，然后等待客户端建立通信连接请求。这里所谓的被动打开是指服务器端在端口 21 处于监听状态。

(2) 客户端向 FTP 服务器指定的端口发出主动打开。在整个过程中控制连接始终处于连接状态，IP 协议使用的服务类型是最小延时，因为在实际的通信过程中，经常是人机交互的，键入命令并希望得到的响应时间不能太长。

2）数据连接

数据连接在建立通信的过程分为两种模式，一种为 PORT 模式，另一种为 PASV 模式。

（1）PORT 模式。客户端选择一个短暂端口号，并使用被动打开通过控制连接将该端口号发送给服务器，服务器收到该端口号后，使用该端口主动创建打开连接请求，数据连接成功后，在该数据连接上传输数据信息。

（2）PASV 模式。客户端通过控制连接向 FTP 服务器发送一条 PASV 指令，服务器端收到该指令后，选择一个短暂端口，并在控制连接上进行响应，响应中包含返回的端口号,然后客户端利用服务器端返回的端口主动建立到服务器的数据连接，数据连接成功后，在该数据连接上进行数据信息交互。

3）文件类型

FTP 能够在数据连接上传输如下文件类型。

（1）ASCII 文件。传送文本文件的默认格式，每一字符都使用了 NVT ASCII 进行了编码，发送端把文件从它自己的表示转换成 NVT ASCII 字符，而接收端则从 NVT ASCII 字符转换成自己的目标表示。

（2）EBCDIC 文件。连接的一端或两端使用 EBCDID 编码，就可使用该编码传输文件了。

（3）图像文件。传输二进制文件的默认格式，它是采用连续的位流进行传输的，没有任何的解析和编码。

4）数据结构

（1）文件结构。连续的字节流。

（2）记录结构。将文件划分为一条条的记录，只能用于文本文件。

（3）页结构。将文件划分为不同的索引页，每个页有索引号，可随机和顺序存取。

5）传输方式

（1）流方式。在数据传输的过程中，数据是被作为连续的字节流交付给 TCP 层进行传输的。

（2）块方式。数据是按块交付给 TCP 进行传输的。

（3）压缩方式。数据先进行压缩，然后交付给 TCP 层进行传输。

2. FTP 命令

客户端通过控制连接发送 FTP 命令请求，命令字为大写 ASCII 字符，不同的命令字后可能需要带参数，命令字与参数之间用空格进行分隔。

1）接入命令

接入命令的介绍如表 8-1 所示。

表 8-1　接入命令介绍

命令	参数	响应码	说明
USER	用户账号	230，530，500，501，421，331，332	FTP 登录用户名
PASS	用户密码	230，202，530，500，501，503，421，332	FTP 登录密码
ACCT	应付费的账务	230，202，530，500，501，503，421	账务信息
REIN		120，220，421，500，502	重新初始化
QUIT		221，500	系统注销
ABOR		225，226，500，501，502，421	放弃前面提交的命令

2) 端口定义

端口定义如表 8-2 所示。

表 8-2　端口定义

命令	参数	响应码	说明
PORT	6 个数字的标识符	200，500，501，421，530	客户端选择短暂端口传送命令
PASV		227，500，501，502，421，530	请求服务器传送数据连接短暂端口

3. 命令响应码说明

每一条 FTP 控制连接命令至少有一条响应消息，响应分两部分：3 位字符和跟随其后的文本信息。数字部分定义了返回代码，文本部分则定义了所需的参数或者额外的注释信息。3 位字符描述为 xyz，例如，控制连接命令应答有如下形式。

(1) 1yz 为主动初步应答，在发送另一个命令以前等待另一个应答。

(2) 2yz 为主动最后应答，最后一个命令成功结束。

(3) 3yz 为主动中间应答，必须再发送一个命令。

(4) 4yz 为暂时被动应答，要求的动作当时不能完成，但可以重试。

(5) 5yz 为永久被动应答，要求的动作不能完成，不应该重试。

其中，第一位字符代表的信息：0 为语法错误；1 为信息；2 为连接状态；3 为认证和记账；4 为保留；5 为 file；6 为文件系统状态。

8.1.2　HTTP

超文本传输协议(hypertext transfer protocal，HTTP)，在因特网上传送超文本的传输协议。HTTP 是运行在 TCP/IP 协议族上的应用协议，它可以使浏览器更加高效，使网络传输减少。HTTP 协议是因特网上应用最为广泛的一种网络协议，所有的 WWW 文件都必须遵守这个标准。设计 HTTP 最初是为了提供一种发布和接受 HTML 页面的方法。

HTTP 的发展是万维网协会和互联网工程工作小组(IETF)合作的结果，最终发布了一系列的 RFC，其中最著名的就是 RFC 2616，它定义了 HTTP 协议，如今天普遍使用的一个版本 HTTP 1.1。HTTP 是一个客户端和服务器端请求和应答的标准(TCP)。客户端是终端用户，服务器端是网站。通过使用 Web 浏览器、网络爬虫或者其他的工具，客户端发起一个到服务器上指定端口(默认端口为 80)的 HTTP 请求。这个客户端称为用户代理(user agent)。应答的服务器上存储着一些资源，如 HTML 文件和图像。这个应答服务器称为源服务器(origin server)。在用户代理和源服务器中间可能存在多个中间层，如代理、网关或者隧道(tunnel)。尽管 TCP/IP 协议是互联网上最流行的应用，HTTP 协议并没有规定必须使用它和(基于)它支持的层。事实上，HTTP 可以在任何其他互联网协议上，或者在其他网络上实现。HTTP 只假定其下层协议提供可靠的传输，任何能够提供这种保证的协议都可以被其使用。

1. 基本术语

(1) 连接(connection)。

为通信而在两个程序间建立的传输层虚拟电路。

(2) 消息(message)。

HTTP 通信中的基本单元。它由一个结构化的 8 比特字节序列组成，与定义的句法相匹配，并通过连接得到传送。

(3) 请求(request)。

一种 HTTP 的请求消息。

(4) 应答(response)。

一种 HTTP 的应答消息。

(5) 资源(resource)。

一种网络数据对象或服务，可以用 URI 指定。资源可以有多种表现方式(如多种语言、数据格式、大小和分辨率)，或者根据其他方面而有不同的表现形式。

(6) 实体(entity)。

实体是请求或响应的有效承载信息。一个实体包含元信息和内容，元信息以实体头域(entity-header field)形式表示，内容以消息主体(entity-body)形式表示。在第 7 节详述。

(7) 表示方法(representation)。

一个应答包含的实体是由内容协商(content negotiation)决定的。一个特定的应答状态所对应的表示方法可能有多个。

(8) 内容协商(content negotiation)。

当服务一个请求时选择适当的表示方法的机制(mechanism)。任何应答里实体的表示方法都是可协商的(包括出错响应)。

(9) 变量(variant)。

在任何给定时刻，一个资源对应的表示方法可以有一个或多个(注：一个 URI 请求一个资源，但返回的是此资源对应的表示方法，这根据内容协商决定)。每个表示方法(representation)称为一个变量。使用变体这个术语并不意味着资源是必须由内容协商决定的。

(10) 客户端(client)。

为发送请求建立连接的程序。

(11) 用户代理(user agent)。

初始化请求的客户端程序。常见的如浏览器、编辑器、蜘蛛(网络穿越机器人)，或其他的终端用户工具。

(12) 服务器(server)。

服务器是这样一个应用程序，它同意请求端的连接，并发送应答(response)。任何给定的程序都有可能既做客户端又做服务器；使用这些术语是为了说明特定连接中应用程序所担当的角色，而不是指通常意义上应用程序的能力。同样，任何服务器都可以基于每个请求的性质扮演源服务器、代理、网关，或者隧道等角色之一。

(13) 源服务器(origin server)。

存在资源或者资源在其上被创建的服务器称为源服务器。

(14) 代理(proxy)。

代理是一个中间程序，它既担当客户端的角色也担当服务器的角色。代理代表客户端向服务器发送请求。客户端的请求经过代理，会在代理内部得到服务或者经过一定的转换转至其他服务器。一个代理必须能同时实现本规范中对客户端和服务器所作的要求。

透明代理(transparent proxy)需要代理授权和代理识别，但不修改请求或响应。非透明代理(non-transparent proxy)需要修改请求或响应，以便为用户代理(user agent)提供附加服务，附加服务包括组注释服务、媒体类型转换、协议简化，或者匿名过滤等。除非透明行为或非透明行为已经明确指出，否则，HTTP 代理既是透明代理也是非透明代理。

(15) 网关(gateway)。

网关其实是一个服务器，扮演着代表其他服务器为客户端提供服务的中间者。与代理不同，网关接收请求，仿佛它就是请求资源的源服务器。请求的客户端可能觉察不到它正在同网关通信。

(16) 隧道(tunnel)。

隧道也是一个中间程序，它在两个连接之间充当盲目中继(blind relay)的中间程序。一旦隧道处于活动状态，它不能被认为是这次 HTTP 通信的参与者，虽然 HTTP 请求可能已经把它初始化了。当两端的中继连接都关闭的时候，隧道不再存在。

(17) 缓存(cache)。

缓存是程序应答消息的本地存储。缓存是一个子系统，控制消息的存储、取回和删除。缓存里存放可缓存应答(cacheable response)是为了减少对将来同样请求的应答时间和网络带宽消耗。任何客户端或服务器都可能含有缓存，但高速缓存不能被一个充当隧道(tunnel)的服务器使用。

(18) 可缓存(cacheable)。

如果一个缓存为了响应后继请求而被允许存储应答消息(response message)的副本，那么可以说一个应答(response)是可缓存的。即使一个资源是可缓存的，也可能存在缓存是否能利用缓存副本的约束。

(19) 直接(first-hand)。

如果一个应答直接到来，并且没有源于源服务器或经过若干代理的不必要的延时，那么这个应答就是直接的。

如果响应被源服务器验证是有效性(validity)的，那么这个响应也同样是第一手的。

(20) 明确终止时间(explicit expiration time)。

明确终止时间是源服务器希望实体如果没有被进一步验证(validation)就不要再被缓存返回的时间。

(21) 探索过期时间(heuristic expiration time)。

当没有显示过期时间可利用时，由缓存所指定的终止时间。

(22) 年龄(age)。

一个应答的年龄是从被源服务器发送或被源服务器成功确认的时间点到现在的时间。

(23) 保鲜寿命(freshness lifetime)。

一个应答产生的时间点到过期时间点之间的长度。

(24) 保鲜(fresh)。

如果一个应答的年龄还没有超过保鲜寿命，它就是保鲜的。

(25) 陈旧(stale)。

一个响应的年龄已经超过了它的保鲜寿命，它就是陈旧的。

(26) 语义透明(semantically transparent)。

缓存可能会以一种语义透明的方式工作。这时，对于一个特定的应答，使用缓存既不会对请求客户端产生影响，也不会对源服务器产生影响，缓存的使用只是为了提高性能。当缓存具有语义透明性时，客户端从缓存接收的应答与直接从源服务器接收的应答完全一致(除了使用 hop-by-hop 头域)。

(27) 验证器(validator)。

验证器其实是协议元素(如实体头(entity tag)或最后更改时间(last-modified time)等)，这些协议元素被用于识别缓存里保存的数据(即缓存项)是否是源服务器的实体的副本。

(28) 上游/下游(upstream/downstream)。

上游和下游描述了消息的流动：所有消息都从上游流到下游。

(29) 流入/流出(inbound/outbound)。

流入和流出指的是消息的请求和应答路径：流入即移向源服务器，流出即移向用户代理。

2. 方法定义

(1) 安全方法和等幂方法。

① 安全方法：get 和 head 方法除了补救外不应该有别的采取措施的含义。

② 等幂方法：没有副作用的序列是等幂的。

(2) options：options 方法代表在请求 URI 确定的请求/应答过程中通信条件是否可行的信息。

(3) get：get 方法说明了重建信息的内容由请求 URI 来确定。

(4) head：除了应答中禁止返回消息正文，head 方法与 get 方法一样。

(5) post：post 方法实现的实际功能取决于服务器。

(6) put：put 方法要求所附实体存储在提供的请求 URI 下。

(7) delete：delete 方法要求原服务器释放请求 URI 指向的资源。

(8) trace：trace 方法用于调用远程的应用层循环请求消息。

(9) connect：connect 方法用于能动态建立起隧道的代理服务器。

8.1.3 GridFTP

Globus 中提供的 GridFTP 协议作为网格环境中安全高效的数据传输协议，是对标准的 FTP 协议的扩展，在原有 FTP 协议的基础上增加了网格服务所需要的功能。

在 FTP 协议(RFC 959)及其扩展所定义的特征中，标准的 FTP 实现一般只支持其中一个子集。为了使网格数据传输协议具有更好的适应性，GridFTP 除了应具有普遍使用的数据传输协议所提供的基本功能，还必须是可扩展的。为了满足网格的需要，GridFTP 在 FTP 的基础上增加了如下一些新的特征，其中一些已经成为标准。

(1) 自动调整 TCP 缓冲/窗口大小。手工方式设置 TCP 缓冲/窗口大小容易出错，且对用户要求较高。因此 GridFTP 对标准的 FTP 指令集和数据信道协议进行了扩展。针对具体的文件大小和类型，使 GridFTP 支持手动或自动设置大文件和小文件集合的 TCP 缓冲大小。由于使用优化的 TCP 缓冲/窗口大小设置，从而有效地提高了数据传输性能。

(2) 支持 GSI 和 Kerberos 安全机制。传输或存取文件时，灵活可靠的安全鉴别、完整性检查、健壮性和保密性都非常重要。当用户要求控制不同层次上的数据完整性和保密性的设定时，GridFTP 必须支持 GSI(grid security infrastructure)和 Kerberos 认证。GSI 支持用户代理、资源代理、认证机构和协议的实现，是 Globus 的安全基础构件包，是保证网格计算安全性的核心。

（3）第三方控制的数据传输。为了管理许多大型数据集，GridFTP 提供了经过鉴别的由第三方控制的数据传输功能。这种功能允许用户或应用程序启动、监视和控制其他两个地点的数据传输，为使用多个地点的资源提供了保障。GridFTP 在保留 FTP 的第三方数据传输功能上增加了 GSS-API（generic security service-API）安全认证。

（4）并行数据传输。并行数据传输就是在一个数据服务器上，将数据文件分段后在多种数据连接上传输数据。在广域网中，客户端和服务器之间或两个服务器之间需要高带宽。使用多个并行的 TCP 流与使用单一的 TCP 流相比，能有效地提高数据传输的总带宽。GridFTP 通过指令和数据信道的扩展支持并行数据传输。

（5）条状数据传输。条状数据传输是指应用程序使用多个 TCP 流来传输分布在多个服务器上的数据。在网格环境中，大规模的数据可分布放置在多个存储点上。GridFTP 能启动条状传输，条状传输可以在并行传输的基础上进一步提高总带宽和数据传输速度。

（6）部分文件传输。许多应用程序只需要访问某个远程文件的一部分。而标准的 FTP 只能传输整个文件或从文件某个特殊位置开始的剩余部分，因此需要特定的数据传输支持。GridFTP 引入新的 FTP 指令以支持从一个文件的任意位置开始传输数据。

（7）支持可靠的数据传输和数据重传。对于许多处理数据的应用程序来说，保证数据传输的可靠性很重要。处理短暂的数据传输故障和服务器故障等是不可缺少的容错手段。GridFTP 支持可靠的数据传输和数据重传，并把它扩展到新的数据通道协议中。

8.1.4　Restful Web 服务

表征状态转移（representational state transfer，REST），是一种设计风格，而不是标准。REST 架构是 Roy Fielding 博士在他 2000 年的博士论文中提出来的一种软件架构风格。REST 从资源的角度来观察整个网络，分布在各处的资源由 URI 确定，而客户端的应用通过 URI 来获取资源的表征。获得这些表征致使这些应用程序转变了它们的状态。随着不断获取资源的表征，客户端应用不断地在转变着状态，称为表征状态转移。

Restful Web 服务是将 REST 架构风格和 HTTP 标准协议结合的一种 Web 服务。它从以下三个方面资源进行定义。

（1）URI，如 http://example.com/resources/。

（2）Web 服务接受与返回的互联网媒体类型，如JSON、XML、YAML等。

（3）Web 服务在该资源上所支持的一系列请求方法，如 post、get、put 或 delete。

表 8-3 列出了实现 Restful Web 服务是 HTTP 请求方法的用途。

表 8-3　HTTP 请求放在 Restful Web 服务中的应用

资源	get	put	post	delete
一组资源的 URI，如 http://example.com/resources/	列出 URI，以及该资源组中每个资源的详细信息(后者可选)	使用给定的一组资源替换当前整组资源	在本组资源中创建/追加一个新的资源。该操作往往返回新资源的 URL	删除整组资源
单个资源的 URI，如 http://example.com/resources/1	获取指定的资源的详细信息，格式可以自选一个合适的网络媒体类型（如 XML、JSON 等）	替换/创建指定的资源。并将其追加到相应的资源组中	把指定的资源当成一个资源组，并在其下创建/追加一个新的元素，使其隶属于当前资源	删除指定的元素

Restful Web 服务不像基于 SOAP 的 Web 服务有自己的标准，但在实现 Restful Web 服务时可以使用其他各种标准，如上述的 HTTP，还有其他一些标准如 URL、XML、PNG 等。

8.1.5　WebDAV

WebDAV(web-based distributed authoring and versioning)是一种基于 HTTP 1.1 协议的通信协议。它扩展了 HTTP 1.1，在 get、post、head 等几个 HTTP 标准方法以外添加了一些新的方法，使应用程序可直接对 Web 服务器直接读写，并支持写文件锁定(lock)和解锁(unlock)，还可以支持文件的版本控制。

Microsoft Windows 2000/XP 和 IE、Office，还有 Adobe/MacroMedia 的 Dreamweaver 等都支持 WebDAV，这大大增强了 Web 应用的价值和效能。对于需要发布大量内容的用户而言，应用 WebDAV 可以降低对内容管理系统(content management system，CMS)的依赖，而且能够更自由地进行创作。

WebDAV 扩展了 HTTP 1.1 协议，允许客户端发布、锁定和管理 Web 上的资源。与 Internet 信息服务集成后，WebDAV 允许客户端进行下列操作。

(1) 处理服务器上 WebDAV 发布目录中的资源。例如，使用此功能，具有正确权限的用户可以在 WebDAV 目录中复制和移动文件。

(2) 修改与某些资源相关联的属性。例如，用户可写入并检索文件的属性信息。

(3) 锁定并解锁资源以便多个用户可同时读取一个文件。但每次只能有一个人修改文件。

(4) 搜索 WebDAV 目录中的文件的内容和属性。

在服务器上设置 WebDAV 发布目录与通过 Internet 信息服务管理单元设置虚拟目录一样简单。设置好发布目录后，具有适当权限的用户就可以向服务器发布文档，并处理目录中的文件。在设置 WebDAV 目录之前，必须首先安装 Windows XP Professional。

WebDAV 的客户端可以通过下面描述的任意一种 Microsoft 产品或通过其他任意的支持行业标准 WebDAV 协议的客户端来访问 WebDAV 发布目录。

(1) Windows XP 通过“添加网上邻居向导”与 WebDAV 服务器连接，并显示 WebDAV 目录中的内容，如同它是本地计算机上同一文件系统的组成部分。连接完成之后，就可以拖放文件、检索和修改文件属性及执行许多其他文件系统任务。

(2) Internet Explorer 5.0 与 WebDAV 目录连接，可以执行通过 Windows XP 所能执行的文件系统任务。

(3) Office 2000 通过其中包含的任意应用程序创建、发布、编辑文档，并直接将文档保存到 WebDAV 目录中。

在 WebDAV 中搜索，只要与 WebDAV 目录建立连接，就可以快速搜索此目录中文件的内容和属性。例如，可以搜索包含 table 一词的所有文件或所有由 Fred 编写的文件。

WebDAV 的请求格式完全采用 HTTP 1.1 规范中的所有方法，并扩展了其中一些方法。WebDAV 中使用的方法包括以下几个方面：

(1) options、head 和 trace。主要由应用程序用来发现和跟踪服务器支持和网络行为。

(2) get。检索文档。

(3) put 和 post。将文档提交到服务器。

(4) delete。销毁资源或集合。

(5) mkcol。创建集合。

(6) PropFind 和 PropPatch。针对资源和集合检索与设置属性。

(7) copy 和 move。管理命名空间上下文中的集合和资源。

(8) lock 和 unlock。改写保护。

(9) WebDAV 请求的一般结构遵循 HTTP 的格式，并且由以下三个组件构成。

① 方法。声明由客户端执行的方法(上面描述的方法)。

② 标头。描述有关如何完成此任务的指令。

③ 主体(可选)。定义用在该指令或其他指令中的数据，用以描述如何完成此方法。

在主体组件中，XML 成为整个 WebDAV 结构中的关键元素。

8.1.6 S3

Amazon 提供的 S3(simple storage service)是基于云的数据存储，通过其 Web Services API，Internet 上任何地方都可以对其进行实时访问。用这个 API 可以在一个相当扁平的名字空间内，存储任意数量的，大小从 1 个字节到 5GB 的对象。

S3 是一个公开的服务，Web 应用程序开发人员可以使用它存储数字资产，包括图片、视频、音乐和文档。S3 提供一个 Restful API 以编程方式实现与该服务的交互。例如，可以使用开源的 JetS3t 库利用 Amazon 的 S3 云服务存储和检索数据。

理论上，S3 是一个全球存储区域网络（SAN），它表现为一个超大的硬盘，可以在其中存储和检索数字资产。但是，从技术上讲，Amazon 的架构有一些不同。通过 S3 存储和检索的资产称为对象(object)。对象存储在存储段(bucket)中。可以用硬盘进行类比：对象就像是文件，存储段就像是文件夹(或目录)。与硬盘一样，对象和存储段也可以通过统一资源标识符(uniform resource identifier，URI)查找。

S3 可以存储任意一个不超过 5TB 的对象，每个对象有一个不超过 2KB 的元数据。每一个 bucket 都被唯一一个用户分配的 key 所标识。bucket 和 object 都能用 REST-style 的 HTTP 接口或者 SOAP 接口所创建、查找和访问。另外，能够用 HTTP 的 get 接口和 BitTorrent 协议下载 object，也可以创建一个时间敏感型的 bucket。

下面对 S3 的几个术语给出解释。

(1) bucket：一个 bucket 是一个用于存储的容器，或者可以理解为云端的文件夹。文件夹要求一个独特唯一的名字，用于唯一标识。bucket 在一个高层级上组织命名空间，并在数据的访问控制上扮演着重要角色。举个例子，假设一个名为 photos/puppy.jpg 的文件对象存储在名为 userA 的 bucket 里，那么可以通过这样一个 URL 访问到这个对象：http://userA.s3.amazonaws.com/photos/puppy.jpg。

(2) object：对象，也就是存储在 S3 里的基本实体。一个 object 包括 object data 和 metadata。metadata 是一系列的 name-value 对，用来描述这个 object。默认情况下包括文件类型、最后修改时间等，当然用户也可以自定义一些 metadata。

(3) key：即 bucket 中每一个 object 的唯一标识符。上面例子中提到的 photos/puppy.jpg 就是一个 key。

(4) 访问控制表(access control lists，ACL)。在 S3 中每一个 bucket 和 object 都有一个 ACL，并且 bucket 和 object 的 ACL 是互相独立的。当用户发起一个访问请求时，S3 会检查 ACL 来核实请求发送者是否有权限访问这个 bucket 或 object。

(5) region：可以指定 bucket 的具体物理存储区域(region)。选择适当的区域可以优化延迟、降低成本。Amazon 在世界各地建立了数据中心，目前 S3 支持 US Standard，US（Northern California），EU（Ireland），APAC（Singapore）。

存储在 S3 的数据可以仅供自己使用、授权他人使用(可以限定使用时长)、供公共访问等。目前 S3 提供两种等级的存储方式。

(1) 标准储存(standard storage)：提供 99.999999999%的可靠性和 99.99%的可用性保障，具备 SLA 协议。可以承受两个设备数据同时丢失，用以储存关键数据。

(2) 去冗余存储(reduced redundancy storage，RRS)：提供 99.99%的可靠性和可用性保障，具备 SLA 协议。可以承受一个设备数据丢失，用以储存不那么重要的数据，如图片缓存等，价格也相对便宜。

8.2　管理接口标准

8.2.1　SRM

SRM 的概念最早由(美国劳伦斯伯克利国家实验室 LBNL)的科学数据管理小组提出，并制定了其对应的规格说明文档。SRM 规范文档中定义了与存储空间和文件管理相关的术语和操作，同时涵盖了服务端和客户端的功能规范。目前最新的 SRM 规格说明文档是 v2.2。它与 SRM2.0 和 SRM2.1 规格文档中的功能兼容，但增加了不少扩展的功能，特别是针对服务端的动态空间预留和客户端请求的存储空间内的目录功能。

1. SRM 的基本术语

SRM 规范定义了与文件、空间、安全访问、传输、请求、返回内容相关的术语。其中主要的术语定义有以下几种。

(1) 存储文件类型。由 SRM 所管理的存储文件的可分为三类：稳定临时文件、持久文件和永久文件。

(2) 文件类型。基本的文件类型，包括普通文件、目录和符号连接文件。

(3) 文件滞留策略。由 SRM 所管理的文件在磁盘缓存区中的滞留策略有三种：在线、输出和保管。

(4) 文件的访问延时。存储空间具有两种访问延时：在线(磁盘缓存)和离线(磁带库)。

(5) 访问许可模式。客户端对文件的访问许可，包括 R(读)，W(写)，X(执行)。

(6) 访问许可类型。允许客户端对文件的操作，包括 add(增加)，remove(删除)，change(修改)文件。

(7) 请求类型。客户端发送的请求的类型，包括 PREPARE_TO_GET, PREPARE_TO_PUT, COPY, BRING_ONLINE, RESERVE_SPACE, UPDATE_SPACE, CHANGE_SPACE_FOR_FILES,LS。

(8) SURL。站点相关的 URL 的格式形式。

(9) TURL。传输相关的 URL 的格式形式。

(10) 文件的元数据。包括文件路径、状态、大小、最后修改时间、文件存储类型、滞留策略、文件类型、赋予的生命周期、余下的生命周期、属主权限、属组权限、其他用户权限、校验值类型、校验值。

(11) 空间的元数据。包括预留空间的描述符、状态、文件滞留策略、属主、总空间大小、保证的空间大小、未使用空间大小、分配的生命周期、余下的生命周期。

2. SRM 的基本操作

SRM 规范还定义了与空间管理、访问权限控制、目录、数据传输、服务发现相关的功能。对于每一个功能提供了详细的定义，规定了其输入参数列表、输出参数列表、返回状态和对每个参数的必要解释。其中每一个类别下具体的管理功能包括以下几种。

(1) 空间管理：存储空间预留(srmReserveSpace)，存储空间释放(srmReleaseSpace)，存储空间更新(srmUpdateSpace)，获得已预留空间的元数据(srmGetSpaceMetadata)，清除存储空间内容(srmPurgeFromSpace)，获得预留空间的描述符(srmGetSpaceToken)，延长预留空间中文件的生命周期(srmExtendFileLifeTime)，修改文件所属的预留空间(srmChangeSpaceForFiles)，获得预留存储空间的返回状态(srmStatusOfSpaceReserveRequest)，获得更新存储空间的返回状态(srmStatusOfUpdateSpaceRequest)。

(2) 属性管理：修改本地 SURL 的访问权限(srmSetPermission)，检查客户端对某 SURL 的访问权限(srmCheckPermission)，获得某 SURL 的访问权限(srmGetPermission)。

(3) 目录操作：创建目录(srmMkdir)，删除空目录(srmRmdir)，删除一系列 SURL 指明的文件(srmRm)，罗列目录(srmLs)，获得罗列目录的返回状态(srmStatusOfLsRequest)，将文件从一个目录移动到另外一个目录(srmMv)。

(4) 数据传输：准备客户端需要读的文件(srmPrepareToGet)，将文件置于在线状态(srmBringOnline)，准备客户端需要写的文件(srmPrepareToPut)，在站点之间复制文件(srmCopy)，释放文件(srmReleaseFile)，挂起请求(srmSuspendRequest)，重启请求(srmResumeRequest)，获得请求总结(srmGetRequestSummary)，延长文件的生命周期(srmExtendFileLifeTime)，获得请求的 Token(srmGetRequestToken)。

(5) 服务发现：获得传输协议(srmGetTransferProtocol)，探测 SRM 服务状态(srmPing)。

一个具体的例子(srmReserveSpace)如下(注：标注下划线的参数表示必须提供)。

输入参数：

string	authorizationID,
string	userSpaceTokenDescription,
TRetentionPolicyInfo	<u>retentionPolicyInfo,</u>
unsigned long	desiredSizeOfTotalSpace,
unsigned long	<u>desiredSizeOfGuaranteedSpace</u>,
int	desiredLifetimeOfReservedSpace,
unsigned long []	arrayOfExpectedFileSizes,
TExtraInfo[]	storageSystemInfo,
TTransferParameters	transferParameters

输出参数：

```
TReturnStatus             returnStatus,
string                    requestToken,
int                       estimatedProcessingTime,
TRetentionPolicyInfo      retentionPolicyInfo,
unsigned long             sizeOfTotalReservedSpace,
unsigned long             sizeOfGuaranteedReservedSpace,
int                       lifetimeOfReservedSpace,
string                    spaceToken
```

8.2.2　OCCI

1. 关于 OCCI

OCCI(OGF Open Cloud Computing Interface)包括了一系列通过 OGF(Open Grid Forum)发布的、公开的、由社区领导的标准说明书。这些标准说明书中定义了基础设施的服务提供者应该如何通过标准的接口提供他们的网络、计算和存储资源。OCCI 中包含了一系列作为校验的实现。OCCI 的标准以万维网为根基，采用了 REST(representational state transfer)的构架风格，为与“As-a-service”之类的服务之间的交互提供了一个可扩展的模式。

OCCI 的一个目标是为云服务快速开发清晰、开放的标准和 API。当前的重点是基础设施云服务(infrastructure as a service，IaaS)，将来这些标准会慢慢扩展到平台云服务(platform as a service，PaaS)和软件云服务(Software as a service，SaaS)。其中，IaaS 是云计算产业中最主要的一个部分。OCCI 作为边界 API，其内容涵盖了从服务前端到 IaaS 服务提供者的内部基础设施管理的框架。OCCI 提供了以达成共识的语义、语法和从 Iaas 消费者到提供者领域内的管理方法。它涵盖了基于 OCCI 模型的对象的整个生命周期管理，也与现存的一些工作兼容，如开放的虚拟化格式(open virtualization format，OVF)。

OCCI 初始于 2009 年 3 月，最开始由 SUN 微系统的部分人员发起，至今为止，该成员会已经有 250 个来自产业界、学术界研究机构的成员和个人。其中产业界的代表有 Rackspace、Oracle、Platform Computing、GoGrid、Cisco、Flexiscale、ElasticHosts、CloudCentral、RabbitMQ、CohesiveFT、CloudCentral。学术和研究组织的代表包括 SLA@SOI、RESERVOIR、Claudia Project、OpenStack、OpenNebula、DGSI。

OCCI 定义各类资源的标准接口的目的是实现以下几个目标。

(1) 互操作性。使得各种云服务的提供者无须改动数据的结构和形式，API 的定义和格式便能使得各自的服务实现互操作。

（2）可移植性。云服务不与具体的技术和厂商绑定，在较小的技术代价下，客户端可以轻易地在不同的云服务提供者之间切换。这样也增强了行业之间的公平竞争性。

（3）整合性。基于 OCCI 标准的实现能轻易地与现存的中间件、第三方软件和应用程序整合。

（4）创新性。推动现代技术的发展。

2. OCCI 的资源类型

OCCI 针对三类资源(计算、网络、存储)，定义了它们的属性已经能运用于这些资源实例上的行为。

1）计算资源

计算资源代表了通用的信息处理资源，如虚拟机。计算资源既继承了 OCCI 的核心模块中的基本资源类型的属性，也包括了其特有的属性。

（1）occi.compute.architecture：一个计算资源实例的体系架构，如 x86，x64。

（2）occi.compute.core：一个计算资源实例的 CPU 内核个数。

（3）occi.compute.hostname：一个计算资源实例的主机名。

（4）occi.compute.speed：一个计算资源实例的主频(以千兆赫兹为单位)。

（5）occi.compute.memory：一个计算资源实例的内存大小(以千兆字节为单位)。

（6）occi.compute.state：一个计算资源实例的当前状态(活跃、非活跃、挂起)。

除了上述属性，OCCI 还定义了一系列可用于计算资源实例上的行为。

（1）start(开始)：将目标机器进入活跃状态。

（2）stop(停止)：将目标机器进入非活跃状态。

（3）restart(重启)：将目标机器再次进入活跃状态，包括 stop 和 start 两个连续的行为。

（4）suspend(挂起)：将目标机器进入挂起状态。

2）网络资源

网络资源代表了L2层的网络实体，如一个虚拟的交换机，但也能扩展支持L3/L4层的功能，如 TCP/IP。网络资源集成了 OCCI 核心模块中所定义的基本资源类，也包括了与网络实体相关的一些特殊属性。

（1）occi.network.vlan：802.1q 虚拟网的标识符，取值范围为 0~40095。

（2）occi.network.lable：基于标签的虚拟网，如外围的 DMZ 区。

（3）occi.network.state：网络资源实例的当前状态(活跃、非活跃)。

基于网络实体资源的行为如下。

（1）up(启动)：将网络资源实例进入活跃状态。

(2) down(关闭)：将网络资源实例进入非活跃状态。

为支持 L3/L4 层的能力(如 IP，TCP)，OCCI 定义了一个 IP 网络混合体(IP network mixin)。一个与 IP 网络混合体相关的网络资源实例必须包括如下属性。

(1) occi.network.address：IP 网络地址(如 192.168.0.1/24)。

(2) occi.network.gateway：IP 网络的网关地址(如 192.168.0.1)。

(3) occi.network.allocation：IP 网络的配置方式(动态 IP 地址分配或者静态 IP 地址的指定)。

图 8-1 显示了一个网络资源实例和其关联的 IP 网络混合体的组合和具体的赋值。

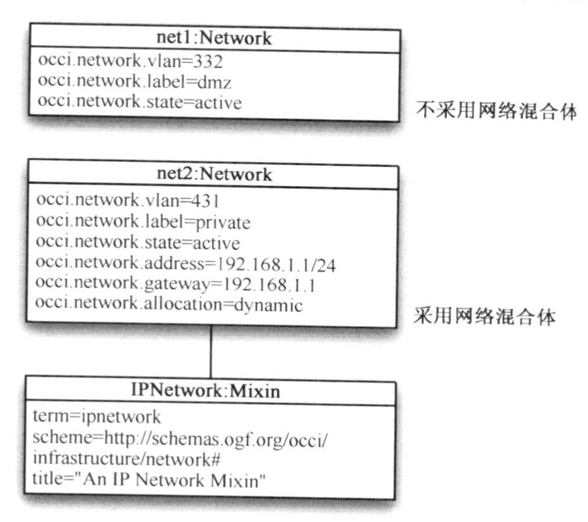

图 8-1 一个网络实例和其关联的 IP 网络混合体组合

3) 存储资源

存储资源代表了能将信息记录到存储设备的一类资源。存储资源同样继承了 OCCI 核心模块中的基本对象类，也包含了其特有的一些属性。

(1) occi.storage.size：一个存储资源实例的容量大小(以千兆为单位)。

(2) occi.storage.state：一个存储资源实例的当前状态(在线、离线、备份、快照、调节大小、降级)。

能运用在存储资源实例上的一系列行为如下。

(1) on line(在线)：将存储资源实例置为在线状态。

(2) off line(离线)：将存储资源实例置为离线状态。

(3) backup(备份)：将存储资源实例置为备份状态。

(4) snapshot(快照)：将存储资源实例置为快照状态。

(5) resize(调节大小)：设置存储资源实例的大小。

8.2.3 CDMI

1. 关于 CDMI

云数据管理接口(cloud data management interface，CDMI)是全球网络存储工业协会(Storage Networking Industry Association，SNIA)针对云存储系统定义的一系列规范。它给云存储系统的开发人员提供了一些接口的规范，规定了通过这些接口云存储系统的客户端如何创建、获得、更新、删除云存储系统中的数据。此外，部分接口还可以用于客户端对云存储系统的功能的发现，以及客户端管理云存储系统中的数据容器和存储在容器内的数据。除此之外，客户端还能通过这些接口来定义数据容器和容器内数据的元数据。

接口中还包含了管理的功能，通过这些接口，应用程序能够在云存储系统中管理数据容器、数据、账号、安全访问、监控和记账信息等。

目前，CDMI 共有 2 个版本的规范说明，CDMI v1.0 和 CDMI v1.0.1，其中 CDM v1.0.1 在 2011 年 9 月发布。该规范说明书已经被全球网络存储工业协会批准和发布。

2. CDMI 规范的内容

CDMI 中对云存储的定义是按需提供虚拟化的存储资源。云存储的正式术语是数据存储服务(data storage as a service，DaaS)。

CDMI 规范文档中对如下的内容做了规范化的描述。

(1) 云存储系统的概述：简单概述了云存储系统，详细阐述了作为服务模型的本国际标准背后的哲学。

(2) 通用的操作：列举了可能被访问的资源和如何修改这些资源。

(3) 接口标准：描述了 HTTP 的状态码，云存储管理接口的对象类型，对象引用和对象操作。

(4) 数据对象资源的操作：提供了对数据对象资源进行操作的规范化标准。

(5) 容器对象资源的操作：提供了对容器对象资源进行操作的规范化标准。

(6) 域对象资源的操作：提供了对域对象资源进行操作的规范标准。

(7) 队列对象资源的操作：提供了对队列对象进行操作的规范标准。

(8) 能力对象资源的操作：提供了对能力对象资源进行操作的规范标准。

(9) 输出协议：讨论云计算环境中的虚拟计算机如何利用 CDMI 容器的输出协议。

(10) 快照：讨论如何从 CDMI 的容器内访问快照。

(11) 序列化/反序列化：讨论了如何序列化和反序列化，包括如何从 CDMI 中输入和输出序列化的数据。

(12) 元数据：提供了接口中元数据的规范化标准。

（13）滞留和保持管理：描述了用于系统管理功能中的可选择的滞留管理原则。

（14）范围规格说明：描述了 JSON 对象的范围规格说明的结构。

（15）结果规格说明：提供了一种定义 CDMI 对象内容子集的标准机制。

（16）日志：描述对 CDMI 对象函数、安全事件、数据管理时间、队列的功能日志记录。

（17）通知队列：描述 CDMI 客户端如何能有效发现系统中进行的修改。

3. CDMI 的主要规范

1）通用操作

CDMI 的通用操作的规范中通过详细的例子(包括了客户端的请求格式和服务端的相应格式)对如下的操作进行了规范化定义。

（1）发现云存储服务提供者的能力。

（2）创建一个新的容器。

（3）创建一个新的数据对象。

（4）罗列一个容器内的所有内容。

（5）读一个数据对象的内容。

（6）读数据对象的值。

（7）删除一个数据对象。

以创建一个新容器为例，客户端的请求格式如下：

```
PUT /MyContainer/HTTP/1.1
Host: cloud.example.com
Accept: application/cdmi-container
Content-Type: application/cdmi-container
X-CDMI-Specification-Version: 1.0.1
{
"metadata" : {
}
}
```

其对应的服务端的响应的格式如下：

```
HTTP/1.1 201 Created
Content-Type: application/cdmi-container
X-CDMI-Specification-Version: 1.0.1
{
"objectType" : "application/cdmi-container",
"objectID" : "00007E7F00102E230ED82694DAA975D2",
"objectName" : "MyContainer/",
"parentURI" : "/",
```

```
"parentID" : "00007E7F0010128E42D87EE34F5A6560",
"domainURI" : "/cdmi_domains/MyDomain/",
"capabilitiesURI" : "/cdmi_capabilities/container/",
"completionStatus" : "Complete",
"metadata" : {
"cdmi_size" : "0"
},
"childrenrange" : "",
"children" : [
]
}
```


2）数据对象资源操作

数据对象是云存储系统中的基本存储对象，与文件系统中的文件类似，CDMI中规定每个数据对象包括一个单一的值和可选的元数据(由用户添加但由云存储系统产生)，每个数据对象可由如下两种方式来标记。

(1) URI(统一资源定位符)，如http://example.cloud.com/dataobject。

(2) 对象 ID，如http://example.cloud.org/cdmi_objectid/ 0000706D0010B84FAD185C425D8B537E。

8.2.4 Simple Cloud API

Simple Cloud API 为各种云服务提供了一个共用的 API。在 Zend、GoGrid、IBM、Microsoft、Nirvanix 和 Rackspace 的合作努力下，Simple Cloud API 使开发者能够编写出可移植的并可与多个云供应商进行互操作的代码。最好的一点是，Simple Cloud API 使开发者能够根据需要使用特定于一个具体供应商的服务。

Simple Cloud API 是为了可互操作的代码而设计的。许多云服务都支持在 Simple Cloud API 中定义操作。最终目标是编写的与一个云服务一起使用的代码要能与所有类似的云服务一起使用。Simple Cloud API 的 PHP 实现使用了 Factory 和 Adapter 设计模式。要使用一个特定的云服务，开发者可以使用一组配置参数调用适当的工厂方法(如用于文件存储的 Zend_Cloud_Storage_Factory)。工厂方法返回的类用于一个特定于服务的适配器。适配器把 Simple Cloud API 调用映射到每个云供应商所需的特定于服务的调用中。

Simple Cloud API 可分为三种：文件存储(file storage)、文档存储(document storage)、简单队列(simple queues)。

文件存储指的是传统云存储系统，如 S3 和 Nirvanix。使用文件存储服务，开发者要了解已经存储在云中的数据并对此负责。开发者能够获得一个目录/存储桶的清单和每个目录/存储桶中的文件清单，但是是否对每个文件表示的意思进行跟踪，这取决于开发者。在这个 API 中，典型的方法有 fetchItem()、listItems()、deleteItem() 和 fetchMetadata()。

文档存储包括更为结构化的系统，如 Amazon 的 SimpleDB。与简单的文件存储不一样，文档存储提供队列功能帮开发者查找信息。在一些用例中，基本的服务是有着模式支持的相关数据库。在其他的用例中，它会是一个类型简单许多的服务。在这个 API 中，典型的方法有 listCollections()、listDocuments()、insertDocument() 和 query()。

简单队列是队列系统，如 Amazon 的 Simple Queue Service。用于简单队列 API 的典型方法有 sendMessage()、listQueues() 和 peekMessage()。

8.3 本章小结

只有遵循一定的标准，数据才能在不同的存储系统之间进行传输和管理，本章重点介绍了常用的数据传输协议，包括 FTP、HTTP、GridFTP、Resutful、WebDAV、S3 等，以及标准的管理接口，包括 SRM、OCCI、CDMI、Simple Cloud API 等。

参考文献

Allcock W. 2003. Gridftp protocol specification (global grid forum recommendation GFD. 20). Globus Project. http://www. globus. org/alliance/publications/papers/GFD.

Fielding R, Gettys J, Mogul J, et al. 1999. Hypertext transfer protocol. HTTP/1.1.

Metsch T, Edmonds A, Nyrén R, et al. 2010. Open cloud computing interface–Core//Open Grid Forum, OCCI-WG, Specification Document. http://forge. gridforum. org/sf/go/doc16161.

Postel J, Reynolds J. 1985. File transfer protocol. RFC 959.

Richardson L, Ruby S. 2008. RESTful Web Services. California: O'Reilly.

Sim A, Shoshani A, Badino P, et al. 2008. The storage resource manager interface specification version 2.2. OGF Grid Final Document, 129.

SNIA Technical Position. 2010. Cloud Data Management Interface (CDMI) v1.0.2. http://snia.org/sites/default/files/CDMI%20v1.0.2.pdf.

Tidwell D. 2009. The simple cloud API–writing portable, interoperable applications for the cloud. http://static.zend.com/topics/An-Overview-of-the-Simple-Cloud-API.pdf.

Whitehead Jr E J, Wiggins M. 1998. WebDAV: IEFT standard for collaborative authoring on the Web. IEEE Internet Computing, 2(5): 34-40.

第三篇

结构化数据管理

第9章

OGSA-DAI

9.1 概　述

OGSA-DAI (open grid services architecture-data access and integration) 是由英国爱丁堡大学并行计算中心 (EPCC) 负责管理的英国 e-Science 的核心项目，其开发工作始于 2002 年，目标是实现数据的分布式管理与访问，通过数据的共享使得科研人员之间的合作成为可能。Antonioletti 等将应用对于 OGSA-DAI 的需求归结如下。

(1) 支持现有的数据库管理系统已经提供的各种设施，包括查询与更新设施、编程接口、索引、高可用性 (high availability)、恢复 (recovery)、复制 (replication)、版本化 (versioning)、模式演化、数据与模式的统一访问、并发控制、事务、批量加载 (bulk loading)、可管理性 (manageability)、归档 (archiving)、安全性 (security)、完整性约束 (integrity constraints) 和变动通知 (如触发器) 等。

(2) 元数据驱动的访问，这是网格应用对数据库的特殊需求。使用元数据的具体应用场景包括：通过提供系统和管理信息 (如数据资源的性能与容量、价格与使用策略、当前操作状态) 来进行管理和调度；通过提供数据结构和内容信息 (如数据遵循的模式、内容概要) 来完成数据的发现和解释；通过索引或概要实现资源或者访问方法的选取；面向人类决策的数据选取与评估。这方面面临的挑战为：元数据涉及众多的方面，其很多组件是特定于应用的；不同资源的元数据的访问接口和表示存在较大的差异；现有的元数据通常是手工产生的，这种方式本身不够可靠。

(3) 多数据库联合，这是网格应用对数据库的另外一个特殊需求。网格环境中具有多种数据资源，包括但不限于传感器、各种仪器和可穿戴设备等，他们对应不同的数据集。科学家在研究过程中经常进行的操作为：一是把关于同一实体的不同类型的信息合并起来获得一个更为完整的描述，二是把关于不同实体的相同类型的信息聚合起来。所有这些操作都需要集成来自多个数据源的数据。这里面临的挑战是数据源的异构性和自治性。

为了满足上述需求，OGSA-DAI 设计了一套标准化的、基于服务的接口，数据库通过这些接口暴露给应用使用。通过服务化的接口，数据库驱动技术、数据格式化方法和数据投递机制等方面的差异得以隐藏，不同种类、异构数据的集成成为可能，用户可以聚焦到应用特定的数据分析与处理工作而无需关心数据的位置、结构、传输、集成等技术细节。具体而言，OGSA-DAI 具有以下功能或特性。

(1) 能够整合包括关系数据库、XML 数据库、文件等在内的多种数据资源，并支持多种流行的数据资源产品(主要是各种数据库，如 MySQL、Oracle、DB2、Xindice 等)。

(2) 每种资源内的数据都能被查询和更新。

(3) 通过分布式查询处理实现数据资源的联合，支持多源数据的集成。

(4) 支持数据的转换(使用 XSLT 完成)。

(5) 支持多种数据投递目标，如客户端、其他 OGSA-DAI 服务、URL、FTP 服务器、GridFTP 服务器、文件等。

(6) 提供一致的、数据资源无关的数据访问，发送到 OGSA-DAI 服务的请求的格式独立于底层的数据资源。

(7) 用户可以通过扩展 OGSA-DAI 服务来暴露自己的数据资源，提供应用特定的新功能。

(8) Web 服务遵循 Web 服务资源框架(web services resource framework，WSRF)规范。

OGSA-DAI 的开发工作总共经历了 3 个主要的阶段：第一阶段的工作自 2002 年 2 月开始，于 2003 年 7 月结束；第二阶段的研究开发始于 2003 年 10 月，历时 24 个月；第三阶段的研究开发始于 2006 年 4 月，同样历时 24 个月。现如今，OGSA-DAI 已经成为一个重要的开源项目。尽管自 2009 年最新的 OGSA-DAI 4.2 版本发布之后，OGSA-DAI 不再增加新的功能，它仍然被广泛地应用。OGSA-DAI 的网站上列出了很多使用 OGSA-DAI 的项目，最近的一些项目包括欧洲的高级数据挖掘与集成研究项目 ADMIRE(advanced data mining and integration research in Europe)、日本的数据库网格、全球观测(global earth observation)网格、跨网格环境的移动环境感应系统 MESSAGE(mobile environmental sensing system across grid environments)等。

9.2 基本架构

随着技术的演化，OGSA-DAI 的架构也经历了一个演化的过程。图 9-1 给出的是 OGSA-DAI 3.1 及其之前版本所采用的架构，整个架构根据功能的不同可以分成三部分：应用、数据服务和数据资源。

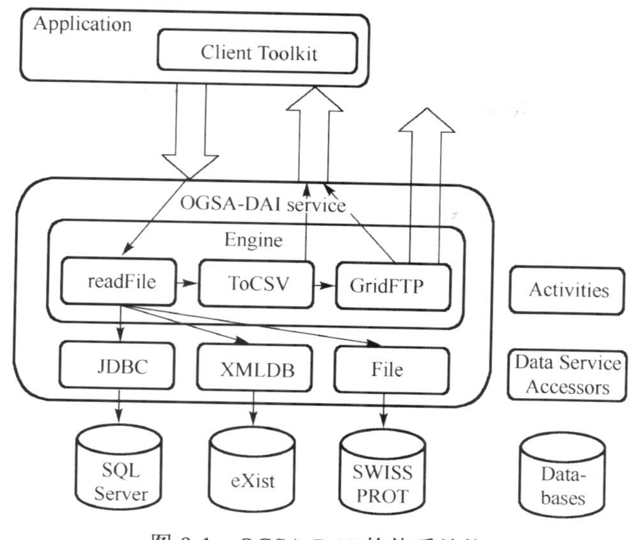

图 9-1 OGSA-DAI 的体系结构

1） 应用

应用是指安装有 OGSA-DAI 客户端工具的应用程序，用户在客户端提交执行文档和接受经由服务器处理后的数据；客户端工具直接与数据服务进行交互。

执行文档[①]中包含三类操作：查询类(用于查询和更新数据)，转换类(用于将数据转换成指定的格式)，传输类(用于将经处理后的数据传送到第三方)。

服务器对执行文档的处理过程如下：查询类将查询结果封装成数据集，以数据流的形式传送到转换类，转换类将数据集转换成指定的格式，并以 XML 文档格式保存，再经过传输类的封装，向第三方或客户端发送一个 URL，最终客户端根据此 URL 访问数据。

2） 数据服务

数据服务也称为网格数据服务(grid data service，GDS)，也就是图 9-1 中的 OGSA-DAI service，每个数据服务包括 1 个或多个数据服务资源(data service resource)，数据服务资源是 OGSA-DAI 的核心功能，每个数据服务资源都支持一组活动(activity)，每个活动定义一种与数据资源类型相关的数据操作(如访问数据资源、更新数据资源、进行数据格式转换、投递数据等)。对数据资源的访问是通过数据资源访问器完成的，每一个数据服务资源都有它自己的数据资源访问器，如用 JDBC 方式来访问关系数据库，XMLDB 方式来访问 XML 数据库，File 方式来访问

① 执行文档(perform document)是一种 XML 格式的文档，用于定义要在网格数据服务(grid data service，GDS)上执行的活动，如一条 SQL 查询，然后再定义如何将查询的结果传送给第三方。

系统文件资源。数据资源访问器所做的工作就是调用特定数据资源的接口，完成对数据的存取访问、更新等。

执行文档在数据服务中的处理过程如下：数据服务将执行文档交给代表实际数据源的数据服务资源，由数据服务资源中的引擎来对执行文档进行解释并执行文档中的定义的动作(也就是活动)，通过这些指定的活动完成与数据资源的交互。最后由数据服务资源生成一个描述请求结果的响应文档(response document)，通过数据服务发送给客户端。需要指出的是，数据可以从一个活动流到另外一个活动，从而形成一个工作流，图 9-1 中的引擎(engine)就负责工作流的执行，图中的 readFile、ToCSV、GridFTP 是三个相应的活动，分别完成数据的读取、格式转换和投递工作。图 9-2 以单一的数据资源为例，给出了一次请求处理的详细过程，图中的圆点表示授权点。

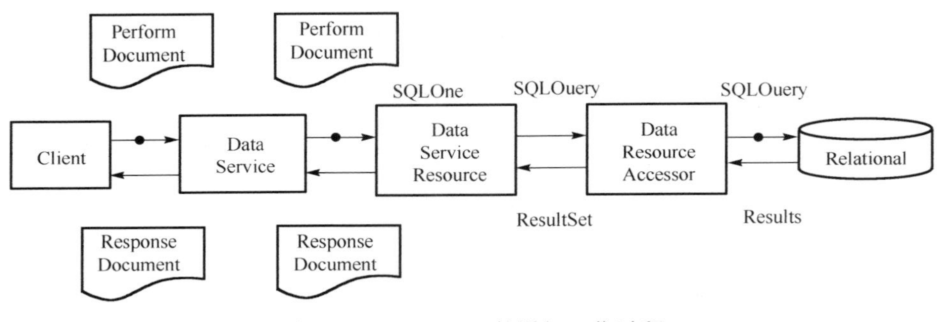

图 9-2　OGSA-DAI 的详细工作过程

3） 数据资源

数据资源主要强调的是异构性数据源，如分布在不同网络位置上的资源、不同类型的数据库资源、不同访问权限的数据资源等。这些资源通过 OGSA-DAI 对外暴露。

从概念上而言，OGSA-DAI 一直采用如图 9-3 所示的架构，即客户端工具、OGSA-DAI 服务和数据源。数据源的作用就是提供各种数据；客户端工具的目标是简化 OGSA-DAI 客户端的构建过程，为了这一目标，它提供了活动、工作流、资源和服务等的客户端抽象表示，同时提供了相应的组件来完成与 OGSA-DAI 服务的联系、工作流的提交、工作流执行之后请求状态与数据的处理等；OGSA-DAI 服务则充当客户端工具和数据源之间的中介，使得客户请求能够顺利完成。

随着应用的深入，OGSA-DAI 对已有的概念及其组件进行了重新的组织调整，最终形成了如图 9-3 所示的架构，OGSA-DAI 3.2 及其之后的版本均遵循这一架构。从图中可以看出，最新的 OGSA-DAI 架构中明确引入了表示层(presentation layer)并在这一层提供了多种访问方式，包括 Axis Web 服务、GT(Globus Toolkit) Web 服务和 Java 应用编程接口(API)。多种访问方式给使用者提供了更多的选择。另外，在 OGSA-DAI 核心部分，针对资源和活动，引入了管理器(manager)的概念，以更好地进行管理。

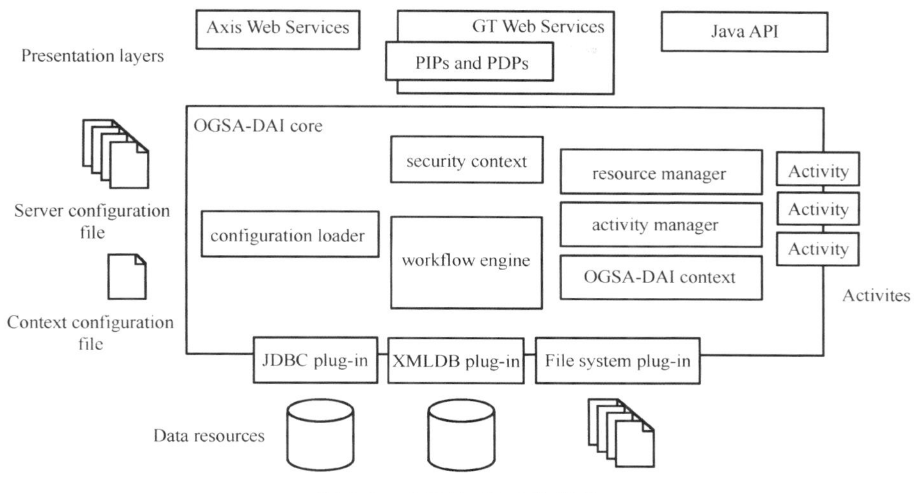

图 9-3 OGSA-DAI 的组件

活动的概念在 OGSA-DAI 的演化过程中没有什么变化，除了活动之外，新版 OGSA-DAI 核心部分的其他组件说明如下。

(1) 配置加载器(configuration loader)，用于加载 OGSA-DAI 配置文件，这些文件指定了服务器的配置，包括可用的活动、活动实现的类、资源、支持的活动、资源实现的类和数据库的用户名与密码等。此外，配置加载器还提供了针对资源和活动管理器的数据访问对象。

(2) 资源管理器(resource manager)，面向活动和表示层，提供对于服务器上当前资源的访问。资源管理器利用资源状态数据访问对象来完成配置信息的加载与保存。

(3) 活动管理器(activity manager)，提供对于服务器上可用活动的访问，供工作流引擎使用。活动管理器使用活动规格数据访问对象来完成配置信息的加载与保存。

(4) 服务器上下文(server context)，它保存了那些跨 OGSA-DAI 服务器使用的组件，如活动和资源管理器、登录提供者、授权者、监控组件等。服务器上下文使用 Spring 框架通过一个特殊的上下文配置文件来完成配置。

(5) 工作流引擎(workflow engine)，负责执行来自客户端的工作流，具体的功能包括创建工作流中相应活动的活动对象，监控工作流的执行和更新当前的执行状态等。

(6) 数据资源插件(data resource plug-in)，也就是前面提到的数据服务访问器，供数据资源服务使用，用于完成与数据资源的通信。

(7) 安全上下文(security context)，记录来自表示层的安全相关的信息，如客户端的证书。

数据资源插件和活动都是 OGSA-DAI 中关键的扩展点，例如，可以通过增加新的数据资源插件实现对新的数据资源的集成，通过定义新的活动实现对新增加数据资源的访问，如此一来，数据访问与集成的目标得以实现。另外，表示层也是 OGSA-DAI 的一个扩展点，例如，可以定义并实现 C/C++/Python API 以实现对于 C/C++/Python 语言的支持。最后需要指出的是，除了上述组件，特定的表示层有可能拥有自己额外的组件，例如，GT 表示层可通过策略信息点(policy information point，PIP)和策略决策点(policy decision point，PDP)实现授权功能，从而允许用户增加应用特定的授权方式。

9.3　工作流与活动

如前所述，工作流和活动是 OGSA-DAI 的核心概念之一，每个工作流包含称为活动的若干个单元，活动是工作流中的基本工作单元，它完成一项事先定义好的与数据相关的任务，如执行一个 SQL 查询、进行数据格式转换或传送数据。多个活动可以连接到一起，一个活动的输出可以连接到另外一个活动的输入，数据从一个活动流到另外一个活动，这种流动是单向的。不同的活动其要求的输入或者输出的数据格式有可能存在差异，转换活动能够实现数据在这些格式之间的转换。通过组合不同的活动，工作流不仅可以实现数据的访问，还能进行数据的更新、转换和投递，图 9-4 给出了一个工作流的示例，它包含数据访问、转换和投递三个活动。

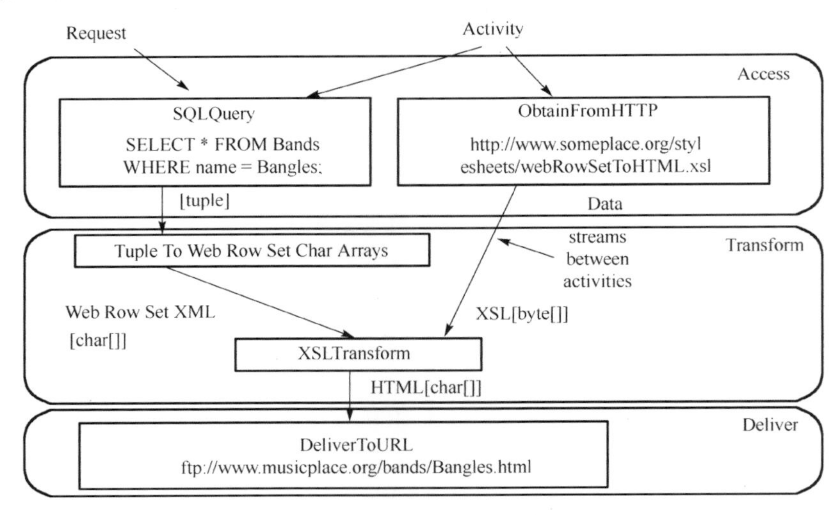

图 9-4　一个 OGSA-DAI 工作流示例

工作流是一个非常强大的概念，利用它可以集成来自多个数据源的数据。图 9-5 给出了一个示例，在这个例子中，利用一个单一的工作流和 OGSA-DAI 服务器来集成来自两个数据库中的数据。在这个工作流中，首先在两个不同的数据库上执行两个 SQL 查询，接下来对来自第一个查询的结果进行某种转换，转换后的数据按照某种方式与来自第二个查询的结果合并起来，最后合并之后的结果通过某种方式传送给用户。

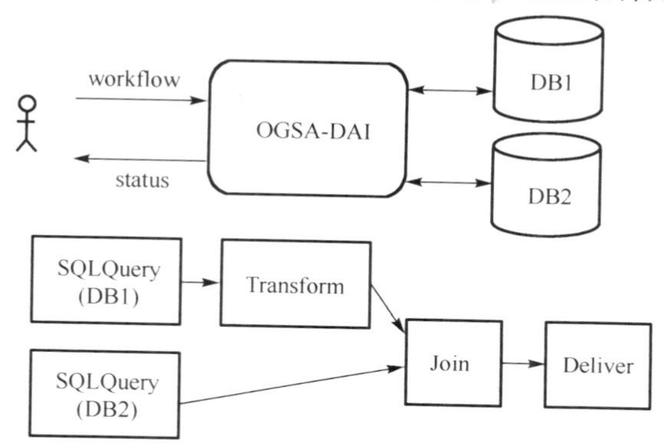

图 9-5 利用一个工作流和 OGSA-DAI 服务器实现数据集成

上面的例子比较简单，实际上，利用工作流，还能完成更为复杂的操作。图 9-6 给出了利用工作流实现数据集成的另外一个例子——利用工作流实现分属于两个 OGSA-DAI 服务器的数据的集成。该例子涉及两个工作流和两个 OGSA-DAI 服务器。在这个例子中，第一个工作流首先被发送到其中一个 OGSA-DAI 服务器，完成 SQL 的查询并将结果数据暴露给其他的 OGSA-DAI 服务器。接下来，第二个工作流被提交给另外一个 OGSA-DAI 服务器，该工作流首先将数据从第一个 OGSA-DAI 服务器拉回，与此同时执行一条 SQL 查询语句。最后，从第一个服务器拉回的数据与第二个服务器中的查询结果合并到一起并以某种方式发送给用户。同理，可以实现更多个数据源中数据的集成。

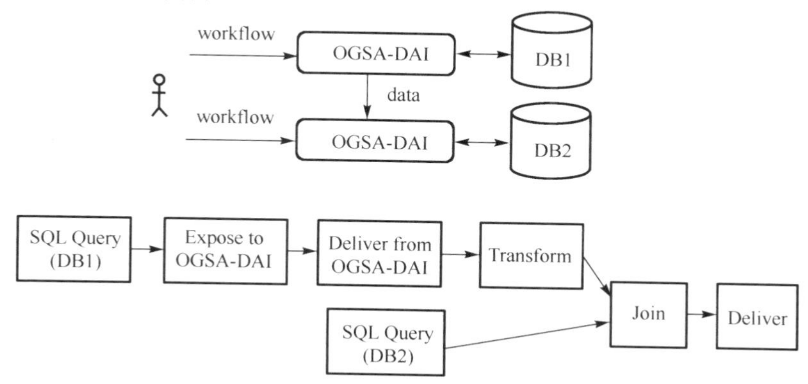

图 9-6 利用两个工作流和 OGSA-DAI 服务器实现数据集成

活动是工作流中预先定义好的工作单元，每个活动都有一个特定的名字，它们可以被“扔”到部署好的 OGSA-DAI 服务器中去执行而无需重新编译或者修改 OGSA-DAI。在 OGSA-DAI 4.2 版中，总共有 15 类预先定义好的活动，它们分别是块(block)活动、投递(delivery)活动、分布式查询处理(DQP)活动、文件(file)活动、通用(generic)活动、索引文件(indexed file)活动、管理(management)活动、关系(relational)活动、远程(remote)活动、安全(security)活动、转换(transformation)活动、公用(utility)活动、视图(views)活动、XML 数据库活动和 RDF 活动。关于每类活动所包含的具体操作请参见相应的参考手册，这里不再赘述。

每个活动都有自己的输入和输出(0 个或多个)，数据块从一个活动的输出流向另外一个活动的输入。活动的输入可以是可选的，也可以是必需的，OGSA-DAI 工作流采用输入文字(input literal)来标识需要客户端提供的参数。客户端可以直接提供输入值，也可以指定输入值由工作流中另外一个活动的输出来提供。需要指出的是，OGSA-DAI 并不对活动之间的连接进行检查以确保某个活动的输出对象和它所连接的活动的期望输入对象是兼容的，这种输出和输入之间不兼容的错误要等到工作流执行时才能被检测到。

9.4 使用 OGSA-DAI

前面已经介绍了 OGSA-DAI 的基本概念与功能，而且进一步指出 OGSA-DAI 是可扩展的。在本节中，就重点来看一下如何实现 OGSA-DAI 的扩展。在开始之前，假定使用者已经部署好 OGSA-DAI 服务，实际上，这一过程非常简单，根据用户手册可以很快掌握。

9.4.1 部署数据资源

要通过 OGSA-DAI 访问数据资源，首要的工作就是通过 OGSA-DAI 把数据资源暴露出去，这些工作可以通过 OGSA-DAI 的配置文件和配置命令来完成，具体说明如下。

首先来看一下关系资源的部署。一个关系资源代表一个关系数据库，在 OGSA-DAI 服务器中，关系资源管理 OGSA-DAI 和数据库之间的通信。下面的命令用来部署一个 JDBC 资源。

```
JDBC deploy RESOURCE_ID URL CLASS
Login permit RESOURCE_ID DN USER PASSWORD
```

其中，RESOURCE_ID 是资源的标识，URL 是数据库连接的 URL，CLASS 是数据库驱动的类名，DN 可以是一个证书、属性或者专有名称(由客户端提供，需要映射到数据库用户名和密码；如果不启用安全选项，可忽略或者用 ANY 代替），USER 和 PASSWORD 分别是数据库的用户名和密码。下面是该命令的一个具体的例子，它部署了一个 MySQL 数据库，该数据库位于主机 myhost 上，采用的数据库驱动是缺省的 org.gjt.mm.mysql.Driver，该配置中 DN 的值用 ANY 代替，说明对于安全没有特别的要求。

```
JDBC deploy JDBCResource jdbc:mysql://myhost:3306/daitest org.gjt.
mm.mysql.Driver
Login permit JDBCResource ANY myUser myPassword
```

除了上述命令，OGSA-DAI 还对预先支持的数据库产品提供了快捷命令，例如，下述的例子同样利用缺省驱动部署一个 MySQL 数据库，除了资源的标识不同，其他方面与上面的命令完全相同。

```
JDBC deployMySQL MySQLResource jdbc:mysql://myhost:3306/daitest
Login permit MySQLResource ANY  myUser myPassword
```

XML 数据库资源的部署与关系数据库类似，不同之处在于用 XMLDB 命令代替了 JDBC，具体形式如下。对于预先支持的数据库产品，同样存在快捷命令可供使用，这里就不再赘述，具体请参见用户手册。

```
XMLDB deploy RESOURCE_ID URL CLASS
Login permit RESOURCE_ID DN USER PASSWORD
```

文件系统资源表示 OGSA-DAI 服务器上的一个目录和其中所有的子目录与文件，客户端能够访问目录和子目录中的任何文件。部署文件系统资源的命令如下。

```
Files deploy RESOURCE_ID PATH
```

其中的 PATH 是目录的绝对路径，需要注意的是，对于 Windows 目录，要使用"/"而不是"\"分隔路径，以下是部署文件系统资源的 2 个具体的例子。

```
Files deploy MyDirectory /path/to/my/files
Files deploy MyDirectory C:/path/to/my/files
```

对于已经部署好的资源，用户可以使用下面的命令随时将其删除。

```
Resource delete RESOURCE_ID
```

9.4.2　活动的使用

活动定义了数据资源相关的行为，要使用一个活动，首先需要把它部署到服务器上。活动的部署很简单，使用下面的命令即可完成。

```
Activity add ID CLASS [DESCRIPTION]
```

其中，ID 是活动的标识，CLASS 是实现活动操作的 Java 类的名称，DESCRIPTION

是一个可选的字符串，用于描述活动的用途等信息。下面给出了一个例子，它部署了一个 XPath 查询活动，该活动带有相应的描述。

```
Activity add org.mine.XPath org.mine.activity.xmldb.XPathActivity
"A streaming XPath query activity"
```

活动部署完成之后就可以使用它了。具体的做法是使用下面的 Resource 命令，实现资源和活动的绑定。

```
Resource addActivity RESOURCE_ID ACTIVITY_NAME ACTIVITY_ID
```

其中的 RESOURCE_ID 就是部署数据资源时所使用的资源标识； ACTIVITY_NAME 是资源对外暴露的活动名称，也是客户端提交工作流时所使用的活动名称，它可以跟 ACTIVITY_ID 相同，也可以不同；ACTIVITY_ID 就是所部署的活动的标识。下面是一个 Resource 命令的具体的例子，它实现了数据库对 SQL 查询活动的支持，在这个例子中，活动名和活动标识相同。

```
Resource addActivity JDBCResource uk.org.ogsadai.SQLQuery uk.org.
ogsadai.SQLQuery
```

9.4.3　工作流的使用

工作流是 OGSA-DAI 的核心概念，也是 OGSA-DAI 所提供的强大工具。工作流的执行过程如图 9-7 所示：首先客户端提交工作流(或请求)到数据请求执行服务(data request execution service，DRES)，接着 DRES 将请求转交给底层的数据请求执行资源(data request execution resource，DRER)，最后由 DRER 完成工作流的执行。DRER 的具体功能包括解析工作流，实例化工作流中的活动，指定活动的目标资源，完成具体的操作，构建请求状态，通过 DRER 向客户端返回请求状态。DRER 可以并发执行多个工作流，它也可以有自己的待执行工作流队列。

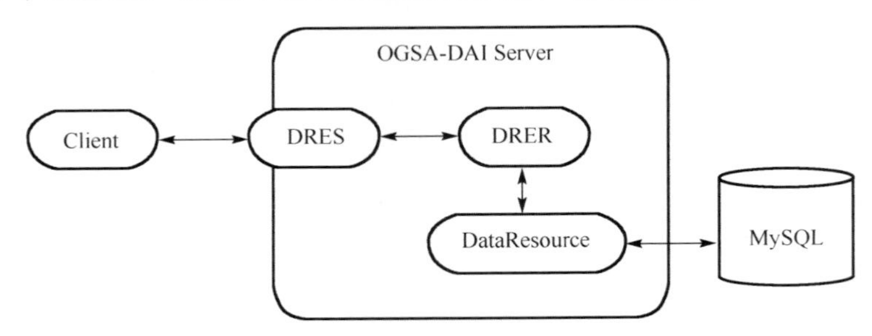

图 9-7　工作流的执行过程

客户端提交工作流的时候，可以指定工作流的执行模式。OGSA-DAI 中有两种模式可供选择：一是同步模式，在这种模式中，数据请求执行服务直到整个工作流执行完成才将请求状态返回给客户端；二是异步模式，在这种模式中，数据请求执行服务在工作流执行开始就返回一个请求状态，与之相伴的是一个请求资源标识，通过这一标识，客户端能够监控工作流的执行进度。

工作流本身也有自己的类型，OGSA-DAI 支持如下三种类型的工作流。

(1) 管道工作流(pipeline workflow)，一组并行执行但又连接在一起的活动，数据在活动之间流动。一组连接在一起的活动称为管道。

(2) 串行工作流(sequence workflow)，一组顺序执行的子工作流，只有前面的工作流执行完毕，后面的工作流才能开始执行。

(3) 并行工作流(parallel workflow)，一组并行执行的子工作流。

管道工作流是 OGSA-DAI 中最常用的工作流类型，下面的这段 Java 代码展示了在客户端定义一个工作流并提交给服务器的过程。在这段代码中，忽略了创建到 OGSA-DAI 服务器的连接过程。

```
//首先创建工作流中包含的活动
SQLQuery query = new SQLQuery();
TupleToByteArrays tupleToByteArrays = new TupleToByteArrays();
DeliverToRequestStatus deliverToRequestStatus = new
DeliverToRequestStatus();
//接下来设置活动的参数及连接关系
query.setResourceID("MySQLDataResource");
query.addExpression("SELECT * FROM littleblackbook WHERE id <
                    10;");
tupleToByteArrays.connectDataInput(query.getDataOutput()); //连
                                                        接关系指定
tupleToByteArrays.addSize(20);
deliverToRequestStatus.connectInput(tupleToByteArrays.getResul
                                tOutput());
//再接下来创建工作流并添加上述活动
PipelineWorkflow pipeline = new PipelineWorkflow();
pipeline.add(query);
pipeline.add(tupleToByteArrays);
pipeline.add(deliverToRequestStatus);
//最后将工作流提交执行，在提交之前要先获取服务器上的数据请求执行资源
DataRequestExecutionResource drer = server.getDataRequestExe-
                                cutionResource(
                new ResourceID("DataRequestExecutionResource"));
//提交工作流
RequestResource requestResource = drer.execute(
                pipeline, RequestExecutionType.SYNCHRONOUS);
//获取执行状态
RequestStatus requestStatus = requestResource.getRequestStatus();
```

9.5　本章小结

网格环境中拥有大量异构的数据资源，如何集成这些资源、方便用户的使用是人们所面临的一个重要课题。OGSA-DAI 是人们为了满足这一需求而给出的一种解决方案，它提供了一套标准化的、基于服务的接口，屏蔽了数据库驱动技术、数据格式化方法和数据投递机制等方面的差异，从而使得不同种类、异构数据的统一访问成为可能；此外，它引入了工作流技术，允许用户添加自己的数据资源并定义资源特定的操作(活动)，从而使得复杂的数据集成成为可能。本章只是对 OGSA-DAI 作一个简单介绍，更详细的内容请参阅 OGSA-DAI 用户手册。

参考文献

Antonioletti M, Atkinson M P, Baxter R, et al. 2005. The design and implementation of grid database services in OGSA-DAI. Concurrency and Computation: Practice and Experience, 17: 357-376.

Jackson M, Antonioletti M, Dobrzelecki B, et al. 2011. Distributed data management with OGSA-DAI. Grid and Cloud Database Management: 63-86.

OGSA-DAI. 2013. http://www.ogsadai.org.uk/.

Sourceforge. 2013. http://sourceforge.net/apps/trac/ogsa-dai/.

第 10 章

异构数据库整合

在第 9 章中对 OGSA-DAI 进行了概括的介绍，并且指出 OGSA-DAI 使得分布式异构数据的访问与集成成为可能。在本章中，来看一下如何借助 OGSA-DAI 的功能来实现异构数据库的整合。需要指出的是，我们的工作是基于早期的 OGSA-DAI 概念和版本完成的。

10.1 基本概念

异构数据库集成服务：异构数据库集成服务主要向用户提供查询服务，并且能对结果数据集进行样式转换及传输。在异构数据库集成服务中，网格用户只需要选择网格应用程序提供的数据查询服务，选择感兴趣的数据资源，填写好相应的查询语句，然后提交获取查询结果即可。异构数据库集成服务扩展了 OGSA-DAI 的查询功能，提供了对于多个异构数据库资源之间的联合分布式查询的功能。

活动(activity)：活动描述的是对各种数据库资源能够进行的操作，以及对结果数据集进行转换或传输。如查询活动、更新活动和传输活动等。在异构数据库集成中，活动的概念与 OGSA-DAI 中的活动的概念差不多，只是对其进行了扩充，增加了一些描述性元数据信息，使得理解起来更加容易。活动是执行文档的基本组成部分，一个执行文档可以拥有多个相关的活动。活动与活动之间可以进行内部操作，即一个活动的输出可以直接成为另一个活动的输入，这样避免了活动内部之间的大数据量的信息交换，可以节省时间和提高效率，称为管道机制或流机制。

执行文档(perform document)：它描述异构数据库集成服务执行的流程，它可以包含多个活动，并将它们封装成一系列的交互行为，可以指定数据在它们之间的流动顺序，多个活动可以顺序或并发的执行。它可以在客户端自动生成，不需要用户的干预。

响应文档(response document)：它是网格用户提交的请求的返回文档，包含了网格用户请求的执行状态，以及描述性的元数据，最后通过客户端返回给网格用户。简化了 OGSA-DAI 的响应文档，在异构数据库集成的响应文档中，不包含结果数据集，只包含执行状态等信息，因为使用了异步处理机制，结果不是同步返回的，这样有利于提高系统的吞吐量。

执行引擎(execution engine)：执行引擎是异构数据库集成服务的核心部分，它能够接收执行文档，验证和解析执行文档，并识别和处理执行文档中提交的活动。当用户提交一个查询请求后，执行引擎需要解析和优化执行文档中的SQL语句，并生成查询计划。执行引擎主要由两部分组成：SQL解析器和SQL分发器。SQL解析器是一个SQL语句的编译器，在异构数据库集成中，主要是针对SQL查询语句进行，目前支持标准SQL99的语法。它是由JavaCC通过语法文件自动生成的。SQL解析器将针对虚拟表的查询语句转换为针对具体物理表的查询语句，从而生成一系列的查询计划；SQL分发器就是将生成的查询计划具体分发到相应的目标数据服务上执行，并将由各个异构数据资源返回的结果进行汇总。对于数据量非常大的应用，执行引擎提供了异步机制，用户无须等待请求的结果返回，当请求执行完成之后，查询结果会传送至用户的数据空间。

虚拟表(virtual table)：虚拟表是一个统一的数据视图，便于给网格用户使用。因为各个应用的底层物理数据资源可能具有不同的数据模型和数据库设计，而且对于它们的元数据定义也可能不尽相同，为了提供这种异构的透明性，便于不同数据资源之间进行联合分布式查询，提供了这样一种中间的统一规范来定义。虚拟表只是一个虚拟的存在，并不是真正的存在系统中。虚拟表包含两个关键的配置文件：虚拟表定义文件和虚拟表映射文件。虚拟表定义文件由领域专家定义，根据该领域内的典型应用确定该虚拟表所包含的属性列信息及其他元数据信息；虚拟表映射文件仅维护的是一种映射关系，它包含了虚拟表和物理表之间的属性列的对应关系，维护虚拟表和物理表之间的松耦合关系。

运行环境(run environment)：异构数据库集成服务是运行于OGSA-DAI平台的基础上，利用OGSA-DAI提供的组件和接口，可以对底层数据资源进行封装、集成和管理，OGSA-DAI与真实存在的底层数据资源进行交互。在OGSA-DAI核心平台中，提出两个非常关键的概念：数据服务和数据服务资源。数据服务对外提供了一组统一的访问接口，它呈现给用户的是一组公用的操作，使用户无须关注数据资源的具体来源，并保证用户能获取他所感兴趣的结果，一个数据服务可以拥有多个数据服务资源实例；数据服务资源就是封装真正的物理数据的服务，一个数据服务资源也可以注册到一个或多个它所感兴趣的数据服务之上。

10.2　系统结构

异构数据库整合平台用于将各类异构的、分布的、自治的数据库资源进行统一、集成，从而实现广域范围内数据资源的共享和协作。图10-1描述了异构数据库整合系统的体系结构。从体系结构上讲，异构数据库平台需要满足可扩展的、灵活多变的和面向服务的特点。

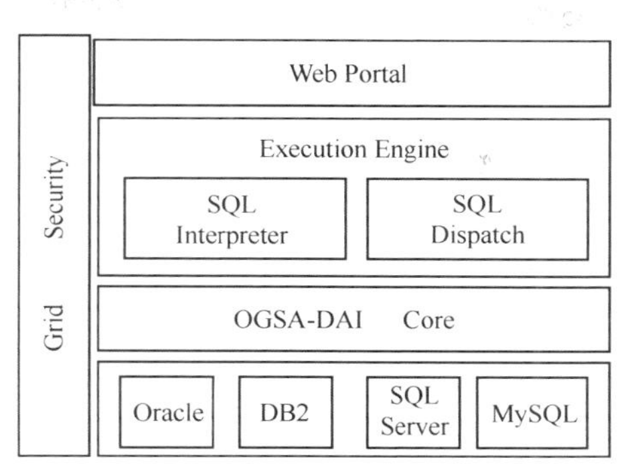

图 10-1 异构数据库整合系统的体系结构

从图 10-1 可以看出，整个系统主要包括底层物理数据资源、OGSA-DAI 核心平台、执行引擎和网格异构数据库集成应用等四个层次，各个层次的功能说明如下。

(1) 物理数据资源：是指通过网格可以访问的分布式数据库资源。这些资源原本在逻辑上是独立的，且是地理位置分布和形态各异的，归属于不同的科研机构，并且都有各自的资源管理机制和策略。不同的数据库资源可能具有不同的类型，例如，既可以是关系型数据库 Oracle、MySQL、DB2 等，也可以是 XML 数据库 Xindice。

(2) OGSA-DAI 核心平台：它实现了数据访问、数据转换和数据传输等多种功能，能为物理数据资源提供统一的访问方法。同时，它采用高度灵活且可伸展的框架结构，通过简单的扩展，它能支持各种不同类型的数据源。

(3) 执行引擎：基于 OGSA-DAI 对物理数据资源的统一封装，提供协调和集成服务，实现数据虚拟化。

(4) 网格异构数据库集成应用：是指使用异构数据库整合系统进行分布式数据处理的各种网格应用，如生物信息、计算化学等。

10.3 对外功能和接口

异构数据库整合系统对外主要提供如下几个功能。

(1) 统一的访问接口。通常情形下，用户/开发人员访问每个数据源都需要知道数据源的 IP、端口、用户名、密码和数据源 API 使用方式等细节信息，如此可见，查询多个数据源中的信息是一件非常复杂的任务。统一的访问接口是指，用户/开发人员可以通过使用异构数据库整合系统的接口透明地访问底层多个数据源，而不需要了解数据源的细节信息。

(2) 统一的数据视图。通常情形下，不同数据源使用不同的数据源模式，不同模式之间可能存在语义异构问题。统一的数据视图是指，用户/开发人员可以通过使用异构数据库整合系统提供的虚拟模式来书写查询，从而获取数据源中的数据。

（3）跨数据库的查询处理能力。即异构数据库整合系统本身要求提供用于数据处理的操作符，能够依照用户查询的要求，从不同数据源中取出数据，对数据进行统计、分析等处理。

使用异构数据库整合系统的用户主要有数据库提供者和用户/开发人员。其中，数据库提供者提供数据库的相关信息，用于数据库到整合系统的注册。数据库注册后，用户/开发人员则可以通过异构数据库整合系统的接口访问数据库中的数据，针对这两类人员提供的外接口明如下。

10.3.1 数据提供者接口

数据库提供者提供数据库的相关信息，用于数据库到整合系统的注册。为了使得数据库能够被用户透明访问，要求数据库提供类似于如下的配置文件。

```
Database_type=Relational
Database_product=MySQL
Database_version=4.1.14
Database_uri=jdbc:mysql://localhost:3306/xxx
Database_username=xxx
Database_password=xxx
```

其中的 Database_type 字段用于指定待整合的数据资源的类型，它可以是关系型数据库或者 XML 数据库。Database_product 字段用来指定数据库产品的名称，系统据此加载相应的驱动程序。Database_version 字段用于指定数据库产品的版本，便于系统维护。Database_uri 字段用于指定数据库的访问协议和入口地址。Database_username 和 Database_password 则指定了访问数据库时所使用的用户名和密码，这些信息实际上指定了能够访问的数据的范围。

10.3.2 开发人员接口

我们的异构数据库整合系统提供了 Java API 和 Web 服务两类接口，其中的 Web 服务接口就是对 Java API 的再封装，这里不再赘述。下面重点看一下 Java API 接口，总共有 6 个接口可供开发人员使用。

方法 1 public String query(String queryInput)

【描述】按照 SQL 语句进行查询(系统不能支持 SQL 标准中的所有语法，只能支持 SQL 语句的子集)。

【参数】queryInput：虚拟表 schema 书写的 SQL 语句。

【返回值】字符串型的查询结果。

方法 2　public String listVTables()

【描述】列举已经定义的虚拟表。

【参数】无。

【返回值】模块中已经定义的虚拟表信息。返回的字符串具有下面的格式，其中 virtualtables 中列举了所有模块中的虚拟表信息，virtable 中 id 表示虚拟表对应的 ID，description 是虚拟表的描述信息。

```
<?xml version="1.0" encoding="UTF-8"?>
<virualtables>
  <virtable>
    <id>vtable id1</id>
    <description> vtable id1 description </description>
  </virtable>
  <virtable>
    <id> vtable id2</id>
    <description> vtable id2 description  </description>
  </virtable>
   ……
</virtualtables>
```

方法 3　public String listPTables(String VTableName)

【描述】列举与某虚拟表具有映射关系的所有物理表。

【参数】VTableName：虚拟表 ID。

【返回值】与 VTableName 具有映射关系的数据库物理表名，返回的格式如下：

```
<?xml version="1.0" encoding="UTF-8"?>
<maptables>
    <tablename>Ptable 1</tablename>
    <tablename>Ptable 2</tablename>
</maptables>
```

方法 4　public String showVTableDef(String VTableName)

【描述】查看某个虚拟表的定义。

【参数】VTableName：虚拟表 ID。

【返回值】VTableName 对应的虚拟表定义。

方法 5　public boolean registerVTable(String inputResource)

【描述】添加虚拟表。

【参数】inputResource：要注册的虚拟表的定义。

【返回值】true 表示注册成功，false 表示注册失败。

方法 6　public boolean registerMap(String mapFile, String vtableName)

【描述】向某虚拟表添加映射表。

【参数】mapFile：将要注册的映射表文件。

vtableName：虚拟表 ID。

【返回值】true 表示注册成功，false 表示注册失败。

10.4 内部工作流程

异构数据库整合系统的主旨就是为了让网格用户透明无缝地使用各种异构数据资源。当用户通过接口提交查询请求之后，该请求会经由异构数据库整合系统核心服务的解析、编译和优化，然后分发至各个目标数据服务执行，而数据服务则会把查询计划转送给各个异构的数据服务资源的实例，具体查询任务完成之后，所获得的查询结果会返回至异构数据库整合系统的核心服务汇总，最后，数据返回给用户。

图 10-2 描述了异构数据库整合系统的内部工作过程，这一过程主要经过以下几个流程步骤。

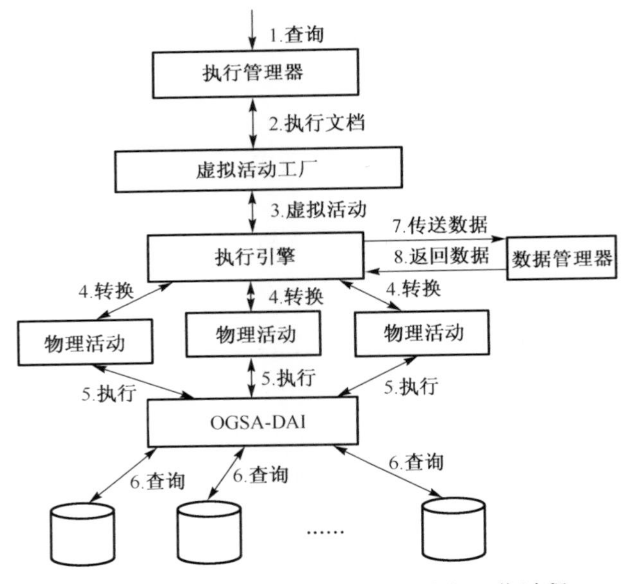

图 10-2　异构数据库整合系统的内部工作过程

(1) 提交请求：用户将查询请求递交给系统，如果系统接收任务，则返回带有正在处理状态的响应文档。

(2) 生成执行文档：用户的请求被传送到执行文档管理器，它先验证这个请求的合法性，然后对这个请求进行封装，产生相应的执行文档，其中包含该请求所代表的活动，最常见的活动是查询活动。

（3）提取虚拟活动：执行引擎在得到执行文档之后，解析该执行文档，从里面提取出虚拟活动及其所需的信息，生成虚拟活动查询任务列表。

（4）转换活动：当虚拟活动查询任务列表生成之后，执行引擎就会依据虚拟表的定义和映射文档，对虚拟活动任务列表进行一一转换，得到真正的物理活动查询任务列表。

（5）执行活动：当真正的物理活动任务列表产生之后，执行引擎就会分发给底层 OGSA-DAI 核心平台执行，它与真正的异构的物理数据库资源进行交互。

（6）返回结果：当 OGSA-DAI 核心平台执行完某个查询任务之后，就会得到一系列结果数据集，它会汇总在执行引擎，交由执行引擎去进一步处理。

（7）传送结果：当所有的查询任务都完成之后，最终的结果数据集会通过 GridFTP 传送给数据管理器，用户可以通过访问数据空间获取结果集或在线查看。

在执行引擎中，当执行文档到达之后，执行引擎在此阶段进行工作至关重要。首先进行执行文档的解析，提取虚拟活动，虚拟活动中的 SQL 语句经过编译和优化之后，就会生成一系列的虚拟查询任务计划，在收集相关的元数据信息之后，执行引擎会对虚拟查询任务计划进行物理转换，得到一系列的物理查询任务计划，由执行引擎进行调度执行，其具体过程的顺序如图 10-3 所示。

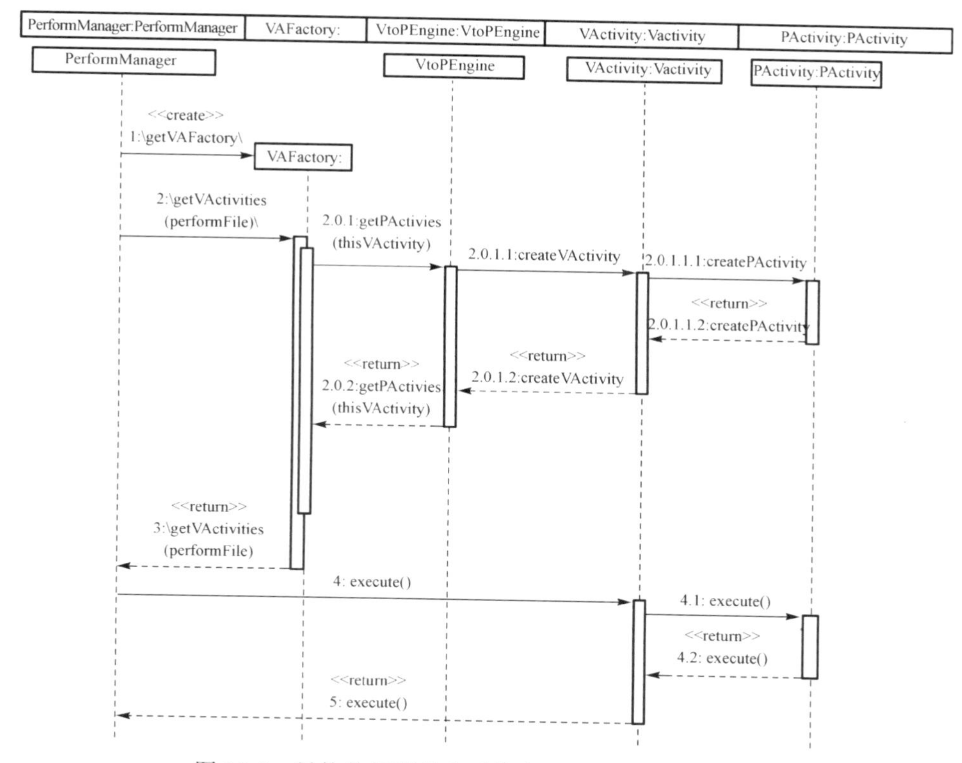

图 10-3 异构数据库整合系统中执行引擎的工作时序

当某个子查询任务计划完成之后，返回的结果数据集汇总于执行引擎，然后保存于中间临时数据库中，最后将针对于虚拟表的原始查询语句作用于该中间临时数据库，获取最后的查询结果集，由相关的传输活动传送到数据空间中。

10.5 异构数据库整合系统的软件结构

10.5.1 概述

异构数据库整合系统运行时主要包括核心服务、虚拟活动工厂、虚拟活动管理、虚拟活动对象、执行引擎、SQL 解析器、物理活动管理、辅助工具类和处理异常类九个软件包，服务运行时整个系统的软件包结构如图 10-4 所示。

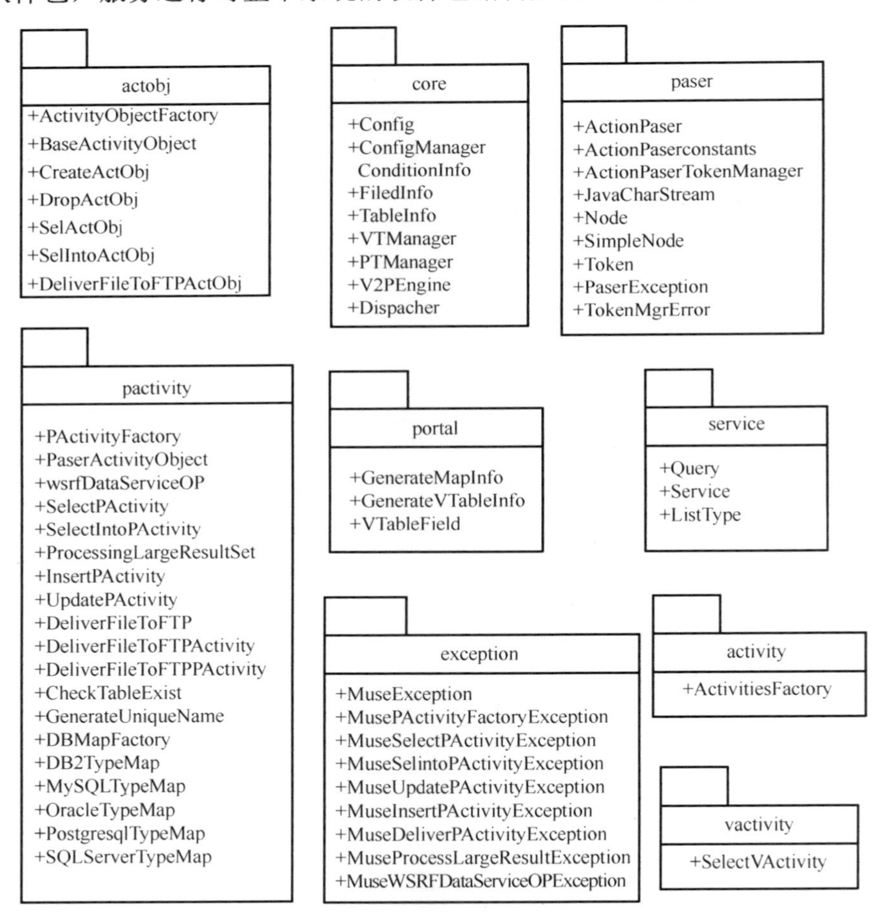

图 10-4 异构数据库整合系统的软件包结构

（1）muses：核心服务类，向用户提供服务接口。

（2）muses.activity：虚拟活动工厂类，从执行文档中提取虚拟活动，并生成虚拟活动实例。

（3）muses.activity.vactivity：虚拟活动管理类，管理虚拟活动的执行。

（4）muses.core.actobj：虚拟活动对象，包含系统支持的所有虚拟活动对象。

（5）muses.core：执行引擎，是整个系统的核心，它完成虚拟活动到物理活动的翻译，并调度任务执行。

（6）muses.core.paser：SQL 语句解析器，把针对虚拟表的 SQL 语句解析转换为作用于具体物理表的 SQL 语句。

（7）muses.activity.pactivity：物理活动管理，包含系统支持的所有物理活动，它是调用底层 OGSA-DAI 核心平台的入口。

（8）muses.portal：辅助工具类，主要是提供给用户界面使用，获取服务相应的信息。

（9）muses.exception：异常处理类，管理系统服务的异常。

10.5.2　核心服务类

核心服务主要包括三个相关类，如图 10-5 所示，具体描述如下。

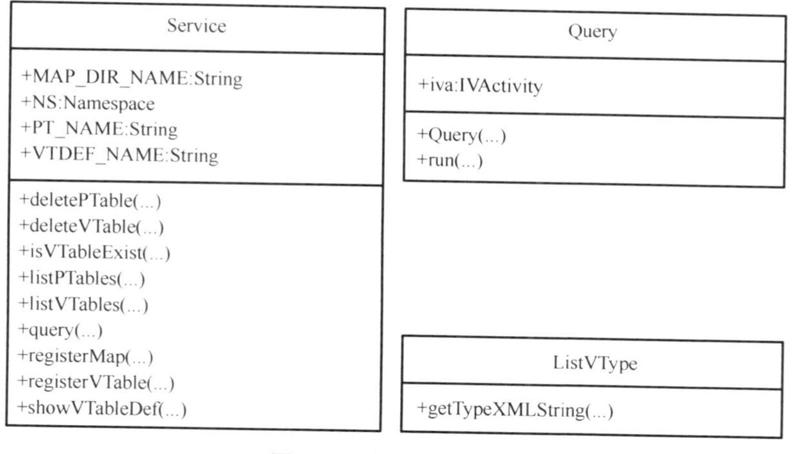

图 10-5　核心服务类图

（1）Service 服务接口类。它展现了系统对外提供的服务接口的信息，包括查询、注册和删除虚拟表与物理表等操作。

（2）Query 查询服务类。当用户提交查询请求之后，就会由 Query 查询服务生成相应的查询线程，并返回执行状态给用户。

（3）ListVType 服务类。它主要是提供虚拟表目前支持的数据类型的信息。

10.5.3　虚拟活动管理类

它的主要作用就是根据执行文档来选择相应的虚拟活动，获取相关的信息，并生成虚拟活动查询计划和执行，如图 10-6 所示。

SelectVActivity
+actionPlan:Vector
+activities:Vector
+pAF:PActivityFactory
+execute(...)
+getAction(...)
+getDestFileName(...)
+getPlan(...)
+getUniqueNmae(...)
+plan(...)
+SelectVActivity(...)
+SelectVActivity(...)

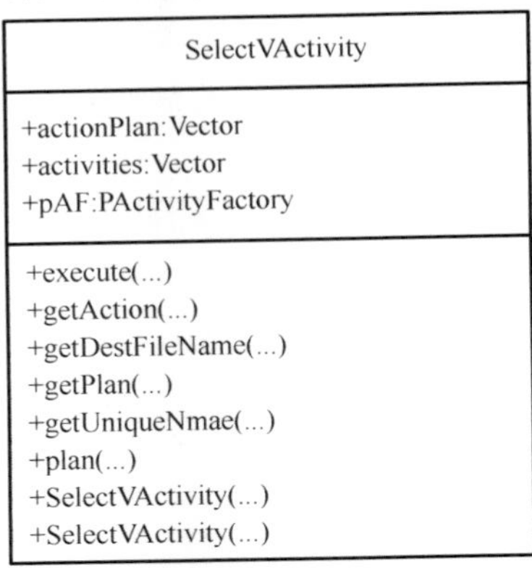

图 10-6　虚拟活动管理类图

10.5.4　虚拟活动对象类

虚拟活动对象类主要是用于产生虚拟活动实例，在基本的虚拟活动对象类(见图 10-7)的基础上，其他各种具体的虚拟活动对象都继承于它。系统中的虚拟活动对象类包括以下几个方面。

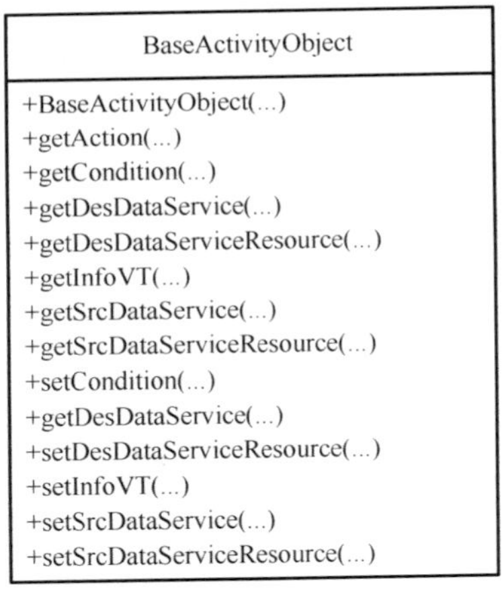

BaseActivityObject
+BaseActivityObject(...)
+getAction(...)
+getCondition(...)
+getDesDataService(...)
+getDesDataServiceResource(...)
+getInfoVT(...)
+getSrcDataService(...)
+getSrcDataServiceResource(...)
+setCondition(...)
+getDesDataService(...)
+setDesDataServiceResource(...)
+setInfoVT(...)
+setSrcDataService(...)
+setSrcDataServiceResource(...)

图 10-7　基本的虚拟活动对象类图

(1) BaseActivityObject：基本虚拟活动对象类。它包含一般性的虚拟活动对象操作，是所有具体的虚拟活动对象的基类。

(2) SelActObj：查询虚拟活动对象类。它用于产生查询虚拟活动对象操作，继承于基本的虚拟活动对象类。

(3) SelIntoActObj：虚拟活动对象类。它用于表达查询与插入同时进行的虚拟活动对象操作，继承于基本的虚拟活动对象类。

(4) InsertActObj：插入虚拟活动对象类。它用于产生插入虚拟活动对象操作，继承于基本的虚拟活动对象类。

(5) UpdateActObj：更新虚拟活动对象类。它用于产生更新虚拟活动对象操作，继承于基本的虚拟活动对象类。

（6）DropActObj：删除虚拟活动对象类。用于产生删除虚拟活动对象操作，继承于基本的虚拟活动对象类。

10.5.5　执行引擎类

执行引擎是整个系统中的核心模块，承担整个系统的主要工作。它包含 SQL 解析器和 SQL 分发器两个部分，它收集与虚拟表相关的元数据信息，完成虚拟活动列表到物理活动列表的翻译，生成查询任务计划，然后由 SQL 分发器将查询计划分发给目标数据服务执行，其类结构图如图 10-8 所示。图中涉及的各个类说明如下。

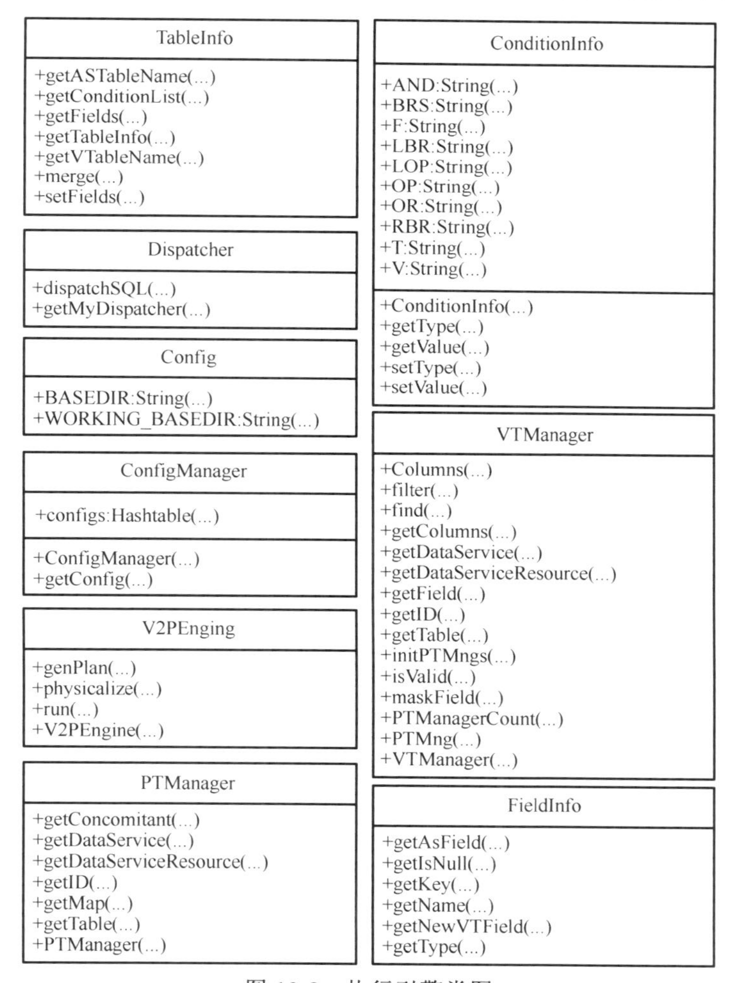

图 10-8　执行引擎类图

（1）V2PEngine：执行引擎类。它主要是完成虚拟活动到物理活动的翻译，并产生和执行查询任务计划。

(2) Dispatcher：分发器类。它的主要任务就是将查询任务计划分发到具体的目标数据服务上。

(3) VTManager：虚拟表管理类。它主要是管理与虚拟表相关的元数据信息，包括属性列和类型信息等。

(4) PTManager：物理表管理类。它主要是管理虚拟表与物理表之间映射关系的元数据信息，为完成虚拟活动到物理活动的翻译提供信息。

(5) ConditionInfo：条件信息类。它主要是在解析 SQL 语句时收集相关的条件信息，以便进行转换或优化条件。

(6) TableInfo：表信息类。它主要是在解析 SQL 语句时收集相关的表信息，以便进行转换。

(7) FieldInfo：属性列信息类。它主要是在解析 SQL 语句时收集相关的属性列信息，以便进行转换或优化。

(8) Config 与 ConfigManager：配置管理类，主要是在执行引擎执行相关的任务时提供具体的配置信息等。

10.5.6 SQL 解析器类

SQL 解析器是通过 JavaCC 工具自动生成的，它有一个 Grammar 文法文件作为输入。在 Grammar 文法文件中，主要是针对用户请求中包含的 SQL 查询语句进行解析的，目前所采用的文法是 LL1 型的，该文法的具体内容如下。对于 Grammar 文法文件，可以很容易地对它进行扩充，以适应各种不同需求的应用，便于维护，有很强的可伸缩性。有了 Grammar 文法文件之后，再配以相应的语义动作，通过 JavaCC 编译之后，就能根据此文法和语义动作自动生成相应的解析器。

```
// Token Definition
SKIP :
{
    " "
    | "\t"
    | "\n"
    | "\r"
}
/* RESERVED WORDS AND LITERALS */
TOKEN :
{
    < SELECT: "select" >
    | < FROM: "from" >
    | < WHERE: "where" >
    | < NOT: "not" >
```

```
    | < ALL: "*" >
    | < AS: "as" >
}
TOKEN :
{
    < LOPAND: "and" > | < LOPOR: "or" > | < LBR: "(" >
    |
    < RBR: ")" > | < COMMA: "," >
    |
    < OP: "<" | "<=" | "=" | ">="  | ">" | "!=" | "like" | "unlike"
    >
}
/* LITERALS */
TOKEN :
{
    < INTEGER_LITERAL:
    <DECIMAL_LITERAL> (["l","L"])?
          | <HEX_LITERAL> (["l","L"])?
          | <OCTAL_LITERAL> (["l","L"])?
    >
    |
    < #DECIMAL_LITERAL: ["1"-"9"] (["0"-"9"])* >
    |
    < #HEX_LITERAL: "0" ["x","X"] (["0"-"9","a"-"f","A"-"F"])+ >
    |
    < #OCTAL_LITERAL: "0" (["0"-"7"])* >
    |
    < FLOATING_POINT_LITERAL:
           (["0"-"9"])+ "." (["0"-"9"])* (<EXPONENT>)? (["f","F",
           "d","D"])?
         | "." (["0"-"9"])+ (<EXPONENT>)? (["f","F","d","D"])?
         | (["0"-"9"])+ <EXPONENT> (["f","F","d","D"])?
         | (["0"-"9"])+ (<EXPONENT>)? ["f","F","d","D"]
    >
    |
    < #EXPONENT: ["e","E"] (["+","-"])? (["0"-"9"])+ >
    |
    < STRING_LITERAL:
        "'"
        (   (~["'","\\","\n","\r"])
          | ("\\"
              ( ["n","t","b","r","f","\\","'","\""]
```

```
                    | ["0"-"7"] ( ["0"-"7"] )?
                    | ["0"-"3"] ["0"-"7"] ["0"-"7"]
                    )
                 )
              )*
              "'"
    >
}
/* IDENTIFIERS */
TOKEN :
{
    < IDENTIFIER: <LETTER> (<LETTER>|<DIGIT>|"_"|"-")* >
    |
    < #LETTER:
          [
          "$",
          "A"-"Z",
          "_",
          "a"-"z",
          "\u00c0"-"\u00d6",
          "\u00d8"-"\u00f6",
          "\u00f8"-"\u00ff",
          "\u0100"-"\u1fff",
          "\u3040"-"\u318f",
          "\u3300"-"\u337f",
          "\u3400"-"\u3d2d",
          "\u4e00"-"\u9fff",
          "\uf900"-"\ufaff"
          ]
    >
    |
    < #DIGIT:
          [
            "0"-"9",
            "\u0660"-"\u0669",
            "\u06f0"-"\u06f9",
            "\u0966"-"\u096f",
            "\u09e6"-"\u09ef",
            "\u0a66"-"\u0a6f",
            "\u0ae6"-"\u0aef",
            "\u0b66"-"\u0b6f",
            "\u0be7"-"\u0bef",
            "\u0c66"-"\u0c6f",
            "\u0ce6"-"\u0cef",
```

```
                "\u0d66"-"\u0d6f",
                "\u0e50"-"\u0e59",
                "\u0ed0"-"\u0ed9",
                "\u1040"-"\u1049"
              ]
          >
    }
```

10.5.7 物理活动管理类

它执行的主要动作是根据不同的物理活动调用底层 OGSA-DAI 核心平台相应的活动，将请求发送给具体的目标数据服务，由它访问底层数据服务资源，并获取结果。OGSA-DAI 是真正与底层物理数据资源进行交互的，并能够执行相应的操作，如查询、更新和删除等。物理活动管理类图如图 10-9 所示。

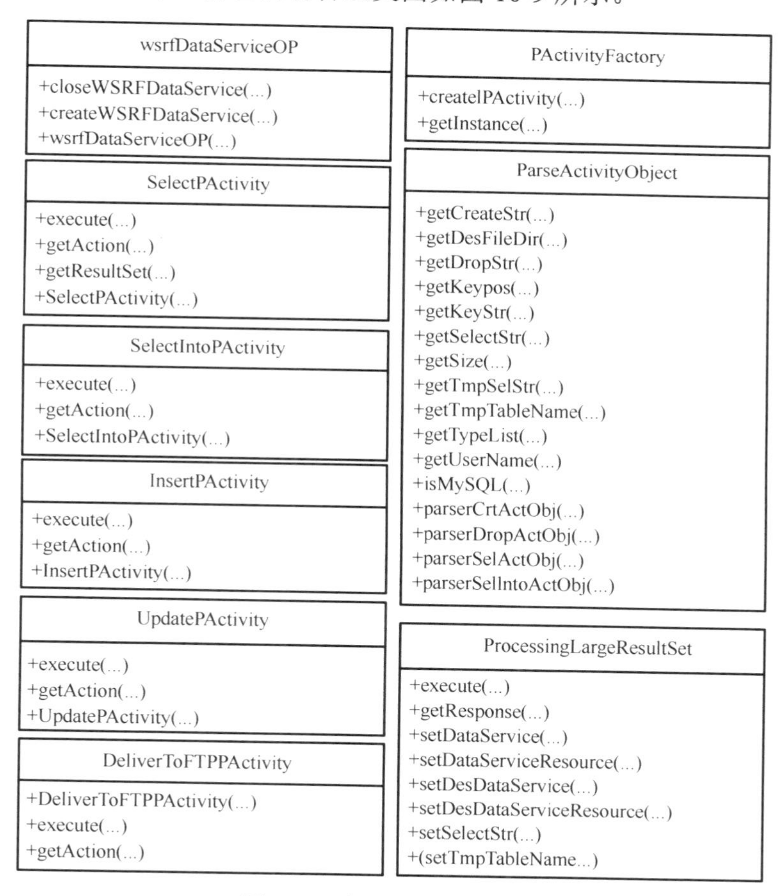

图 10-9 物理活动管理类图

物理活动管理类主要包括以下对象类。

(1) wsrfDataServiceOP：数据服务类。它的主要任务是产生 OGSA-DAI 的数据服务实例，并获取相应的数据服务资源 ID，为访问底层物理数据资源做好准备工作。

(2) PActivityFactory：物理活动工厂类。它是一个工厂服务类，用于根据不同的虚拟活动对象调用相应的物理活动对象。

(3) ParseActivityObject：解析对象服务类。它的主要工作是解析虚拟活动对象，从该对象中获取相应的信息，如数据服务地址、数据服务资源 ID、表名和属性列信息等。

(4) ProcessingLargeResultSet：处理大数据量类。它的主要目的是改进内部流机制，提高在涉及大数据量吞吐时的性能和稳定性。

(5) SelectPActivity：查询服务类。它的主要任务是通过 OGSA-DAI 平台向底层物理数据资源提交查询操作的请求，并获取结果。

(6) SelectIntoPActivity：查询与插入服务类。这个服务类比较特殊，它的主要工作是首先通过 OGSA-DAI 平台提交查询给某个目标数据服务，并获取结果流；然后再将此结果流保存在中间临时数据库中。通过查询与插入两个动作，就可以将多个临时结果汇总成结果数据集，需要注意的是两个动作的作用对象是不一样的。

(7) InsertPActivity：插入服务类。它的主要任务是通过 OGSA-DAI 平台向底层物理数据资源执行插入数据的操作。

(8) UpdatePActivity：更新服务类。它的主要任务是通过 OGSA-DAI 平台向底层物理数据资源执行更新的操作。

(9) DeliverToFTPPActivity：传输服务类。当所有的物理活动列表处理完成，数据结果集汇总之后，通过此传输服务类将数据结果集经由 GridFTP 传送到用户的数据空间中。

10.6 参考实现：CGSP HDB

10.6.1 概述

CGSP HDB 基于 ChinaGrid 公共支撑平台(ChinaGrid Support Platform，CGSP)开发，用于将各类异构的、分布的、自治的数据库资源进行统一、集成，从而实现广域范围内数据资源的共享和协作。

CGSP HDB 采用图 10-1 描述的系统架构，通过定义虚拟表来展示底层物理数据库中的数据，从而用户可以遵循虚拟表书写查询，并遵循前述的 Java API 或者服务接口提交查询。

CGSP HDB 在接收到用户查询以后，将按照图 10-2 描述的工作流程开展查询分解、编译和执行。在编译过程中，按照 CGSP HDB 定义的映射表来确定用户所需数据所在的物理数据源、所对应的物理字段和字段类型。

10.6.2　虚拟表及其支持的数据类型

虚拟表是一个 XML 文件，其中<virtualtable>和</virtualtable>之间定义的是虚拟表的信息：id 定义虚拟表的标识，在所有虚拟表之间具有全局唯一性；description 定义这个虚拟表的描述信息，虚拟表的定义通常具有特定的意义，如用户信息等，这些信息可以在 description 中进行描述。count 表示这个虚拟表中共有的字段个数，样例中虚拟表只定义了 id、name 两个字段。column 中定义的一个字段的信息，虚拟表 column 的个数应该和 count 中记载的数目保持一致；column 下 name 表示字段的名字，type 表示字段的数据类型，虚拟表中对设置的数据类型有规定，这在下面进行介绍。isNull 表示该值是否为 null，可以设置为 NOT NULL 或者 NULL 中的一项，缺省下为 NULL。key 用于设置字段是否为主键，是则设置为 PRIMARY KEY，如样例中字段 id，缺省下不是主键。isAuto 设置字段是否自动增长，缺省下为否。虚拟表的格式如下：

```
<?xml version="1.0" encoding="UTF-8"?>
<virtualtable>
    <id>test</id>
    <description>This is a test</description>
    <count>2</count>
    <column>
    <name>id</name>
    <type>int</type>
        <isNull>NOT NULL</isNull>
        <key>PRIMARY KEY</key>
      <isAuto></isAuto>
    </column>
    <column>
      <name>name</name>
      <type>VARCHAR(64)</type>
      <isNull></isNull>
      <key></key>
      <isAuto></isAuto>
    </column>
</virtualtable>
```

虚拟表中可以使用的数据类型包括整数、浮点数、字符、文本、时间和日期等，其具体的定义如下：

```
<?xml version="1.0" encoding="UTF-8"?>
<vtype>
    <vnumtype>SMALLINT</vnumtype>
    <vnumtype>INT</vnumtype>
    <vnumtype>BIGINT</vnumtype>
    <vnumtype>FLOAT</vnumtype>
    <vnumtype>REAL</vnumtype>
    <vnumtype>DOUBLE</vnumtype>
    <vnumtype>DECIMAL</vnumtype>
    <vnumtype>NUMERIC</vnumtype>
    <vchartype>CHAR</vchartype>
    <vchartype>VARCHAR</vchartype>
    <vbooltype>BOOL</vbooltype>
    <vtexttype>TEXT</vtexttype>
    <vcaltype>TIMESTAMP</vcaltype>
    <vcaltype>DATE</vcaltype>
</vtype>
```

10.6.3　映射表和数据类型映射

映射表同样用一个 XML 文件进行描述，其中<maps>和</maps>对映射关系进行描述：resource 中的信息描述物理表的具体位置。具体物理数据库的访问通过中间界 OGSA-DAI 进行，OGSA-DAI 中用数据资源来表示一个物理数据库，此处的 resource 即表示数据资源。resource 中的 handler 表示数据服务，id 表示数据资源 id，table 表示物理表的表名。映射表的格式如下：

```
<?xml version="1.0" encoding="UTF-8"?>
<maps>
    <resource>
    <handler>http://localhost:8080/axis/services/ogsadai/servi
    ce</handler>
        <id>example1</id>
        <table>littleblackbook</table>
    </resource>
        <map>
            <VTField name="id">
                <PTField name="id"/>
            </VTField>

            <VTField name="name">
                <PTField name="name"/>
            </VTField>
```

```
        </map>
    </maps>
```

映射表中<map>和</map>之间描述虚拟表和物理表之间字段的对应关系：每个VTField 中的信息表示一个字段，VTField 中的 name 属性表示字段在虚拟表中的名字，而 PTField 的 name 属性表示在对应物理表中的名字。用户的查询最终将转换为对各类物理数据库的查询，因此对每个字段，也必须将虚拟表字段使用的数据类型映射到物理数据库的数据类型上。数据类型的映射关系如下：

```
<?xml version="1.0" encoding="UTF-8"?>
<database>
    <oracle>
        <smallint>SMALLINT</smallint>
        <int>INT</int>
        <bigint>INT</bigint>
        <float>FLOAT</float>
        <real>REAL</real>
        <double>DOUBLE PRECISION</double>
        <decimal>DECIMAL</decimal>
        <numeric>NUMERIC</numeric>
        <char>CHAR</char>
        <varchar>VARCHAR2</varchar>
        <bool>BOOLEAN</bool>
        <text>VARCHAR2</text>
        <timestamp>TIMESTAMP</timestamp>
    </oracle>
    <db2>
        <smallint>SMALLINT</smallint>
        <int>INTEGER</int>
        <bigint>BIGINT</bigint>
        <float>DOUBLE</float>
        <real>REAL</real>
        <double>DOUBLE</double>
        <decimal>DECIMAL</decimal>
        <numeric>DECIMAL</numeric>
        <char>CHAR</char>
        <varchar>VARCHAR</varchar>
        <bool>BOOLEAN</bool>
        <text>CLOB</text>
        <timestamp>TIMESTAMP</timestamp>
    </db2>
    <sqlserver>
```

```
        <smallint>SMALLINT</smallint>
        <int>INT</int>
        <bigint>BIGINT</bigint>
        <float>FLOAT</float>
        <real>REAL</real>
        <double>FLOAT</double>
        <decimal>DECIMAL</decimal>
        <numeric>NUMERIC</numeric>
        <char>CHAR</char>
        <varchar>VARCHAR</varchar>
        <bool>BIT</bool>
        <text>TEXT</text>
        <timestamp>DATETIME</timestamp>
    </sqlserver>
    <mysql>
        <smallint>SMALLINT</smallint>
        <int>INTEGER</int>
        <bigint>BIGINT</bigint>
        <float>FLOAT</float>
        <real>DOUBLE</real>
        <double>DOUBLE</double>
        <decimal>DECIMAL</decimal>
        <numeric>DECIMAL</numeric>
        <char>CHAR</char>
        <varchar>VARCHAR</varchar>
        <bool>BOOL</bool>
        <text>TEXT</text>
        <timestamp>TIMESTAMP</timestamp>
    </mysql>
    <postgresql>
        <smallint>SMALLINT</smallint>
        <int>INTEGER</int>
        <bigint>BIGINT</bigint>
        <float>FLOAT</float>
        <real>REAL</real>
        <double>DOUBLE PRECISION</double>
        <decimal>DECIMAL</decimal>
        <numeric>NUMERIC</numeric>
        <char>CHAR</char>
        <varchar>VARCHAR</varchar>
        <bool>BOOLEAN</bool>
        <text>TEXT</text>
```

```
        <timestamp>TIMESTAMP</timestamp>
    </postgresql>
</database>
```

10.6.4 执行文档和响应文档示例

执行文档描述了异构数据库集成服务执行的流程，是查询分解和执行的重要依据。下面给出了 CGSP HDB 执行过程中用到的一个执行文档的内容。具体代码如下：

```
<?xml version="1.0" encoding="UTF-8" ?>
<perform xmlns="http://www.chinagrid.edu.cn/chinagrid/namespaces/
2005/07/types">
<documentation> This example performs a simple select statement
to retrieve results from the test database.
    </documentation>
        <sqlQueryStatement name="statement">
<expression> select testa.id_num,testa.name from testa where
testa.id_num&lt;10000
</expression>
            </sqlQueryStatement>
            <uniqueName>
                vs://qa@pku_Grid/heteroDB
            </uniqueName>
            <destinationFile>
                vs://qa@pku_Grid/heteroDB/heterodb.xml
            </destinationFile>
</perform>
```

CGSP HDB 中用户请求的处理采用了异步的方式，因此 OGSA-DAI 的响应文档得到了简化，不再包含结果数据集，只保留了执行状态等信息，下面给出了 CGSP HDB 执行过程中产生的一个响应文档的内容。具体代码如下：

```
<?xml version=\"1.0\" encoding=\"UTF-8\"?>
<tns:response xmlns:tns=\"http://www.chinagrid.edu.cn/chinagrid/
namespaces/2005/07/types\">
   <tns:request status=\"PROCESSING\"/>
</tns:response>
```

10.7 本章小结

异构数据库整合系统的目标是为多个地理分布、类型异构、自治管理的数据源提供统一的接口和高效的查询处理能力。异构数据库整合是网格技术的主要应用领域之一，对于方便用户的使用具有重要的意义——类似于使用单个数据库，用户使用异构数据库整合系统的统一接口就可以透明地查询不同数据源中的内容、整合来自于多个数据源中的数据。本章提出了一个异构数据库整合系统的参考模型，定义了一套标准的核心接口，讨论了系统的内部工作流程和软件结构，最后给出了异构数据库整合系统的一个参考实现——CGSP HDB。异构数据库整合系统实现的关键有两点：一是通过定义虚拟表和虚拟表与物理表之间的映射屏蔽数据自身(模式)的差异，从而能够对外提供人们所熟悉的 SQL 查询接口；二是采用 OGSA-DAI 实现对分布式(异构)数据源的统一访问和查询的高效处理。这两点互相补充，缺一不可。

参 考 文 献

柳佳. 2009. 网格环境下的数据集成关键技术研究. 北京: 清华大学.

Berlin J, Motro A. 2002. Autoplex: Automated discovery of content for virtual database. Proceedings of the 9th International Conference on Cooperative Information Systems: 108-122.

Comito C, Gounaris A, Sakellariou R, et al. 2009. A service-oriented system for distributed data querying and integration on grids. Future Generation Computer Systems, 25 (5): 511-524.

Gupta A, Harinarayan V, Rajaraman A. 1997. Virtual database technology. ACM SIGMOD Record, 26 (4): 57-61.

Paton N W, AtKinson M P, Dialani V, et al. 2002. Database access and integration services on the grid. UK e-Science Technology Report Series, London.

Wu Y W, Wu S, Yu H S, et al. 2005a. CGSP: An extensible and reconfigurable grid framework. APPT2005, Lecture Notes in Computer Science, 3756: 292-300.

Wu Y W, Wu S, Yu H S, et al. 2005b. Introduction to ChinaGrid support platform. ISPA2005, Lecture Notes in Computer Science, 3759: 232-240.

Xu W H, Li J, Wu Y W, et al. 2008. VDM: Virtual database management for distributed databases and file systems. Proceedings of the 7th International Conference on Grid and Cooperative Computing: 309-315.

第四篇　应 用 实 例

第 11 章

高能物理网格数据管理

11.1 网格技术在高能物理领域的应用

网格技术自诞生以来，广泛地应用于高能物理、医药、生物、材料、天文、地球科学等领域。其中以在高能物理方面的应用实例最为成功。

当今世界规模最大的高能物理实验装置是欧洲核子研究中心(CERN)的大型强子对撞机(large hadron collider，LHC)。LHC 建造在一个周长大约为 26.66km 的地下隧道里，两束能量高达 14TeV 的质子流在加速轨道中被加速后进行对撞，产生的末态次级粒子被分布在隧道的不同位置的四个探测装置所截获，这四个探测装置分别为 ATLAS、ALICE、CMS、LHCb。这四个实验具有不同的物理目标，因此四个探测装置在加速轨道中的位置不尽相同，所截获的次级粒子及其状态也不同。LHC 的四大物理实验代表了高能物理最前沿的研究，他们的发现成果将改变人类对自然界的认识。

LHC 的实验装置已经基本竣工，2008 年 9 月已经注入第一束粒子进行测试运行，之后系统进入调试状态，2009 年正式投入使用，并在 2012 年发现了人类寻求已久的上帝粒子——希格斯玻色子。整个 LHC 实验装置每年产生 25PB 的原始数据。目前，LHC 正在经历一次升级过程，预计 2015 年年初再次运行，数据量将大幅度增加。LHC 项目中的计算类型可概括为：对原始数据的重建计算，对探测器的模拟计算，对模拟计算结果的重建计算，基于两种(真实和模拟)重建计算结果的分析计算。要完成整个计算任务，大约需要 20 万个最先进的 CPU 的计算能力。为了在一个分布式的国际合作环境中实现这些数据的存储与计算，CERN 协调了参与合作的 33 个国家，创建了一个大型的分布式的数据与计算的基础设施 LCG(LHC Computing Grid)。LCG 将所有提供存储或者计算资源的研究机构划分到一个 Tier(分层)结构的不同层次中。在这个 Tier 结构中，CERN 是 Tier0，存储了所有的原始数据，位于美国、法国、西班牙、新西兰、中国台湾等一些国家和地区的大型研究机构作为 Tier1，分别保存了部分的原始数据和重建的数据，位于这些国家和地区的下一级的研究结构或者组织作为 Tier2 保存其上级的 Tier1 的部分的重建数据和分析数据。计算资源也分散在这个 Tier 结构的各个位置上，Tier0 负责完成全部的蒙特卡罗计算(一种模拟计算的方式)和原始数据及蒙特卡罗数据的重建工作，Tier1 完成部分蒙特卡罗计算及其所拥有的原始数据、蒙特卡罗数据的重建，Tier2 主要负责重建后数据的分析过程。根据存储的数据量与计算任务的不同，处于 Tier 结构上的每个不同的站点所需要的存储与计算资源是不一样的。

针对新一代高能物理计算的数据量大、计算量强、数据与计算的分布式的特征，数据与计算网格成为高能物理计算的理想计算平台。网格将位于不同地理位置的计算与存储资源整合起来，提供了海量的存储能力、高吞吐量的计算能力，而且其模型符合分布式的原则，很好地解决了高能物理计算模式中的国际分工合作的问题。

11.2　高能物理网格中数据服务管理

高能物理基于海量数据的特征和计算模式的特征，拥有一套自己特有的网格数据管理系统，来实现数据的查询、复制、定位和数据在不同站点之间的复制。其中涉及的服务组件有数据的元数据服务器，逻辑文件名服务器(LFC)，文件传输服务(FTS)，数据集系统(DQ2、PheDex 等)，站点存储系统及其 SRM 接口。从功能上讲，元数据服务器提供数据查询服务，即根据用户指明文件的特征属性，如文件的创建日期、相关的实验名等，返回符合用户需求的文件列表(通常返回用户的是逻辑文件名或者数据集的名字)。逻辑文件名服务器(LFC)在全网格范围内提供一个逻辑名字空间，因此网格上的任何一个文件都有自己唯一的一个路径，如/grid/atlas/users/johnd/mc12_first_sim.root，不管这个文件的物理位置在哪里，存在几个副本，引用该逻辑文件名就能正确地定位到该文件。文件传输服务(FTS)负责在站点之间传输大批量的数据，因为当传输的文件数目过多，容量过大的时候，网络或者存储系统的时不时的故障使得底层传输工具 GridFTP 等不能胜任传输的任务。FTS 采用 GridFTP 作为底层传输工具，但是提供了更高的健壮性和稳定性，确保文件最终能达到目标系统。数据集系统是将多个文件打包的服务。因为高能物理中的数据文件之间虽然可以互相独立，但是仍然具有关联性，如来自同一个实验下的同一次运行下的几个邻近的对撞事件。用户在执行分析任务的时候，经常需要分析这些连续的数据。此外，对于由一个作业完成的同一批数据的分析的结果，可能包含好几个文件，但是用户也希望将这些文件通过某种方式“绑定”在一起，于是数据集概念就这样提出来了。简而言之，数据集包含了一系列相关联的文件，数据集本身的元数据，记录了该数据集的属性(实验号、运行号、事例范围等)，甚至包括该数据集在不同站点的副本信息。在高能物理实验中，用户对数据集的查询往往更多于对文件的查询。同时，作业处理数据的单位也往往是数据集，而非单一的文件。站点存储系统则提供了最基本的文件存储和访问服务。各个站点可以使用不同的存储系统或者大型的文件系统，目前在高能物理领域被广泛使用的存储系统有 CASTOR、DPM、dCache、HPSS、Lustre、HDFS 等。这些系统都本身或者通过外部服务支持 GridFTP 传输协议和 SRM 接口(SRM 接口负责存储空间的动态分配和文件的重用管理)。SRM 接口是访问网格存储服务的标准接口。客户端无须知道远程的存储系统支持何种传输协议，只需要通过 SRM 的 URL 请求文件。

各种数据服务组件之间互相关联，且存在接口，它们之间的逻辑关系如图 11-1 所示。

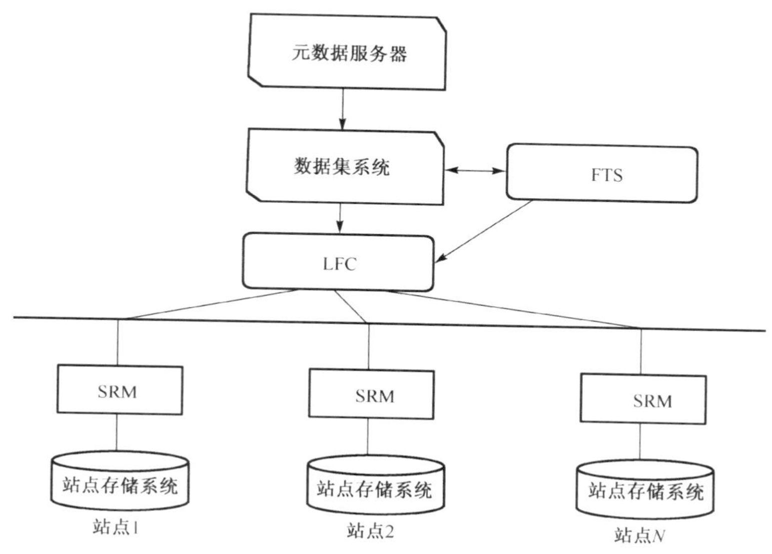

图 11-1　数据服务组件逻辑关系图

高能物理实验中的数据一般以数据集为单位进行管理。数据集是一系列具有类似属性的文件的集合。元数据服务器中定义了数据集的属性，因此通过对元数据的查询，能定位到一个或者多个数据集。数据集中每个文件都有一个属性 LFN，LFN 关联了该文件的逻辑文件名。利用文件的 LFN，可以从逻辑文件名服务器中获得该文件所对应的一个或者多个物理路径(取决于该文件的副本数目)，即在各个站点的存储路径。此外，数据集系统还与 FTS 接口，调用 FTS 以数据集为单位在站点之间进行数据的复制。FTS 从数据集系统中获得数据集中所有文件的 LFN，然后利用这些 LFN 与 LFC 联系，并调用 GridFTP 等传输工具在站点之间进行文件的传输。

11.3　高能物理网格中数据服务组件

在组成高能物理网格数据管理系统的各个组件中，逻辑文件名服务器、文件传输服务、本地存储系统和 SRM 是网格中间件中通用的数据管理组件。而元数据服务器和数据集管理系统则是结合应用而开发的组件。下面将具体介绍高能物理网格数据管理系统中的元数据服务器和数据集管理系统。

11.3.1　元数据服务器

想象一个系统中存在几十 PB 的数据(对应几十亿个文件)，用户如何追踪这些数据，从一长列的文件名字判断哪些文件是自己需要的呢？一个通用的方法就是对数据定义元数据。元数据是用来描述数据属性的数据。当数据存储在文件系统或存储系统上的时候，具有一些基本的元数据，如数据的大小、创建日期、最后修改日期。但是这些信息不足以用来判断文件的内容和用途。需要结合使用这些数据的用户的需求，定义一些更加具体的属性，如实验名(experiment name，LHC 实验中将每次对撞机的开关机之间的时间定义为一个实验)，运行号或者运行号的范围(run number，LHC 实验中，每次注入光称为一次 run，一次 run 包含多个事例)，事例号或者事例号的范围(event number，LHC 实验中每一次粒子对撞为一次事例)，事例数目，文件的产生日期，所使用的软件版本号等。每个属性对应一个具体的值，因此如果用户对某个实验下，某次运行中的某些事例感兴趣，则用这三个属性组成一个查询语句，对元数据服务器提交一个查询请求，元数据服务器即能根据用户所指明的属性对应的值返回相应的查询结果。往往满足查询条件的是一系列的文件。这些文件往往是以数据集的形式组织起来的。

高能物理网格中常用的一个元数据服务器是 AMGA。AMGA 是一个 key-value 形式的分布式存储服务，其底层依然基于关系数据库，但是上层却给应用程序和用户提供了一个 key-value 的接口。各个元数据属性相当于 key，而属性对应的值则为 value。AMGA 中不存储具体的数据内容，而只存储数据的元数据(属性和值的对)。而数据的元数据在 AMGA 中类似文件系统中的文件存储：目录数的结构。而具有相同的属性定义的数据往往可被放入同一个目录底下。保存在目录底下的并不是数据的内容，而是数据的属性和其对应的值。如在 AMGA 中存在如下的文件：

/atlas/mc11/exp1/run3/mcfile1.root
/atlas/mc11/exp1/run3/mcfile2.root
/atlas/mc11/exp1/run3/mcfile3.root

在上述文件中，/atlas/mc11/exp1/run3/是一个目录，一个目录底下往往具有多个条目(entry，类似文件)，这些条目具有一组相同的属性定义，如实验号、运行号、事例号、运行软件的版本、数据的创建日期、数据的校验值、数据的大小、数据的全局逻辑文件名、数据的副本位置(位于哪些站点)、用户的备注等。每个条目中对应每个属性都有一个相同或者不同的值。而某些属性或者一些属性的组合能让一些数据与另外其他数据区分开来。如数据的逻辑文件名(LFN)往往是唯一的。因此用户能通过提供一些元数据的属性和其对应的值进行查询，元数据服务器返回符合用户查询条件的数据列表，而这些数据每一个文件都对应了一个 LFN 的值，通过这个 LFN，用户就能从 LFC 获得这些满足需求的文件的物理位置。

由此可见，在浩瀚如烟的数据海洋中，元数据服务器提供了一个数据查询的接口，使得用户能快速、准确定位自己所需要的数据。

11.3.2　数据集管理系统

在本章的前面部分提到，高能物理实验中的数据文件之间往往具有一定的关联性，而从用户处理、分析数据的角度看，他们往往希望具有某些相似属性的数据被绑定在一起，而不管是针对数据属性的查询，还是针对数据的复制、分析、删除，用户都希望是对这一批数据统一进行处理，而无须逐步地对其中的一个文件进行操作。因此，在高能物理实验中，将这些具有某些相似属性的数据(如来自同一个实验的同一个运行下的几个相邻的事例文件)打包成一个文件。当然这个打包的操作不是把这些文件合并成一个大的文件，从物理上看，这些文件的物理结构并没有改变，还是单独存在的。可以看成将这些文件放在一个特殊的目录里了，从此对这个目录的操作就等同于对这个目录下的所有文件的操作。将这个目录称为数据集。由此可见，数据集首先是多个文件的集合，其次这些文件具有一些共同的属性。由于数据集也是用户查询的对象，所以数据集也具有自己的元数据属性集。数据集的元数据属性可能大致类似文件的元数据属性，但是略有差别，一般常有的属性为：实验号、运行号范围、事例号范围、运行软件的版本、数据的创建日期、用户的备注等。值得注意，数据集的属性中包含的是运行号的范围和事例号的范围。因为数据集中包含的文件可能跨越几个运行号，或者跨越几个事例号。此外，数据集不具有一些数据所具有的属性，如校验值、文件大小、LFN 等。

定义数据集之后，很多的操作便以数据集为单位，如用户查询自己所需要的数据集，数据集在站点之间的复制，数据集的删除，用户对整个数据集的下载，在作业开始之前计算节点将整个数据集的数据复制到临时空间中。

由于高能物理实验各自数据管理方式的各异性，所以每个实验都有自己专门的数据集管理系统，如 ATLAS 实验的 DQ2，CMS 实验的 PheDex。每个实验根据自己数据管理的实际需求，开发全部或者部分功能的数据集管理系统，例如，有的数据集系统除了支持数据集的定义和操作，还支持对数据集的订阅。即各个站点在数据集生成之前，就可以通过数据集系统的客户端订阅自己将来需要的数据。当数据集生成后，数据集管理系统通过 FTS 或者其他文件传输服务将数据集的内容传输到该站点。

数据集系统给数据管理带来很大的方便。总的来说，可以分为以下两个方面。

(1) 数据操作人员无须记住数据集中每个文件的名字。例如，一个用户的作业生成了多个文件，这多个文件分别被上传到不同的存储系统中。要获得这些文件，用户需要通过 LFC 获得每个文件的具体物理路径，然后调用相关的传输命令将文件下载到本地。在这个过程中，首先用户需要明确自己作业产生了哪些输出文件，其次用户需要多次查询 LFC 获得每个文件的物理路径。即使现在有高级的传输工具命令行，只需要用户输入文件的 LFN 就可以进行文件的传输，但是用户仍然需要针对每个文件都调用一次该命令行。而在数据集系统中，该用户作业的所有输出文件都被归纳在同一个数据集中，用户只需要提供数据集的名字，或者通过元数据的查询获得该数据集，便可以通过数据集的客户端工具，执行一个命令就将该作业所包含的所有文件下载到本地，或者执行其他的操作，如对所有文件的复制、删除副本、删除所有文件等。某些数据集客户端还支持对数据集中部分数据的操作。

(2) 数据操作服务或者人员所处理的对象的数量级大大减少。数据集的定义对于站点之间的文件传输也具有非常重大的意义。假设两个站点之间需要传输十万个文件，如果没有数据集，传输服务需要使用十万个文件名。而通过数据集，这些文件可能被归纳为几个大型的数据集，因此传输服务处理的对象数目从几十万个下降到几个。

11.4　一个具体的工作流程

如图 11-2 所示，对数据管理系统进行操作一般分为两类：普通用户和数据操作员。普通用户通过数据管理系统对属于自己的数据进行操作，数据操作员对公用的数据进行操作。

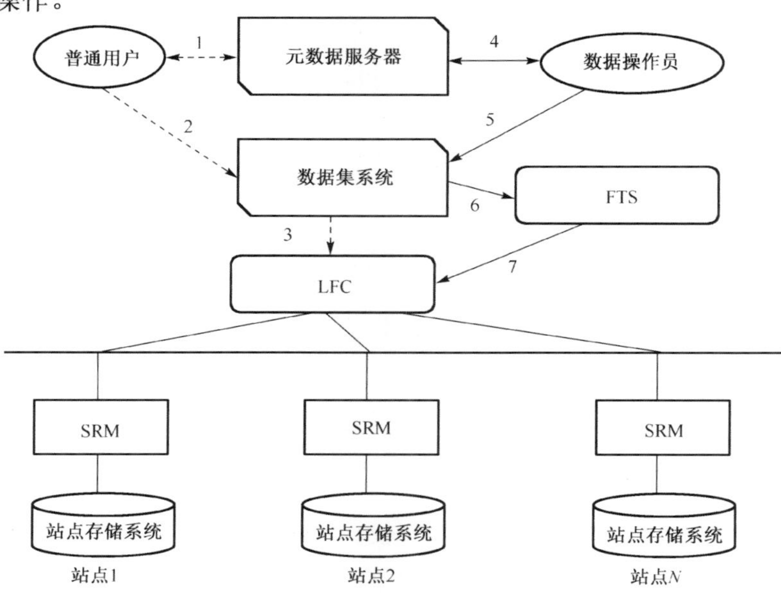

图 11-2　数据管理系统中的一个工作流程

实例 1：普通用户对个人数据的操作(如图 11-2 中虚线所示)。

(1) 用户根据一定的属性(如实验号、运行号的范围、产生时间)对元数据服务进行查询。元数据服务返回符合条件的数据集名字。

(2) 用户获得数据集的名字后，通过数据集系统提供的客户端命令行对数据集进行操作(下载、生成副本、删除副本、删除整个数据集)。

(3) 数据集系统接收到用户的操作请求后，解析出该数据集中所有文件和每个文件的 LFN，然后利用这些 LFN 调用数据操作的命令行(如 srm-cp，srm-rm)，执行对文件的操作。

实例 2：数据操作员对公共数据的操作(如图 11-2 中实线所示)。

(1) 数据操作员根据一定的属性(如实验号、运行号的范围、产生时间)对元数据服务进行查询。元数据服务返回符合条件的数据集名字。

(2) 数据操作员获得数据集的名字后，通过数据集系统提供的客户端命令行对数据集进行操作，如从源站点复制到某个指定站点。

(3) 数据集系统接收到用户的操作请求后，解析出该数据集中所有文件和每个文件的 LFN，然后利用这些 LFN 调用 FTS 执行对文件在站点间的复制。

(4) FTS 通过 LFN 解析文件的物理存储路径，选择合适的源副本，调用 GridFTP 等底层传输工具执行文件在站点之间的传输。

11.5 本 章 小 结

高能物理是网格平台应用最成功的一个领域。高能物理本身产生的海量数据和数据在不同站点之间频繁传输的特性需要一套可靠、高效的数据管理系统。高能物理数据管理系统中的元数据服务器提供了数据筛选服务。数据集系统提供了数据的打包处理的服务，大大降低了数据的单位量级。LFC 为每个文件提供了一个全局唯一的逻辑文件名，隐蔽了文件的物理路径。FTS 实现了站点之间大规模数据的可靠、健壮的传输服务。SRM 提供了存储空间的预留和缓存区中数据的共享。

参 考 文 献

Baud J P, Casey J, Lemaitre S, et al. L 2005. CG data management: From EDG to EGEE//UK eScience All Hands Meeting Proceedings, Nottingham, UK.

Bonacorsi D, Ferrari T. 2007. WLCG Service Challenges and Tiered architecture in the LHC Era. Berlin: Springer: 365-368.

Branco M, Cameron D, Gaidioz B, et al. 2008. Managing ATLAS data on a petabyte-scale with DQ2. Journal of Physics: Conference Series, IOP Publishing, 119(6): 062017.

Davies B, Jones R. 2007. Performance testing of SRM and FTS between lightpath connected storage elements. Lighting the Blue Touchpaper for UK e-Science-Closing Conference of ESLEA Project, 1: 8.

Frohner Á, Baud J P, Rioja R M G, et al. 2010. Data Management in EGEE. Journal of Physics: Conference Series, 219(6): 062012.

Rehn J, Barrass T, Bonacorsi D, et al. 2006. PheDex high-throughput data transfer management system. 2006 Computing in High Energy and Nuclear Physics (CHEP), Mumbai, India.

Shiers J. 2007. The worldwide LHC computing grid (worldwide LCG). Computer Physics Communications, 177(1): 219-223.

Stewart G A, Cameron D, Cowan G A, et al. 2007. Storage and data management in EGEE// Australian Computer Society Proceedings of the Fifth Australasian Symposium on ACSW Frontiers, 68: 69-77.

第 12 章

虚拟天文台数据管理

12.1 网格技术在天文领域的应用

近年来，伴随观测技术的进步，天文观测数据如同雪崩一样高速地产生出来。随着众多先进的地面与空间天文设备的投入使用，特别是大规模 CCD 探测器的使用，使得观测数据量急速增长。例如，目前哈勃空间望远镜（HST）每天大约产生 5GB 的数据；我国正在建造的大天区面积多目标光纤光谱望远镜（LAMOST）也将每天至少产生 3～5GB 的数据；而美国计划建造的“大口径综合巡天望远镜（LSST）”，又称为“暗物质望远镜”，每天的观测数据将达到 18TB 的量级。面对如此巨大的数据量，如何从数十亿天体的多波段海量数据中探求科学的发现，如何才能有效地访问、处理和分析这些数据，已经成为天文学家亟待解决的问题。

幸运的是，与此同时，特别是近十几年，计算机技术和互联网技术也飞速地发展起来，网格技术、XML 技术、Web 服务技术等新兴技术日趋成熟。这为解决天文学家基于海量数据的研究课题提供了技术手段。

在基础的网格技术中间件（OGSA）的基础上，虚拟天文台（virtual observatory，VO）应运而生。VO 是一个密集型在线天文研究和教育环境，它利用先进的信息技术实现对全球天文信息无缝的访问。虚拟天文台将把世界上的各种天文研究资源，包括巡天观测数据、天文文献、计算资源、数据处理工具、天文观测设备等以某种统一的服务模式无缝地汇集在 VO 系统中，使 VO 真正成为一个数据密集型的在线研究平台。天文学家只需要登录到 VO 系统便可以享受其提供的丰富资源和强大的服务，使自己从数据收集、数据处理这些繁琐的事务中彻底摆脱出来。如果利用 γ 射线、X 射线、紫外巡天、光学巡天、红外巡天和射电巡天所得到的观测数据，则用适合的方法对数据进行统一规范的整理、归档，便可以构成一个全波段的数字虚拟天空；而根据用户要求获得某个天区的各类数据，就仿佛是在使用一架虚拟的天文望远镜；如果再根据科学研究的要求开发出功能强大的计算工具、统计工具和数据挖掘工具，这就相当于拥有了 VO 的各种探测设备。这样，由虚拟数字天空、虚拟的望远镜和虚拟的探测设备所组成的机构便是一个独一无二的虚拟天文台。VO将使天文学取得前所未有的进展，它将成为开创“天文学发现新时代”的关键性因素。它将TB甚至PB量级的数据库、波长遍及从γ射线到射电波段的数十亿个天体的图像库、高度复杂的数据挖掘和分析工具、具有数千PB量级容量的存储设备和每秒运算万亿次的超级计算设备，以及各级主要天文数据中心之间的高速网络连成一体；它能使世界各地的天文学家可以快速查询每个PB量级的数据库；使隐藏在庞大星表和图像数据库中的多变量模式可视化；增加发现复杂规律和稀有天体的机会；能够对大样本星表进行数据挖掘和统计分析研究工作。

VO的实现给天文数据分析领域带来如下的优势。

(1) 天文望远镜等观测设备得到的数据能被不同的用户出于不同的目的重复使用，提高了昂贵的观测设备的科学效益。

(2) 观测数据按照统一的方式管理起来有利于长期的保存和利用，使科学数据的价值最大化。

(3) VO可被全球各种各样的群体访问，包括那些没有经济能力建造和运行大型观测设备的群体，能大大促进发展中国家和不发达国家的天文研究。

2004年，国内科学家提出了完整的China-VO的体系结构，如图12-1所示。整体体系结构分为四层，从下至上依次为构造层、资源层、汇集层和用户层。

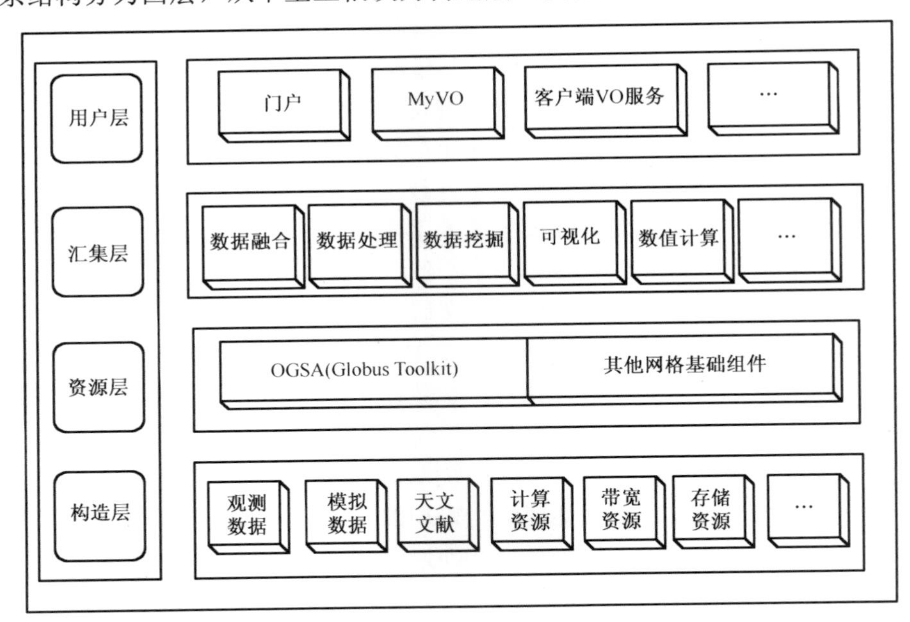

图12-1　China-VO的体系结构

构造层包括各种数据资源、计算资源、网络资源和存储资源等。各种数据资源在虚拟天文台这样一个数据密集型在线研究平台中占有非常关键的作用，是VO成功运作的基础和前提。它主要包括星表、星图、光谱、时序数据、计数测量数据、模拟数据、多媒体数据、天文文献等。

资源层是以开放网格服务架构(OGSA)为基础，配合其他网格系统服务工具，利用标准的数据模型和服务模型，通过抽象化实现统一的数据访问和计算访问及网格系统管理等功能。系统管理主要涉及作业管理、安全管理、资源状态管理和数据管理等。

汇集层提供具有天文特色的各种服务，如数据处理、数据挖掘、统计分析、可视化等应用服务。

用户层是整个体系的最高层，包括VO客户端和VO门户，直接与虚拟天文台用户接触，用户层的基本职能是用户任务提交和处理结果返回，主要功能包括用户登录、身份认证、VO资源浏览、任务编制和提交、结果显示、数据下载等。

China-VO的体系结构建立在OGSA的基础上。物理上，整个系统是分布式的，在网络环境下实现的；逻辑上，通过网格操作系统的管理，它是一个统一的整体。

12.2　虚拟天文台中数据服务组件

12.2.1　天文数据的特点

在各国天文数据中心存储的数据主要有三个特点。

(1) 数据的分布性。天文数据存储在世界各地的数据中心，而不是集中统一存放在某一个数据节点上。这种分布存放的特征使得天文学家对它们的访问变得比较复杂，特别是当需要对来自不同数据库的数据进行交叉认证时，对数据的收集、数据格式调整、数据存放和数据处理将花费较长的时间。

(2) 数据的异构性。目前天文数据的管理没有通用的标准，因此，天文数据库的存储方式、命名方式、单位和元数据标准都有很大的差异。当数据使用者使用来自不同来源的数据资源的时候，必须熟悉这些不同数据库的操作方法，毫无疑问，这对用户来说，是比较耗时耗力的过程。

(3) 海量数据的访问。天文学发展至今，已经产生了数量巨大的天文观测数据，天文学的发展需要应用这些海量数据完成更加精确或新的发现。但是，目前尚没有统一解决海量数据访问的方案。如果采用将所需数据备份到本地机器上，当研究多个不同项目的海量数据的时候，使用这种方式的成本将会比较高。

基于天文数据存储的上述特点和世界各国对天文资料管理方式存在的巨大差异，实现对异地异构数据资源的统一访问就成为虚拟天文台的基本功能，即定义全球统一的互操作标准和分布式数据的统一访问机制，以此来屏蔽数据源在数据格式、存储格式、主机环境、访问形式等诸多方面的异构性和复杂性。数据访问与互操作的实现在虚拟天文台中体现为一系列的服务。这些服务存在于数据源和上层应用之间，为上层应用提供统一的数据访问服务，同时进行数据格式转换，以此来增强数据的互操作能力，其原理好比沙漏模型。如图 12-2 所示。

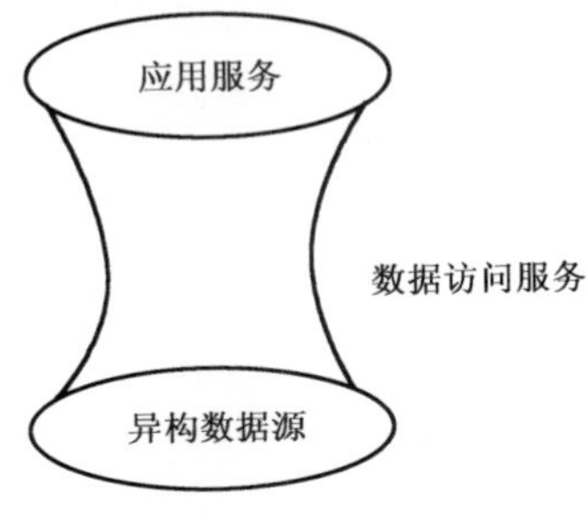

图 12-2　沙漏模型

这种访问机制不仅提供给天文学家获取数据和分析结果的便利，还提供给用户应用，使得程序也可以通过一个统一的访问接口来查询获取数据，从而实现全球范围内主要天文研究资源，不同数据集、不同数据服务间的互操作，特别是异地数据资源的统一、透明地访问与获取。

12.2.2　开放网格服务架构的数据访问与集成

开放网格服务架构的数据访问与集成(open grid services architecture - data access and integration，OGSA-DAI)是一种中间件，其设计目标是提供一种简便的方法，在网格环境中实现数据的访问和集成。它具有如下功能特点：支持不同的数据资源，包括关系型和 XML 数据库，通过 Web 服务在网格上发布出来；这些类型的数据资源能被查询和更改；使用 XSLT 实现数据格式的转换；支持直接将查询结果数据返回客户端，也可以通过 URL、FTP、GridFTP 等传输协议将数据传输到指定的位置。它的体系结构如图 12-3 所示。

data layer(数据层)：数据层是通过 OGSA-DAI 发布的数据资源，包含关系数据库(MySQL、Oracle、DB2 等)、XML 数据库和文件。

business logic layer(业务逻辑层)：该层封装了 OGSA-DAI 的核心功能，它执行客户端的请求并返回执行结果，管理数据传输和发布，以及数据源的链接、管理、交互等。

presentation layer(表示层)：该层通过 Web 服务接口封装 OGSA-DAI 向网格展示所有的服务。

client layer(客户层)：OGSA-DAI 支持与 WSRF、WSI 兼容的客户端的访问。通过客户端工具可以实现对底层数据源的检索、更新等操作。

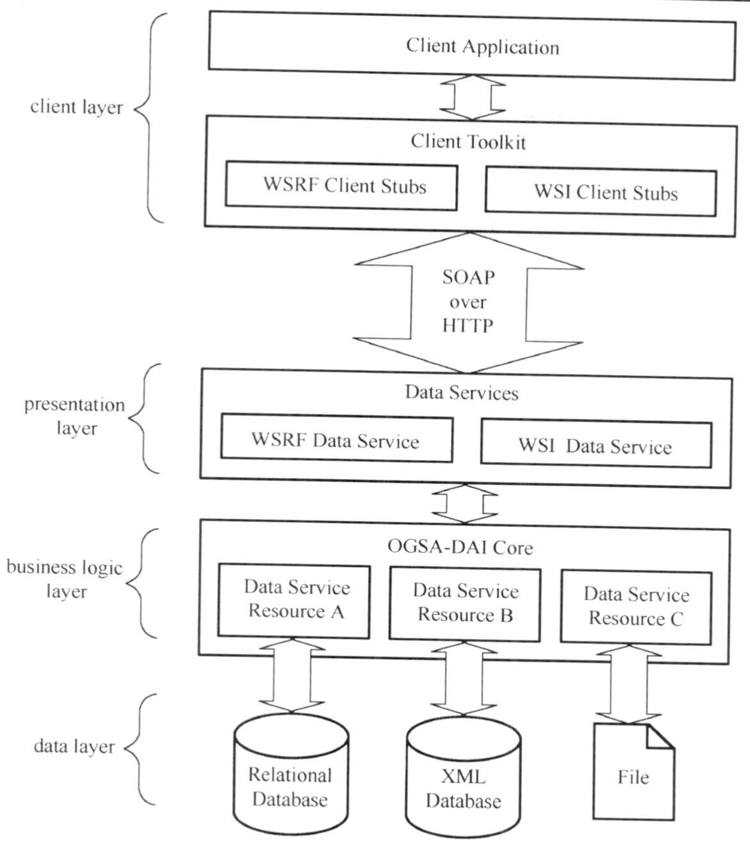

图 12-3　OGSA-DAI 的体系结构

12.2.3　虚拟天文台数据访问服务

在 OGSA-DAI 的基础上，可以开发针对天文数据访问、分析的接口和工具集，从而实现对海量的天文数据的访问、分析、可视化等一系列重要功能，虚拟天文台数据访问服务(VO-DAS)具有以下功能特点。

(1) 能够访问分布异地、异构天文数据库。

(2) 支持自动发现数据资源。

(3) 支持特定空间区域的数据访问。

(4) 支持海量数据访问。

(5) 支持天文数据的交叉证认。

(6) 支持星表数据、图像数据和光谱数据的访问。

(7) 集成数据挖掘平台。

(8) 数据可视化研究。

(9) 天文科普教育。

(10) 具有标准的数据访问接口。

(11) 有良好的互操作性，可以和任何符合国际虚拟天文台联盟(international virtual observation alliance，IVOA)规范的 VO 应用程序互联。

(12) 具有良好扩展性，VO-DAS 是基于 OGSA-DAI 的，OGSA-DAI 这个灵活框架决定了 VO-DAS 的灵活扩展性。

12.3 数据服务举例

12.3.1 中国虚拟天文台 VO-DAS

中国虚拟天文台于 2006 年 5 月提出了虚拟天文台数据访问服务(VO-DAS)的设计方案，主要目标是实现分布保存的异构数据的统一访问功能。它的设计主要实现如下一些功能。

(1) 统一访问异地异构的天文数据库。数据用户不必了解数据资源的具体物理位置和数据资源的具体组织形式，通过统一的访问接口就可以获得他们期望的数据。

(2) 支持天文数据的交叉认证或联合查询。系统提供一种机制把分散在不同地方的数据资源从逻辑上联系起来，实现联合查询或交叉证认。

(3) 能够访问不同类型的数据资源，包括星表数据、图像数据和光谱数据。

(4) 支持自动发现资源的功能。系统提供资源注册机制，天文数据一旦注册到系统中，就成为其可用的资源，系统就可为使用者找到需要的天文资源。

(5) 能够访问海量的数据。系统支持一次访问上百万条的数据记录。

(6) 支持多种结果数据存储格式。用户查询的结果数据可以保存成 VOTable、ASCII、CSV 等多种文件格式，并可以通过 FTP 自动传输到用户的服务器上，最大限度地满足使用者的要求。

VO-DAS 的这些功能很好地解决了虚拟天文台国内外数据访问的难题。同时，它还将成为中国虚拟天文台框架下天文数据共享的平台。

VO-DAS 的实现是一个建立在网格技术基础上的异地异构天文数据访问平台。以 Globus Toolkit 网格系统为基础环境，利用 OGSA-DAI 提供的基本数据访问服务，结合国际虚拟天文台联盟(IVOA)制定的数据访问服务规范和本项目的实际需求，以 Web Service 和网格服务的形式实现对异地异构数据库系统、文件系统数据的访问功能。VO-DAS 体系结构图如图 12-4 所示。

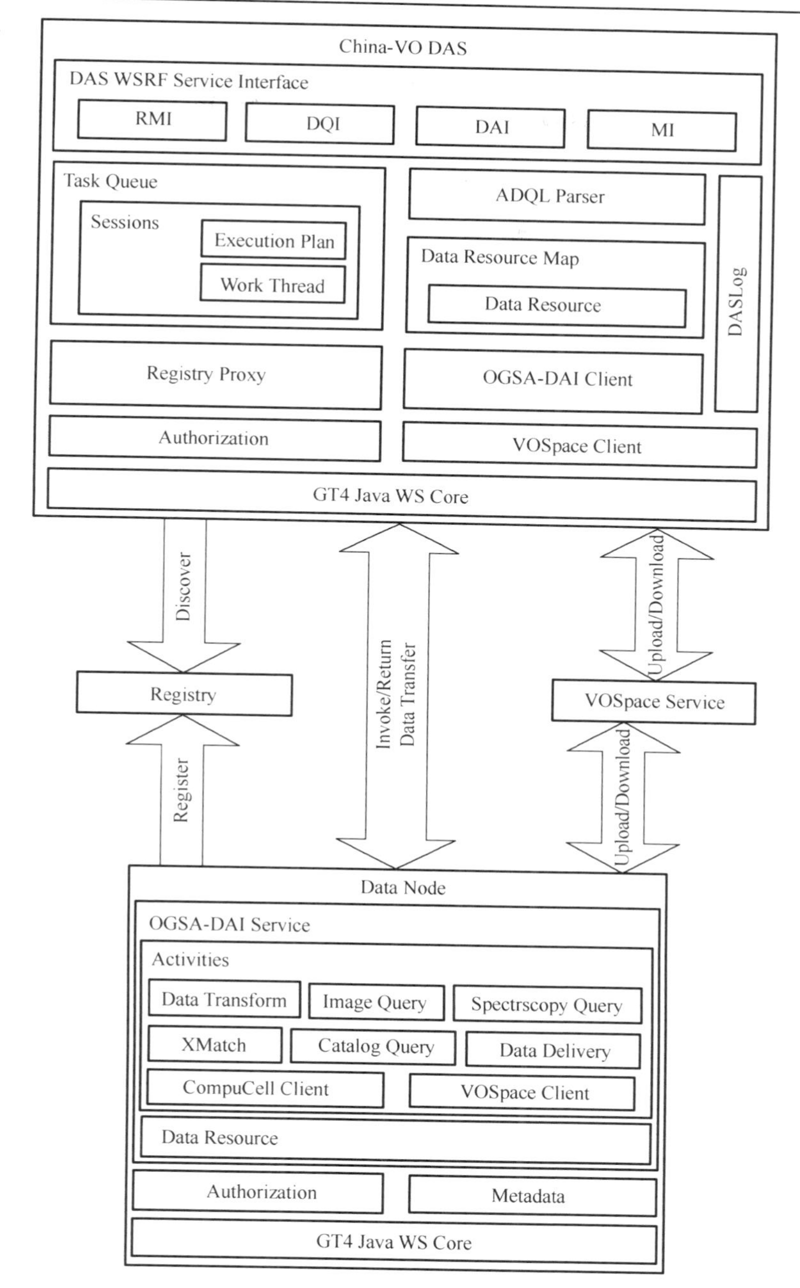

图 12-4 VO-DAS 体系结构图

它主要分成两个部分：DAS 和 Data Node。DAS 是 VO-DAS 的核心模块，它起到承上启下的调度功能。它是一个基于 Web 服务资源架构(WSRF)的任务管理服务。

一方面，它是一个用户作业调度和管理服务；另一方面，它管理 Data Node，保证用户的数据查询请求找到正确的 Data Node 和数据资源。Data Node 是一个基于OGSA-DAI WSRF 中间件的数据资源节点。数据(星表、图像或光谱)都通过 Data Node 提供给 DAS。数据的拥有者不需要了解 DAS 和 Data Node 之间的通信方法，只要按照要求将自己的数据配置到一个就近的 Data Node 之下即可发布到 DAS 上。

VO-DAS 服务器提供给客户端访问的接口有四类：资源元数据接口(RMI)、数据查询接口(DQI)、数据存取接口(DAI)和管理接口(MI)。RMI 用于获得 VO-DAS 发现的所有资源元数据。它提供如表 12-1 所描述的方法。DQI 用于发送数据查询请求，其接口方法如表 12-2 所示。DAI 用于访问查询任务的相关数据，它的相关方法见表 12-3。MI 是一个管理的接口，它的方法如表 12-4 所示。

表 12-1　RMI 接口描述

接口名称	参数	返回值	说明
GetAllResource	—	String	获得系统中 VOTable 形式的所有数据资源的元数据
GetMetaTables	String	String	获得指定资源名称下的表元数据
GetMetaColumn	String，String	String	获得指定资源名称指定表名下的列元数据

表 12-2　DQI 接口描述

接口名称	参数	返回值	说明
SynQuery	String(2)	Dataset	同步查询数据，查询结果直接返回
AsynQuery	String，Integer，String	Dataset	异步查询数据，查询结果存放在指定的位置

表 12-3　DAI 接口描述

接口名称	参数	返回值	说明
GetTargerURL	session	URL	获得查询结果文件的 URL
GetQueryResult	session	dataset	获得查询结果数据

表 12-4　MI 接口描述

接口名称	参数	返回值	说明
StartSession	—	session	开始一个新的 session
GetStatus	session	String	获得任务的当前状态
GetStartTime	session	Date	查询任务开始的时间
GetSubmitTime	session	Date	查询任务提交的时间
GetEndTime	session	Date	查询任务结束的时间
DestorySession	session	—	释放一个 session

12.3.2　VO-DAS 的系统集成

VO-DAS 系统不是一个单一的服务，而是由一组相互联系的服务组成一个完整的数据服务系统。作为 VO-DAS 系统最基本的服务或组件主要有五个部分：VO-DAS

服务(VO-DAS Server)、数据节点(Data Node)、VO 注册服务(VO Registry)、存储服务(Storage Server)和客户端(Client)。如表 12-5 所示。其中 VO-DAS Server 是整个系统的核心，负责 DAS 系统的任务调度和作业执行状态的监控，既及时地响应客户端的要求，又负责在调度过程中正确地对 Data Node 进行数据存取；Data Node 是系统中的数据源层，包括星表、图像、光谱等形式的数据库服务器，它使用 OGSA-DAI 来实现数据的管理，对不同类型的天文数据资源进行封装，为应用提供统一的访问接口，对于数据的数据即资源元数据(resource metadata)采用 VOTable 予以描述；VO Registry 向 VO 应用提供数据和服务等可用资源的发现机制；Storage Server 则实现了网络化数据存储能力服务。这些服务之间依靠通信协议进行协作。它们之间的关联如图 12-5 所示。

表 12-5　VO-DAS 系统的组成

组件名称	说明
VO-DAS Server	在一个 VO-DAS 系统内至少有一个 VO-DAS 服务器，它直接和客户程序进行交互，接收客户端的数据查询请求，并替客户端完成网格环境下的查询
Data Node	用于封装数据资源成为符合 WSRF 的网格服务，它会注册到 VO Registry 上面
VO Registry	虚拟天文台注册服务器，可以是一个共享的组件。所有可用的 Data Node 必须在此注册才能够被发现
Storage Server	支持 FTP 和 GridFTP 的存储服务，用来存放查询的结果数据
Client	系统至少提供一个客端给最终用户用来访问 VO-DAS 服务器，从而提交查询任务等操作

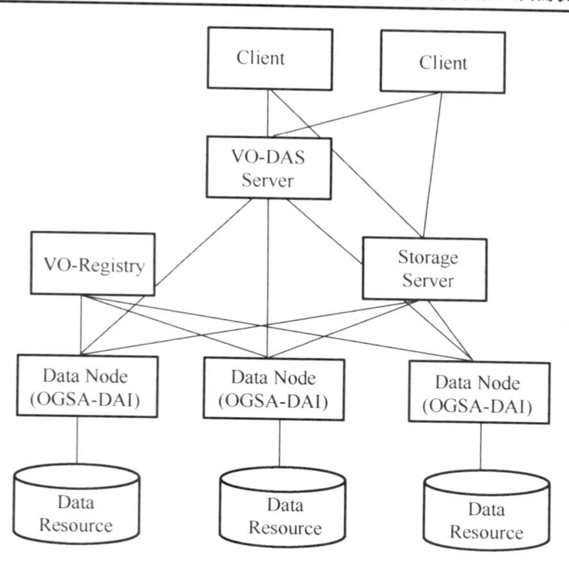

图 12-5　VO-DAS 系统的组件关联图

合理地部署 VO-DAS 系统中既相对独立又相互联系的服务，使其成为一个逻辑的整体，为用户的请求做出响应，是数据访问必不可少的环节。

12.4 本章小结

针对天文学领域的数据访问需求，在网格中间件如 OGSA 的基础上，出现了虚拟天文台的概念，旨在将各类分布的、异构的天文数据整合起来，提供一个统一的数据访问平台，从而实现对分布的、海量的、异构的天文数据的高效访问与分析。其中的一个典型例子是中国虚拟天文台的数据管理服务 VO-DAS。VO-DAS 服务器由五个组件组成：VO-DAS 服务器（VO-DAS Server）、数据节点（Data Node）、VO 注册服务（VO Registry）、存储服务器（Storage Server）和客户端（Client）。这些组件构成一个逻辑整体，很好地解决了虚拟天文台国内外数据访问的难题，同时它是中国虚拟天文台框架下天文数据共享的平台。

参考文献

崔辰州. 2003. 中国虚拟天文台系统设计. 北京: 中国科学院研究生院.

崔辰州. 2007. 不断走向实用的虚拟天文台. http://www.china-vo.org/cn/events/cvo07/talks/ivo-CCZ.ppt.

刘超. 2008. 基于虚拟天文台的数据挖掘技术及其在银河晕结构研究中的应用. 北京: 中国科学院研究生院.

肖侬. 2010. 网格体系结构 OGSA. http://www.chinagrid.net/grid/paperppt/bigfile/paperppt/XiaoN/Arch2.ppt.

ASTROGRID. 2010. http://www.astrogrid.org.

Brunner R, Djorgovski S, Szalay A. 2001. Towards a national virtual observatory. Virtual Observatory of the Future: 343-372.

Cui C Z, Zhao Y H. 2004. Architecture of Chinese virtual observatory. Astronomical Research and Technology, Publications of National Astronomical Observatories of China, 1(2): 140-151 .

Globus Toolkit. 2012. http://www.globus.org.

OGSA-DAI. 2012. http://www.ogsadai.org.uk.

Web Service. 2012. http://www.w3.org/.

WSRF. 2012. http://www.globus.org/wsrf.